《消防安全管理员》职业培训统编教材

消防安全管理员

（中 级）

《消防安全管理员》标准编制组 组织编写

应急管理出版社

·北 京·

图书在版编目（CIP）数据

消防安全管理员：中级 /《消防安全管理员》标准编制组组织编写. -- 北京：应急管理出版社，2022

《消防安全管理员》职业培训统编教材

ISBN 978-7-5020-9242-9

Ⅰ.①消… Ⅱ.①消… Ⅲ.①消防—安全管理—职业培训—教材 Ⅳ.①TU998.1

中国版本图书馆 CIP 数据核字（2021）第 262605 号

消防安全管理员（中级）

（《消防安全管理员》职业培训统编教材）

组织编写 《消防安全管理员》标准编制组
责任编辑 曲光宇 郑素梅 田 苑
责任校对 张艳蕾
封面设计 卓义云天

出版发行 应急管理出版社（北京市朝阳区芍药居 35 号 100029）
电 话 010-84657898（总编室） 010-84657880（读者服务部）
网 址 www.cciph.com.cn
印 刷 中国电影出版社印刷厂
经 销 全国新华书店

开 本 787mm × 1092mm 1/16 **印张** 21 **字数** 493 千字
版 次 2022 年 9 月第 1 版 2022 年 9 月第 1 次印刷
社内编号 20211233 **定价** 60.00 元

《消防安全管理员》标准编制组教材
编写委员会

主　任　李国华

副主任　林　森　刘本生　王　谦　尹　杰

委　员　李长林　闫　彦　刘秋生　马桂林　王少强
梁金山　常　力　郭金兰　梁敬钧　韩　忠
解书萍　孙　勇　孙百保　王景春　马新辉
李　超　李泽霖　梁　默　李　璐　翟悦翔
贾　南　车文成　李从健　窦跃华　刘迎雪
赵晓东　苏培一　王志强　李晓辉

《消防安全管理员（中级）》编写人员

主　编　王　谦　李国华

编　者　王少强　梁金山　李长林　刘本生　尹　杰
孙百保　刘秋生　马桂林　闫　彦　解书萍
常　力　李泽霖　王　谦　李　璐　李从健
窦跃华　刘迎雪　赵晓东　苏培一　王志强
李晓辉

主　审　王宝伟　王　欣

审　稿　马　恒　王鹏翔　吴礼龙　南江林　高晓斌
贾冬梅

编 写 说 明

“消防安全管理员”是列入《中华人民共和国职业分类大典》(2015 年版)的一个新职业，编号为3-02-03-04，是指在国家机关、社会团体、企业、事业单位和其他组织中，实施日常消防安全管理、组织扑救初起火灾和应急疏散等消防管理工作的人员。《消防安全管理员》团体标准（以下简称《标准》）为规范从业者的从业行为，引导职业教育培训的方向，为职业技能等级认定提供依据，按照从业人员的工作责任和工作难度将其划分为五级/初级工、四级/中级工、三级/高级工 3 个等级。

为配合《标准》在 2021 年 10 月顺利施行，由《标准》主编单位北京市众合平安消防职业技能培训学校牵头，联合山东省泽林消防应急管理职业培训学校、河南消防职业培训学校、山东消防协会、北京众合平安消防科技有限责任公司、北京中鼎保信职业技能鉴定中心、河北省兴华消防职业培训学校、山东省应急管理职业培训学院、广州市精诚教育咨询有限公司、北京泰普瑞消防技术研究院、哈尔滨合信消防安全技术有限公司、广西桂澜消防职业培训学校、济南安平职业培训学校等相关单位组成编写委员会，共同编写了这套消防行业特有工种职业培训与技能鉴定统编教材。编写委员会成员来自全国多个省市的不同岗位，是均具有多年消防工作经验的一线人员，长期从事防火监督、防火检查、消防验收、作战训练、设备维护、队伍管理及消防职业培训等工作。

本套教材的编写以《标准》为依据，分为基础知识和职业技能两大类；以“职业等级制划分”为基础，职业技能类分为《消防安全管理员（初级)》《消防安全管理员（中级)》《消防安全管理员（高级)》3 个分册；以职业活动为导向、职业技能为核心，《消防安全管理员（基础知识)》设 11 个培训模块，职业技能类依据《标准》确定的工作责任和工作难度分设相应的培训模块。技能类分册依据职业功能划分培训模块，每个培训模块依据工作内容划分为若干培训项目，每个培训项目再依据技能点设若干培训单元，每个培训单元以职业能力为主线，按照“培训重点”“知识要求”“技能操作”3 个组成部分来编写内容，强调知识为技能服务。本套教材内容全面对标《标准》。

根据《标准》所确定的各等级认定条件，本套教材的配套使用情况为：

《消防安全管理员（基础知识)》及《消防安全管理员（初级)》适用五级/初级工学习；五级/初级工所适用教材及《消防安全管理员（中级)》适用四级/中级工学习；四级中级工所适用教材及《消防安全管理员（高级)》适用三级/高级工学习。各等级考生可参考《标准》中要求的考核科目，选择本等级培训教材中的相应培训模块进行学习。

《消防安全管理员（中级)》含 8 个培训模块，培训模块一由王少强、梁金山编写；培训模块二由刘本生、苏培一、李长林编写；培训模块三由尹杰、孙百保、李泽霖编写；培训模块四由刘秋生、马桂林编写；培训模块五由闫彦、解书萍编写；培训模块六由常力、王志强、李晓辉编写；培训模块七由王谦、李从健、窦跃华、刘迎雪编写；培训模块八由赵晓东、李璐编写。

本分册主编为王谦、李国华。

本分册主审为王宝伟、王欣。

本教材编写、审稿期间，中国消防协会专家委员会委员马恒、王鹏翔、王宝伟、吴礼龙、南江林、高晓斌、王欣、贾冬梅等专家提出了宝贵的修改意见和建议。

本教材存在的不足之处，敬请各位读者批评指正，以便进一步修改和完善。

本教材中如存在与现行的相关国家法律、法规、规章、标准不一致的内容，以国家法律、法规、规章、标准为准。

《消防安全管理员》标准编制组教材编写委员会

2022 年 5 月

目　　次

培训模块一　制　定　计　划

培训模块二　制　度　建　设

培训模块三　保　障　措　施

培训模块四　防火巡查检查

培训模块五　检　查　设　施

培训模块六　培　训　演　练

培训模块七　组织扑救初起火灾和应急疏散

培训模块八　其　他　管　理

培训模块一

制 定 计 划

培训项目 1　制定消防工作计划

【知识导图】

制定消防工作计划 — 制定消防安全重点单位年度消防工作计划，确定消防工作目标、方法、步骤和措施
- 消防安全重点单位年度消防工作计划的内容
- 消防工作目标、方法、步骤和措施的要求

制定单位年度消防工作计划，是消防安全管理员非常重要的一项工作，尤其作为消防安全重点单位的消防安全管理员必须深刻认识到其作用和重要性，并依据相关制定程序和要求，按照一定格式，明确具体工作目标、方法和措施，制定出符合本单位实际情况且行之有效的消防工作计划。

培训单元 1　制定消防安全重点单位年度消防工作计划，确定消防工作目标、方法、步骤和措施

【培训重点】

（1）掌握消防安全重点单位年度消防工作计划的内容。
（2）掌握消防安全重点单位年度消防工作目标、方法、步骤和措施的要求。

【知识要求】

一、消防安全重点单位年度消防工作计划的内容

消防工作计划是单位消防安全管理的一项重要职能，消防安全重点单位通过将年度消防工作任务分解给对应的部门、环节和个人，既为消防工作提供了具体的依据，又提供了相应的保证。消防安全重点单位年度消防工作计划比一般社会单位年度消防工作计划内容丰富、全面，且要求更严谨、细化。

（一）单位年度消防工作计划的制定程序和要求

（1）结合上一年度消防工作计划及阶段性工作任务安排的情况。

（2）依据相关法律法规要求和单位消防工作实际情况，深入一线和基层，认真开展调研分析，全面掌握本单位消防工作的具体情况，深刻理解本单位消防工作的实际需求。

（3）根据调研分析情况，结合上级工作部署和指导思想，确定整体及重点区域部位的工作目标、工作重点、具体办法、实施步骤和保障措施等。

（4）根据工作任务情况，合理组织并分配力量，明确责任分工。

（5）制定工作计划草案后，应有消防安全责任人或责任部门负责人组织讨论确定。

（6）同时在计划的执行过程中，需要继续加以补充、修订，使计划更加完善，切合实际。

（二）年度消防工作计划的写作格式

消防工作计划的内容由标题、正文、发文单位名称和成文日期组成。

1. 标题

消防工作计划的标题一般由发文单位名称、计划时间、计划内容和“消防工作计划”结尾，如“××公司 2022 年度消防工作计划”。

2. 正文

消防工作计划的正文通常由前言、主体和结束语等部分组成。

（1）前言：根据制定计划的背景、指导思想、单位基本情况、依据以及目的等，表述制定计划的原因。如：坚持“预防为主、防消结合”的消防工作方针，全员参与、群防群治、人人有责的原则；深入贯彻《中华人民共和国消防法》(以下简称《消防法》) 等相关法律法规条例等，加强单位消防安全工作，提升人员的消防安全意识，落实消防安全责任制等。

（2）主体：明确具体的任务、指标及要求；内容中提出工作目标、具体方法、实施步骤、保障措施及必要的注意事项等。主体部分的内容要写得具体翔实，语言应力求简洁通俗，表达清晰明了。

（3）结束语：结束语是计划的辅助、补充部分，比如强调工作中的重点和主要环节、分析实施过程中可能产生的问题；同时还可以发出号召，激励大家为落实计划而努力等。

3. 发文单位名称和成文日期

在计划正文结尾的右下方注明制定计划的单位、团体名称，然后换行写成文日期。

二、消防工作目标、方法、步骤和措施的要求

消防安全重点单位要确定本单位的消防工作目标、具体方法及其实施步骤和保障措施。

（一）消防工作目标

消防工作计划要明确消防工作目标内容，即应规定在一定时间内所要完成的目标、任务和应达到的要求。任务和要求应该具体明确，必要时，须执行“三定原则”（即定人、定量、定时间）。

（二）消防工作方法、步骤和措施

遵循归口管理、统一指挥、讲究效率、权责对等和灵活机动的原则，设置消防工作组织机构，强化组织领导，落实各级岗位主体责任。

明确消防工作目标后，制定出相应的方法和保障措施，这是实现消防工作计划的保证。措施和方法主要指达到既定目标需要采取的手段，需要动员的力量与资源，提供所需的条件，排除过程中的困难和障碍等。

工作方法和实施步骤具体翔实，如消防安全宣传与教育培训中，提出培训频次、参加部门和人员、培训内容等。除了单位内部组织的消防安全培训，有时还涉及上级有关部门组织的消防安全培训，消防工作重点部分的明确及要求等。总之，要根据客观实际条件，统筹安排，将“具体执行方法措施”写得明确具体，切实可行。

另外，在明确消防工作目标，制定相应工作方法、实施步骤和保障措施的同时，也要做好具体的工作分工，让各项任务的负责人按照时间安排遵循相关制度来执行计划的工作程序。每项任务在完成过程中都会有阶段性，而每个阶段又有许多环节，它们之间通常会相互交叉。因此，制定年度消防工作计划必须从全局出发，妥善合理安排事情的优先顺序。在实施当中，因有轻重缓急之分，应明确“突出重点，兼顾一般”。在时间安排上，既要有总的时限，又要有每个阶段的时间要求，以及人力、物力的调度，从而让有关单位和人员在一定的时间内，一定的条件下，能够协调整个消防工作，让消防工作有条不紊地进行。

实例 1-1-1　制定消防安全重点单位年度消防工作计划

×××公司 20××年度消防工作计划

为切实贯彻执行《中华人民共和国安全生产法》《消防法》和《××省安全生产条例》，加强 20××年公司消防安全工作，全面提升公司各部门负责人、安全管理人员和全体职工的消防安全责任意识、消防安全知识和火灾事故防消能力，全面落实消防工作的四个责任，提高企业消防安全的四个能力，强化组织措施和责任的全面落实，建立和完善企业内部消防安全管理责任体系，确保提升公司预防火灾能力和应急处置能力，特制定 20××年度公司消防安全生产工作计划。

一、指导思想

坚持“预防为主、防消结合”的消防工作方针，按照火灾隐患排查和整改、全员参与、群防群治、人人有责的原则，围绕预防措施与责任，消除隐患和整治重点，推进长效管理、强化监管、责任全面落实。

二、强化组织领导，落实主体责任

为切实强化公司消防工作的组织领导和主体责任的全面落实，坚持“抓生产必须抓安全，抓安全必须抓消防，安全为了生产，生产确保安全”的原则，公司成立消防工作领导小组。

组长：×××。

副组长：×××、×××。

成员：×××、×××、×××、×××……，以及各分公司、车间安全员、班组安全员。

各分公司、车间同时成立相应的领导小组，由第一责任人任组长，各分管负责人任副组长，相关管理人员和班组安全员为成员，全面负责本部门、分公司、车间等分管区域内的消防监管和责任落实，并对消防工作负总责。

三、积极参与或组织消防安全教育和专题培训

（1）公司组织安全生产知识、消防安全知识教育培训各不少于 2 次，参加人员为公司安委会人员。各分公司主管领导、分管领导和安管人员，各职能部门负责人，须有阶段性消防工作重点计划措施和检查整改落实的具体要求。

（2）参加上级其他部门组织的消防安全培训。

四、强化责任落实，将消防工作监管完全融入整个安全生产的全过程

（1）利用安全例会发放宣传培训资料，对会议人员进行教育培训（主要内容为消防安全工作事故案例、内部消防安全管理信息通报等）。

（2）组织各类消防安全生产培训班（主要内容为各部门、车间、班组消防安全管理、施工现场消防安全管理、消防档案等）。

（3）组织 1 次以消防监管、安全管理为主要内容的管理人员学习研讨会。

（4）组织开展 2 次以上的灭火和应急疏散预案演练。

（5）组织 2 次以上的全员消防培训，主要针对遇突发状况的处理方法，初起火灾的扑救方法及自救逃生技能，单位日常消防安全管理及遇突发状况时的现场指挥和应急疏散逃生等。全面落实“四个责任”，提升消防安全的“四个能力”。

（6）开展不少于 2 次的消防安全知识竞赛。

（7）抓好新上岗和转岗职工的消防安全宣传教育与培训。

（8）完善制定消防工作的长效措施，建立规范实用的消防工作制度规章，以及灭火和应急疏散预案与责任追究考核办法。

（9）每月不少于 1 次的消防安全隐患和安全生产事故隐患的全面排查与整治。

五、抓消促防提意识，大力宣传造氛围

（1）认真贯彻落实各级消防工作计划文件，落实培训学时，建立健全培训档案，详细、准确记录培训及考核情况。其中主要负责人、安全管理人员的培训率达到 100%，特种作业人员的培训率达到 100%。

（2）加强安全生产形式、法制和政策的宣传。大力宣传党和国家在安全生产和消防方面的重大决策，继续做好《消防法》《中华人民共和国安全生产法》等相关法律法规的宣传，普及消防安全法律知识。

（3）利用好现有途径（广播、电台、单位宣传栏、企业公众号、短信等），扩大宣传力度。

（4）公司对消防安全生产宣传教育工作进行考核评比，对宣传稿件进行评选奖励，对先进个人择优推荐进行表彰。

六、工作重点及要求

消防工作事关企业的发展，情系千家万户的安康，关系到人民的生命和财产的损失和稳定，涉及面大，故应明确公司整个防范重点检查整治的规范和责任。

变配电室、消防控制室、消防水泵房、生产总控制室、资料库、档案室、成品的仓库等消防安全重点部位，必须严格按要求配备消防设备设施、消防沙等，并定期组织检查、维护和更换。

各监管责任人每周不少于一次的检查和不定期的抽查，发现问题立即整改并有检查台账责任人签字记录。

七、检查内容

（1）电气设备及电气线路是否存在乱拉乱接、违规使用超负荷用电设备等现象，线束固定是否存在松脱和距高热源太近、碰擦或有明显受热熔化极有可能造成短路的现象，管路漏油是否得到整修，灯光、显示器、风机、车载设备是否正常有效，发动机和线路线束密集处的保险盒周围是否存在杂物、油布等可燃易燃物品等。

（2）车间各用电设备的用电保护装置是否有效；废油、油灰、油布等是否按规定落实；易燃易爆物品存放是否规范；消防设备设施是否齐全有效，用电安全是否规范；特种作业人员是否持证上岗，是否存在无证操作和违反消防要求违章操作的现象；电焊与油漆喷涂场所是否保持一定的安全距离；气割现场操作是否有防范措施；各电器或线路是否存在老化和漏电现象；各用电设备是否有漏电保护措施；明火操作是否规范、有无防范措施等与消防安全操作相违背的行为。

（3）办公休息场所等是否存在私拉乱接电源的现象，是否存在既无保护措施又无责任管理人更无用电防火管理责任书签订而违规使用电器设备的现象，是否存在无人看管时使用临时电器烧烤或人离电器设备不切断电源的情况，是否有齐全有效的消防设备等。

（4）食堂用火是否规范，用火、用电设备是否存在老化和线路老化漏电现象，用火设备和用气气源是否保持足够的安全距离，用火用电操作规程是否上墙亮化，长期用电的设备有无漏电保护措施，用气、用电设备有无定期检查制度和台账记录，消防责任人和应急措施是否到位，消防设备是否完好有效等。

公司要求全体员工和各级管理部门一定要高度重视消防工作。公司将加大消防安全在安全管理、安全监督与考核中的比例和处理力度，坚守检查、排查、整治和督促好公司内各区域与部门、分公司、车间、食堂的联防责任，按整体协调、条线区域包干、监督与防范责任到人、层层把关、逐级负责的全员联防体制和岗位责任制，努力提高突发火灾的安全防范意识，不断提升防控和应对处置突发事件的综合能力。各级要高度重视消防安全工作，不断提高认识。各级主要责任人、负责人要认清消防安全在整个安全生产中的重要性，切实置身实际，掌握第一资料，分析查找第一情况，把握好每一个细节，把消防安全列入每天工作的重要议事日程。要切实加强场所的规范管理和检查，认真做好防火检查和定期抽查，严格禁止乱拉乱接、违规操作、无证作业的现象，杜绝各类人为隐患的滋生。真正落实好有岗必有责、履职必担责的岗位负责制，防范各类火灾的发生。

八、提高“四个能力”

（1）提高检查消除火灾隐患的能力。各部门、车间要进一步落实消防安全责任人和管理人员，掌握消防工作整体思路和方法，提高自身对火灾隐患的发现和整改能力。

（2）提高组织扑救初起火灾的能力。公司专职/志愿消防队、消防安全管理人员，要认真学习扑救知识和消防常识，掌握必要的初火扑救技能，合理配备和正确使用消防设备及器材，全力争取好第一时间，第一现场的救治行动。全体职工人人都要学会火灾扑救的技能，确保一有情况，都能按职责分工及时到位并有效处置火灾。

（3）提高组织人员疏散逃生的能力。各岗位职工、管理人员和责任人要对本单位、本区域的应急逃生通道进行反复检查，熟悉逃生最佳路线和逃生自救的措施。

（4）提高消防宣传教育培训的能力。采取多途径多形式的教育宣传和培训等措施，让全员掌握消防安全和安全防范与自救逃生的应知应会知识。各区域的消防设施布置与配备图要公开张贴，确保全员在消防安全的防范与处置上懂知识、会方法，懂技能、会处理。

九、各部门要根据实际采取措施

（1）强化内部宣传教育和相关人员的技能培训，围绕“四个能力”的标准，扎实推进消防安全的防范工作、制度建设和组织机构的建立。

（2）强化各部门负责人的岗位责任制，做到规划计划精心做，工作重点、难点亲自抓。

（3）制定措施、计划，明确主体责任人，形成制度，并列入安全管理的重点监管内容。

（4）严格火情第一时间上报制度，确保通信畅通，严防信息倒流。

（5）制定灭火和应急疏散预案和应急预案演练的方案，并至少每半年组织一次灭火和应急疏散预案演练。

××公司

20××年××月××日

培训项目 2　组织实施日常消防安全管理

【知识导图】

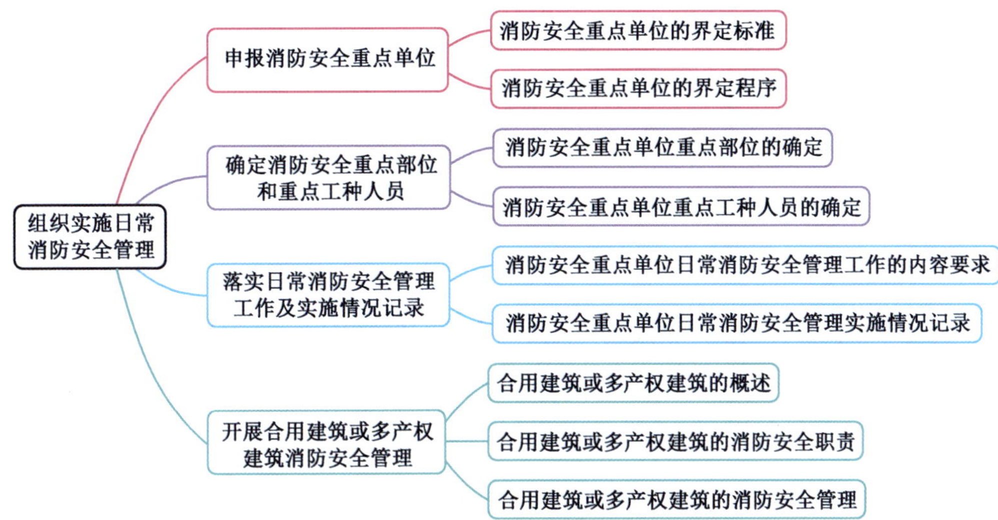

组织实施日常消防安全管理在总体任务上，首先，要掌握消防安全重点单位的界定标准，进而依据标准和相关程序完成本单位的申报手续。其次，涉及本单位的消防重点区域要具体划分重点部位和相关重点工种人员，明确各岗位和人员的消防安全职责；记录日常的消防安全管理工作，保障消防工作落实到位，预防火灾事故的发生；同时针对合用建筑或多产权建筑，要体现出具体的管理要求，并采取切合实际的消防安全管理措施。

培训单元 1　申报消防安全重点单位

【培训重点】

熟练掌握消防安全重点单位的界定标准和申报方法。

【知识要求】

由于生产经营性质、建筑规模的不同，单位发生火灾的危险性和危害性有较大的差别。为有效预防群死群伤等恶性火灾事故的发生，在消防安全管理中，依据火灾危险性和火灾可能产生后果的大小，把社会单位分为一般单位、消防安全重点单位和火灾高危单位三类（其中消防安全重点单位和火灾高危单位之外的单位是一般单位）。

消防安全重点单位是指发生火灾可能性较大以及发生火灾可能造成重大的人身伤亡或者财产损失的单位。

一、消防安全重点单位的界定标准

界定标准的具体内容见《消防安全管理员（初级）》教材。

各省消防救援机构会根据应急管理部消防救援局制定的“消防安全重点单位的界定标准”，结合本地实际，制定更加细化的标准。具体标准应参照各省级消防救援机构规范性文件要求。

二、消防安全重点单位的界定程序

确定消防安全重点单位是加强对消防安全重点单位管理的前提。消防安全重点单位的界定程序包括申报、核定、告知、公告等步骤。首先，单位向所在地消防救援机构申报；其次，经过消防救援机构核定和告知；最后，消防救援机构将确定的消防安全重点单位向全社会公告。

（一）申报

单位应当根据各省级消防救援机构消防安全重点单位界定标准的具体内容对照本单位实际，确定本单位是否属于消防安全重点单位。凡符合标准的应主动向所在地消防救援机构申报备案。

1. 申报方法

（1）填写消防安全重点单位申报登记表（表1-2-1，具体根据各地模板下载填写），并报所在地消防救援机构。

表1-2-1　消防安全重点单位申报登记表

单位名称		邮政编码	
单位性质		上级主管单位	
详细地址			
重点单位等级		消防安全重点部位数	
消防安全责任人		联系电话	
消防安全管理人			
保卫部门负责人		联系电话	
专兼职消防干部			
建造时间		占地面积/m²	
建筑面积/m²		最高建筑/m	
建筑层数	地上	地下	
消防控制室位置		消防验收	
职工人数		专职消防队	
座位数		床位数	
主要产品或储存物品名称及数量			
单位火灾危险性			

（2）整理本单位消防安全责任人和消防安全管理人等人员名单和资料，并报所在地消防救援机构。

（3）单位规模变化或者人员发生变动的，及时报告消防救援机构。

对符合消防安全重点单位界定标准但未申报备案的单位，消防救援机构可以依法直接将其确定为消防安全重点单位。

2. 单位申报时需要注意的要求

（1）个体工商户如符合企业登记标准且经营规模符合消防安全重点单位界定标准的，要向当地消防救援机构申报备案。

（2）重点工程的施工现场符合消防安全重点单位界定标准的，由施工单位负责申报备案。工程竣工后，按照“谁使用，谁负责”的原则申报备案。

（3）同一栋建筑中各自独立的产权单位或者使用单位，符合消防安全重点单位界定标准的，应当各自独立申报备案；建筑物本身符合消防安全重点单位界定标准的，建筑产权单位也要独立申报备案。

（4）符合消防安全重点单位的界定标准，不在同一县级行政区域且有隶属关系的单位，法人单位要向所在地消防救援机构申报备案；同一县级行政区域内且有隶属关系的单位，下属单位具备法人资格的，各单位都需向所在地消防救援机构申报备案。

（二）核定

消防救援机构接到申报后，对申报备案单位的情况进行核实审定，按照分级管理的原则，对核查确定的消防安全重点单位进行登记造册。

（三）告知

对已确定的消防安全重点单位，消防救援机构采用《消防安全重点单位告知书》的形式，告知消防安全重点单位落实本单位消防安全主体责任。消防安全责任人、消防安全管理人、消防安全管理归口部门要切实履行消防安全工作职责，做好本单位消防安全管理工作。

（四）公告

消防救援机构于每年的第一季度对本辖区消防安全重点单位进行核查调整，由应急管理部门上报本级人民政府，并通过报刊、电视、互联网网站等媒体将本地区的消防安全重点单位向全社会公告。

技能操作

技能 1-2-1　消防安全重点单位的界定程序

一、操作准备

（1）消防安全重点单位申报登记表。

（2）消防安全责任人和消防安全管理人等人员名单和资料。

二、操作步骤

步骤 1　单位填写消防安全重点单位申报登记表，整理本单位消防安全责任人和消防安全管理人等人员名单和资料，并向所在地消防救援机构申报。

步骤 2　待消防救援机构核定后，根据下发的《消防安全重点单位告知书》的要求，履行相关职责，做好单位消防安全管理工作。

步骤 3　依据消防救援机构的规定在单位门口悬挂消防安全重点单位标牌。

培训单元 2　确定消防安全重点部位和重点工种人员

【培训重点】

熟练掌握消防安全重点单位的重点部位和重点工种人员的内容要求。

【知识要求】

一、消防安全重点单位重点部位的确定

《消防法》中关于消防安全重点单位有明确规定，除履行单位消防安全职责外，还应当履行“建立消防档案，确定消防安全重点部位，设置防火标志，实行严格管理”的消防安全职责。

对于一栋建筑来说，建筑各个部位使用功能不同，火灾危险性也不同。火灾往往发生在存放易燃易爆物质或物资比较集中的地方以及人员密集场所，还有性质重要或遇明火容易发生爆炸的危险部位，这些部位一旦发生火灾极易造成重大的财产损失，甚至人员伤亡。这些场所或部位内部常常存在占用疏散通道或疏散通道被堵塞的现象，严重影响人员安全疏散和灭火工作。其次，这些场所或部位外部消防通道又常常拥堵，消防车难以进入，灭火救援工作难以展开，由于火灾蔓延的速度较快，往往小火演变成大灾祸。因此，必须加强对消防安全重点部位的管理，采取有针对性的保护措施，只有这样，才能有效避免火灾的发生、限制火灾蔓延的范围和避免重大伤亡事故的发生。

（一）消防安全重点部位定义

根据《机关、团体、企业、事业单位消防安全管理规定》(公安部令第 61 号）第十九条规定，消防安全重点部位是指容易发生火灾，一旦发生火灾可能严重危及人身和财产安全，以及对消防安全有重大影响的部位。

（二）消防安全重点部位的确定

确定消防安全重点部位不仅要根据火灾危险源的辨识来确定，还应根据本单位的实际，即物品储存的多少、价值的大小、人员的集中量以及隐患的存在和火灾的危险程度等情况而定，通常从以下几个方面来考虑：

（1）容易发生火灾的部位。如化工生产车间，油漆、烘烤、熬炼、木工、电焊气割操作间，化验室、汽车库、化学危险品仓库，易燃、可燃液体储罐，可燃、助燃气体钢瓶仓库和储罐，液化石油气瓶或者储罐，氧气站、乙炔站、氢气站，易燃的建筑群等。

（2）发生火灾后对消防安全有重大影响的部位。如与火灾扑救密切相关的变配电室、消防控制室、消防水泵房等。

(3) 性质重要、发生事故影响全局的部位。如发电站、变配电站（室），通信设备机房、生产总控制室，电子计算机房，锅炉房，档案室，资料、贵重物品和重要历史文献收藏室等。

(4) 财产集中的部位。如储存大量原料、成品的仓库、货场，使用或者存放先进技术设备的实验室，车间、仓库等。

(5) 人员集中的部位。如单位内部的礼堂（俱乐部），托儿所，集体宿舍，医院病房等。

加强重点部位的消防安全管理是做好一个单位消防安全管理、确保单位消防安全、避免和减少重特大火灾事故发生的一项重要措施。在实际工作中，各单位要结合实际，带着全局的判断力和发展眼光来确定消防安全重点部位。切勿盲目、面面俱到，致使防护、管理没重点。更不能打马虎眼，忽视或遗漏对某处消防安全重点部位的保护与管理。

二、消防安全重点单位重点工种人员的确定

消防安全重点工种是指从事具有较大危险性和从事容易引发火灾的操作人员，以及发生火灾后可能由于自身未履行职责或操作不当造成火灾损失加大的操作人员。加强对重点工种岗位操作人员的管理，是预防火灾的重要措施。消防安全重点工种根据不同岗位的火灾危险性程度和岗位的火险特点，可分为以下三级：

(1) A 级工种，是指引起火灾的危险性极大，在操作中不慎或违反操作规程易引起火灾事故的岗位操作人员。例如，从事可燃气体、液体设备的焊接、切割，超过液体自燃点的熬炼，使用易燃溶剂的机件清洗、油漆喷涂，液化石油气、乙炔气的灌瓶，以及高温、高压、真空等易燃易爆设备的岗位操作人员，甲类危险品仓库保管员等。

(2) B 级工种，是指引起火灾的危险性较大，在操作过程中不慎或违反操作规程容易引起火灾事故的岗位操作人员。例如，从事烘烤、熬炼、热处理，以及氧气、氨气等乙类危险品仓库保管等岗位的操作人员。

(3) C 级工种，是指在操作过程中不慎或违反操作规程有可能造成火灾事故的岗位操作人员。例如，电工、木工、丙类危险品仓库保管员等岗位的操作人员。

综上，与消防安全有关的重点工种人员包括：电气焊工、电工、烘烤工、熬炼工、油漆工、清洗工、木工、仓库保管员、值班员（含消防控制室人员）等。

《消防法》明确规定，进行电焊、气焊等具有火灾危险作业的人员和自动消防系统的操作人员，必须持证上岗。同时，《机关、团体、企业、事业单位消防安全管理规定》中明确应把重点工种人员消防知识的掌握情况作为单位防火检查的内容之一。

技能操作

技能 1-2-2　确定消防安全重点单位消防安全重点部位和重点工种人员

一、操作准备

(1) 消防安全重点单位的若干个部位或场所举例：化工生产车间、电焊气割操作间、

使用或者存放先进技术设备的实验室、消防控制室、消防水泵房、经理办公室、单位内部的礼堂（俱乐部）。

（2）消防安全重点单位的若干个工种类别举例：消防安全管理员、电气焊工、油漆工、仓库保管员、值班员（含消防控制室人员）、车间主管。

二、操作步骤

步骤1 根据火灾危险源和本单位的实际情况，如物品储存的多少、价值的大小、人员的集中量以及隐患的存在和火灾的危险程度等情况判别“化工生产车间、电焊气割操作间、使用或者存放先进技术设备的实验室、消防控制室、消防水泵房、单位内部的礼堂（俱乐部）”属于消防安全重点部位。

步骤2 判别消防安全管理员、电气焊工、油漆工、仓库保管员、值班员（含消防控制室人员）属于消防安全重点工种人员。

培训单元3 落实日常消防安全管理工作及实施情况记录

【培训重点】

（1）掌握消防安全重点单位日常消防安全管理工作的内容要求。

（2）掌握消防安全重点单位日常消防安全管理实施情况的记录要求。

【知识要求】

一、消防安全重点单位日常消防安全管理工作的内容要求

《消防法》对消防安全重点单位消防主体责任的落实进行了严格的法律定位，又明确规定消防安全重点单位要实行有别于一般单位更为严格的消防安全管理制度，要贯彻我国消防工作原则，即“政府统一领导、部门依法监管、单位全面负责、公民积极参与”。

消防安全重点单位日常消防安全管理应明确单位消防安全管理的工作职责、任务、内容及标准，全面提升重点单位消防安全管理水平，提升单位防范抵御火灾的能力，提高单位从业人员的消防素质。

消防安全重点单位日常消防安全管理应遵循“预防为主、防消结合”的消防工作方针，针对消防安全重点单位发生火灾的特点，完善规范单位的消防安全管理机制，提高单位自身消防安全管理工作能力，坚决遏制火灾事故的发生。日常消防安全管理工作的内容应包括消防工作计划制定与执行、消防安全制度管理、防火巡查检查、建筑消防设施维护保养、消防安全宣传教育和培训、灭火和应急疏散预案演练、消防档案建设等。

单位应当明确消防安全管理归口部门、管理人员及其工作职责，以及建筑消防设施值班、巡查、检测、维修、保养、建档等制度，确保建筑消防设施正常运行。

确保建筑消防设施平时处于正常工作状态。建筑消防设施的电源开关、管道阀门，均

应处于正常运行位置，并标示开、关状态；对需要保持常开或常闭状态的阀门，应采取铅封、标识等限位措施；对具有信号反馈功能的阀门，其状态信号要反馈到消防控制室；消防设施及其相关设备电气控制柜具有控制方式转换装置的，其所控制方式宜反馈至消防控制室。

严禁擅自关停消防设施。值班、巡查、检测时发现故障，应及时组织修复。因故障维修等原因需要暂时停用消防系统的，须经单位消防安全责任人批准，并应有确保消防安全的有效措施。

如是城市消防远程监控系统联网用户，应按规定协议向监控中心发送建筑消防设施运行状态信息和消防安全管理信息。

二、消防安全重点单位日常消防安全管理实施情况记录

消防安全重点单位应根据单位实施日常消防安全管理各项工作进行的有效记录，及时反馈执行过程中发现的问题，研究分析总结日常消防安全管理工作实施情况，不断补充完善单位的各项制度和实施措施。

日常消防安全管理情况记录包括：

（1）消防设施定期检查、自动消防设施全面检查测试的报告以及维修保养的登记整理记录。

（2）消防控制室值班记录

（3）防火巡查记录。

（4）防火检查记录。

（5）有关燃气、电气设备检测（包括防雷、防静电）等记录。

（6）火灾隐患及其整改情况记录（包括当场改正和限期改正的记录等）。

（7）消防安全培训记录。

（8）灭火和应急疏散预案的演练记录。

（9）消防例会记录。

（10）火灾情况记录。

（11）消防奖惩情况记录。

实例 1-2-1　填写消防控制室值班记录表

一、值班情况描述

某消防安全重点单位消防控制室内，于 2022 年 3 月 6 日 10 时 15 分，集中火灾报警控制器发出火灾报警信号。消防控制室值班人员消音后，查看火灾报警信息及其具体部位，是 1 号楼 3 层走道 006 号光电感烟火灾探测器报火警。通过视频监控系统现场视频信息，并通知距该区域最近的值守人员现场核实是否有火灾发生，经现场仔细检查没有火灾情况，初步认为是误报火警，按误报火灾进行处置。

11 时 30 分，集中火灾报警控制器发出故障报警信号。消防控制室值班人员消音后，查看故障报警信息及其具体部位，是 2 号楼首层大堂 069 号手动火灾报警按钮故障。安排

值班人员携带工具到现场找到故障组件，查看故障组件的工作状态和故障情况，核实故障信息，进行故障处理。

13 时 30 分，集中火灾报警控制器发出监管报警信号。消防控制室值班人员消音后，查看监管报警信息及其具体部位，是地下停车场 2 分区 176 号水流指示器动作。通知距该区域最近的值守人员现场核实，确认管网并无流水情况，属于误报警，经过问题排查并更换水流指示器模块，按“复位”键使火灾报警控制器恢复正常状态，但是仍然发生误报，根据操作结果，填写消防控制室值班记录表及建筑消防设施故障维修记录表，并通知维保人员进一步维修。

二、填写消防控制室值班记录表

根据情况填写消防控制室值班记录表，具体见表 1-2-2。

表 1-2-2　消防控制室值班记录表

2022 年 3 月 6 日

<table>
<tr><th colspan="13">火灾报警控制器运行情况记录</th></tr>
<tr><th rowspan="3">时间</th><th colspan="2">火灾报警控制器运行情况</th><th colspan="4">报警性质</th><th colspan="3">消防联动控制器运行情况</th><th rowspan="3">报警部位、故障原因及处理情况</th><th rowspan="3">值班人签名</th><th rowspan="3">值班人签名</th></tr>
<tr><th rowspan="2">正常</th><th rowspan="2">故障</th><th rowspan="2">火警</th><th rowspan="2">误报</th><th rowspan="2">故障报警</th><th rowspan="2">漏报</th><th colspan="2">正常</th><th rowspan="2">故障</th></tr>
<tr><th>自动</th><th>手动</th></tr>
<tr><td>…</td><td>√</td><td></td><td></td><td></td><td></td><td></td><td>√</td><td></td><td></td><td></td><td>张三</td><td>李四</td></tr>
<tr><td>…</td><td></td><td></td><td></td><td></td><td></td><td></td><td></td><td></td><td></td><td></td><td>……</td><td>……</td></tr>
<tr><td>10:15</td><td>√</td><td></td><td>√</td><td>√</td><td></td><td></td><td>√</td><td></td><td></td><td>1 号楼 3 层走道 006 号感烟火灾探测器误报火警，已恢复正常</td><td>张三</td><td>李四</td></tr>
<tr><td>11:30</td><td>√</td><td></td><td></td><td></td><td>√</td><td></td><td>√</td><td></td><td></td><td>2 号楼首层大堂 069 号手动火灾报警按钮损坏故障，已恢复正常</td><td>张三</td><td>李四</td></tr>
<tr><td>13:30</td><td>√</td><td></td><td></td><td>√</td><td></td><td></td><td>√</td><td></td><td></td><td>地下停车场 2 分区 176 号水流指示器动作，基础排查未修复问题，需维保人员进一步排查修复</td><td>张三</td><td>李四</td></tr>
<tr><td></td><td></td><td></td><td></td><td></td><td></td><td></td><td></td><td></td><td></td><td></td><td></td><td></td></tr>
</table>

注：1. 值班期间按规定时限、异常情况出现时间如实填写“运行情况”栏内相应内容。填写时，在对应项目栏中打“√”，存在问题或故障的，在“报警部位、故障原因及处理情况”栏中填写详细信息。

2. 对发现的问题应及时处理，当场不能处置的要填写建筑消防设施故障处理记录表。

3. 本表为样表，使用单位可根据火灾报警控制器数量、其他消防系统及相关设备数量及值班时段进行调整制表。

三、填写建筑消防设施故障处理记录表

根据情况填写建筑消防设施故障处理记录表，具体见表 1-2-3。

表 1-2-3　建筑消防设施故障处理记录表

2022 年 3 月 6 日

检查时间	检查人姓名	检查发现问题或故障	消防安全管理人处理意见	停用系统消防安全责任人签名	问题或故障处理结果	问题或故障排除消防安全管理人签名
13:30	王五	水流指示器误报警	待维保人员进一步排查	—	水流指示器的浆片出现卡阻，无法自动复位，已更换新的设备，恢复正常状态。	陈六

注：1. 对应信息由值班、巡查、检测、灭火演练时的当事者如实填写。
2. 因维修故障需要停用消防系统的由单位消防安全责任人在“停用系统消防安全责任人签名”栏如实填写；其他信息由维护人员（单位）如实填写。
3. “问题或故障排除消防安全管理人签名”栏由单位消防安全管理人在确认故障排除后如实填写并签字。

四、注意事项

值班人员应按各种记录规定的栏目的要求填写，不得从简。填写记录应字迹清楚、端正，不得乱涂乱画，错别字可以擦去或用“/”符号。记录的签名不得只签姓，必须签全名。

培训单元 4　开展合用建筑或多产权建筑消防安全管理

【培训重点】

（1）了解合用建筑或多产权建筑的概述。
（2）掌握合用建筑或多产权建筑的消防安全职责。
（3）掌握合用建筑或多产权建筑消防安全管理的要求。

【知识要求】

一、合用建筑或多产权建筑的概述

在我国，大（中）型建筑尤其是各类综合体建筑中，普遍存在两个及两个以上产权单位、租赁单位共同使用建筑的情况，这类建筑的火灾隐患凸显，引发的火灾易造成严重的人员伤亡和经济损失。

通常来说，多产权建筑是指有两个或两个以上产权方的公共建筑、居住建筑及工业建筑。合用建筑一般包括多产权建筑和属于单一产权但有多个使用方的建筑。

为预防和减少火灾，保证人身和财产安全，合用建筑或多产权建筑的消防安全管理应贯彻“预防为主、防消结合”的消防工作方针，明确消防安全责任，制定和实施消防安全制度和操作规程，不断提高自防自救能力。

《多产权建筑消防安全管理》(XF/T 1245）规定了多产权建筑消防安全管理中产权方、使用方和统一管理单位的消防安全职责，并对多产权建筑消防安全管理提出了相应的管理措施。同时也规定了多产权建筑的消防安全管理要求和措施，以指导多产权建筑的产权方、使用方和管理方落实消防安全主体责任，逐步实现消防安全自查，火灾隐患自除，有效防范火灾发生。

二、合用建筑或多产权建筑的消防安全职责

（一）一般规定

（1）多产权建筑的产权方、使用方应协商确定或委托统一管理单位，明确消防安全管理职责，对多产权建筑的消防安全实行统一管理。

（2）多产权建筑的产权方、使用方、统一管理单位应制定统一的消防安全管理规章制度并认真遵守有关消防安全管理规定。

（3）多产权建筑的产权人、产权单位的法定代表人或主要负责人均应为消防安全责任人。实行承包、租赁或委托经营、管理时，承包、租赁场所的承租人是其承包、租赁范围的消防安全责任人。消防安全责任人应履行有关规定中单位消防安全责任人的职责，对专有、共用部分的消防安全负责。实行承包、租赁或委托经营、管理时，当事人在订立的相关租赁、委托等合同中应明确第一消防安全责任人及各方的消防安全责任。没有约定或约定不明的，产权方为第一消防安全责任人，消防安全责任由产权方和使用方共同承担。

（4）多产权建筑实行委托统一管理单位管理消防安全工作时，当事人各方应签订合同并在合同中明确消防安全工作的权利、义务及违约责任，明确对消防设施的管理职责，明确对消防设施保养、维修、更新或改造所需经费的管理办法。

（5）统一管理单位根据服务合同履行消防安全职责，提供有效服务。各使用方应指定其使用区域的消防安全管理人，配合统一管理单位实施消防安全管理。

（6）多产权建筑应有消防维修资金，并按《住宅专项维修资金管理办法》或地方出台的相关管理办法执行。多产权建筑设立消防维修资金时，各产权方、使用方应签订书面合同，约定由各自承担的消防维修资金缴纳方式、比例和管理等内容。鼓励多产权建筑投保火灾公众责任保险。

（二）产权方的职责

（1）实行承包、租赁或委托经营、管理时，产权方应提供符合消防安全要求的建筑物。产权方应提供主管部门验收合格或竣工验收备案抽查合格、或已备案的证明文件资料。

（2）统一管理单位发生变更时，产权方应协助对消防共用部位、共用消防设施进行查验，确保交接前各种消防设施、器材完好有效，并填写交接记录，存档备查。

（3）实行承包、租赁或委托经营、管理时，产权方应核实使用方的用途，同时书面告知承包、租赁、受委托经营管理方不应擅自改变建筑物原有的使用性质和结构。如确需改变原使用性质或结构，产权方应督促承包、租赁、受委托经营管理方依法办理相关消防手续。

（4）当与使用方签订合同时，明确消防专有、共用部位，以及专有、共用消防设施的消防安全责任、义务。

（5）督促并配合统一管理单位配置、更新消防设施、器材，协助统一管理单位制定火灾隐患整改方案，及时落实建筑火灾隐患整改措施，消除火灾隐患。

（6）对产权区域定期开展消防安全检查，督促使用方加强消防安全管理。

（7）协助统一管理单位组建专职或志愿消防队，必要时组建微型消防站。

（8）履行合同中约定的其他消防安全职责。

（9）履行消防法律、法规及规章规定的其他消防安全职责。

（三）使用方的职责

（1）遵守统一的消防安全管理规章制度。

（2）对经营、使用区域的消防安全负责。建立和落实经营、使用区域的岗位消防安全责任制。

（3）定期组织开展使用区域的防火巡查检查，及时消除火灾隐患。

（4）督促并配合统一管理单位做好消防安全管理工作，协助统一管理单位制定火灾隐患整改方案、落实整改措施。

（5）定期对专用消防设施进行检查、维护，确保疏散通道、安全出口畅通，专用消防设施完好有效。

（6）对专有、专用部分进行装修和使用时，不应影响消防设施和器材的正常使用和维护保养。

（7）协助统一管理单位组建专职或志愿消防队。

（8）履行合同中约定的其他消防安全职责。

（9）履行消防法律、法规及规章规定的其他消防安全职责。

（四）统一管理单位的职责

统一管理单位是由产权方、使用方确立或委托的，对多产权建筑内的消防安全工作进行统一管理的机构、单位或组织。其形式可以是物业服务企业、其中的一个产权方或使用方、消防技术服务机构，或由产权方、使用方协商成立的消防管理组织。职责如下：

（1）指定专人或成立专职部门负责消防安全管理工作。确保多产权建筑的自动消防系统的操作人员取得消防行业特有工种职业资格证书。

（2）建立健全统一的消防安全制度，拟订年度消防安全工作计划、消防安全工作资金预算和组织保障方案。

（3）建立完善的消防档案，妥善保管建设工程消防设计审核、消防验收和备案、抽查资料，消防设施、灭火器材等相关资料。

（4）按照约定，对管理区域内的消防设施进行日常维护管理。每年组织或委托具有相关资质的单位对多产权建筑消防设施进行全面检测，检测记录应完整准确，存档备查。

消防设施的检测应按《建筑消防设施检测技术规程》(XF 503）的规定进行。

(5）组织开展包括消防共用部位及使用方专用部位在内的建筑整体的防火巡查、检查。对占用、堵塞、封闭疏散走道、安全出口、消防车道等违法行为予以制止；确保共用消防设施完好、有效。

(6）发现不能及时消除的隐患及涉及公共消防安全的重大问题，应及时向产权方、使用方报告有关情况。牵头制定火灾隐患整改方案，落实火灾隐患整改并在整改期间采取防护措施。

(7）督促产权方、使用方履行消防安全职责。

(8）配合消防救援机构或公安派出所的消防监督检查工作。对拒不消除火灾隐患的，应及时向消防救援机构或公安派出所报告。

(9）组织开展消防安全宣传教育培训，制定灭火和应急疏散预案并定期组织演练。

(10）应按照规定或根据需要建立专职、志愿消防队等多种形式的消防组织，开展日常消防业务训练及群众性自防自救等活动。

(11）履行合同中约定的其他消防安全职责。

(12）履行消防法律、法规及规章规定的其他消防安全职责。

三、合用建筑或多产权建筑的消防安全管理

(一）一般要求

(1）多产权建筑的统一管理单位应按照国家有关规定，组织各产权方、使用方结合本建筑的特点，建立统一的消防安全管理制度和保障消防安全的操作规程，并公布执行。

消防安全管理制度应包括：

①消防安全管理职责。

②消防安全例会制度。

③消防安全教育、培训制度。

④防火巡查、检查制度。

⑤安全疏散设施管理制度。

⑥消防（控制室）值班制度。

⑦消防设施、器材维护管理制度。

⑧火灾隐患整改制度。

⑨用火、用电安全管理制度。

⑩易燃易爆危险品和场所防火防爆管理制度。

⑪专职或志愿消防队的组织管理制度。

⑫灭火和应急疏散预案演练制度。

⑬燃气和电气设备的检查和管理（包括防雷、防静电）制度。

⑭消防安全工作考评和奖惩制度。

⑮消防安全管理档案和其他必要的消防安全管理制度。

(2）多产权建筑的产权方、使用方应严格遵循以下要求：

①不应改变消防验收或竣工验收消防备案时确定的建筑使用性质。

②不应擅自改变建筑内部结构、防火分区、防烟分区。

③不应降低装修材料的燃烧性能等级。

④不应损坏、挪用、圈占、分隔、拆除或停用原有消防设施。

⑤不应妨碍消防共用部位的正常使用，堵塞、锁闭消防安全疏散走道、疏散楼梯和安全出口，占用、堵塞消防车道及消防救援场地，确保防火间距。

⑥不应设置影响消防扑救或遮挡排烟窗（口）的架空管线、广告牌等障碍物。

⑦人员密集场所不应在门窗上设置影响逃生和灭火救援的障碍物。

（3）统一管理单位应按照《人员密集场所消防安全管理》(GB/T 40248）的规定组织开展防火巡查和防火检查。

（4）使用方在实施建筑内部装修前，应事先告知统一管理单位，并提供依法办理消防手续的证明文件。统一管理单位应将装修中涉及消防安全的禁止行为和注意事项告知使用方。

（5）多产权建筑维修改造施工现场的消防安全管理由施工单位负责，统一管理单位应督促施工单位按《建设工程施工现场消防安全技术规范》(GB 50720）的要求进行防火管理。

（6）产权方、使用方应加强防火管理，及时消除火灾隐患。统一管理单位发现火灾隐患时，应确定责任方、责任人，并立即通知有关人员进行整改；不能立即整改的，应报告相应的消防安全管理人并协商提出整改方案。整改方案应包括整改措施、期限以及负责整改的部门、人员，并落实整改资金。各相关方应配合落实隐患整改方案。整改期间应采取临时防范措施，确保消防安全。

（7）在火灾隐患未消除之前，统一管理单位应落实防范措施，保障消防安全。不能确保消防安全、随时可能引发火灾或一旦发生火灾将严重危及人身安全的，应督促使用方将危险部位停产停业进行整改。

（二）防火巡查、检查

（1）统一管理单位应组织各使用区域的消防安全管理人每月至少开展一次联合防火检查；重要节日或重要活动之前应组织一次联合防火检查。

（2）各使用区域的消防安全管理人应确保联合防火检查正常进行，并应按照《人员密集场所消防安全管理》(GB/T 40248）的规定对消防共用部位和共用消防设施进行重点检查。

（3）各使用区域的消防安全管理人应对本防火责任区域每日组织防火巡查。多产权建筑内的公众聚集场所在营业时间的防火巡查应至少每两小时一次；营业结束后应对营业现场进行检查，消除遗留火种。

（4）防火巡查、检查人员应及时纠正违章行为。无法当场处置的，应立即报统一管理单位或使用方。防火巡查、检查应填写巡查、检查记录。巡查、检查人员和被检查区域的消防安全责任人或管理人应在巡查、检查记录上签字，存档备查。

（三）防火管理

（1）统一管理单位应依法加强易燃易爆危险品管理。

需要使用易燃易爆危险品时，使用方应根据需要限量使用。在进场前应首先落实防护措施并向统一管理单位提出书面申请，经统一管理单位书面确认后登记备案。

（2）建筑内部装修、改造时，统一管理单位应对动用明火实行严格的消防安全管理。

需要使用明火时，使用方应按照用火管理制度办理审批手续，落实现场监护责任人。施工单位和使用方应共同采取措施，将施工区和使用区进行防火分隔，清除动火区域的易燃、可燃物，配置消防器材，设置临时消防用水，保证施工及使用范围的消防安全。进行电气焊作业时，应对动火人员资格进行审查。公共娱乐场所在营业期间禁止动火施工。

（3）统一管理单位应组织有资格的电工作业人员，对建筑内的电气设施进行定期巡查，确保电气线路消防安全。

（4）多产权建筑中有炉具、烟道等设施的场所，使用方应每季度至少对炉具、烟道进行一次检查，每年至少进行一次清洗和保养。炉具、烟道等设施使用频率较高的场所，可酌情增加频次。

（四）消防设施管理

（1）多产权建筑消防设施的维护管理应执行《建筑消防设施的维护管理》（GB 25201）的相关规定。

（2）统一管理单位应指定专人负责消防控制室日常管理，消防控制室的日常管理应符合《消防控制室通用技术要求》（GB 25506）的有关要求。

（3）对多产权建筑消防设施存在的问题和故障，统一管理单位应及时与产权方或使用方共同协商解决；建筑消防设施因改造或检修需要停用时，统一管理单位应采取相应的应对措施并在建筑内公告，同时报告当地消防救援机构。

（4）对建筑消防设施故障及消除情况，统一管理单位应建立报告和登记制度。

（五）安全疏散管理

（1）统一管理单位对搭盖违章建筑或堆放杂物占用、堵塞、封闭疏散走道、安全出口、消防车道的行为，应予以劝阻、制止；对不听劝阻、制止的，统一管理单位可就相关情况予以公示，并应及时向消防救援机构、公安派出所报告。

（2）任何产权方、使用方不应封堵安全出口和疏散走道，锁闭疏散出口、安全出口，或在安全出口、疏散走道上安装栅栏、卷帘门。

（3）多产权建筑安全疏散管理的其他要求应按照《人员密集场所消防安全管理》（GB/T 40248）执行。

（六）消防安全培训教育

（1）统一管理单位负责组织开展经常性的消防安全宣传教育，普及消防安全知识和灭火、逃生技能。

（2）统一管理单位对消防安全管理人员、消防控制室值班人员的消防安全培训应每半年至少进行一次。

（3）统一管理单位应组织新上岗和换岗的职工进行上岗前的消防安全培训；对在岗职工的消防安全培训应每年至少进行一次。

（4）统一管理单位对公众开展消防安全宣传教育可采取以下形式：

①在公共活动场所的醒目位置设置消防安全宣传栏。

②在建筑消防设施和器材的显著部位设置消防安全标识，告知维护、使用的方法和

要求。

③根据需要编印场所消防安全、火灾报警、自救逃生等宣传资料供公众取阅。

④利用单位广播、视频设备播放消防安全知识。

(七)灭火和应急准备

(1)发生火灾后，各使用方应立即组织初起火灾扑救、引导人员疏散，并协助统一管理单位做好应急处置工作。

(2)统一管理单位应根据多产权建筑的实际情况，制定统一的灭火和应急疏散预案。预案的内容、实施程序及消防演练的组织应按照《人员密集场所消防安全管理》(GB/T 40248)的要求。

(3)统一管理单位应定期督促使用方熟悉灭火和应急疏散预案，每半年至少组织一次灭火和应急疏散演练，并逐步修改完善灭火和应急疏散预案。

实例 1-2-2　合用建筑或多产权建筑的消防安全管理

某商业大厦消防安全管理

一、基本概况

某高层商业综合楼，地上 15 层，地下 2 层。产权方为甲，地上 1 层到 5 层为商场乙，地上 6 层至 15 层为酒店丙，地下 1 层至 2 层为地下停车场，委托统一管理单位为丁。综合楼按规范要求设置了火灾自动报警系统、防排烟系统、自动灭火系统、消防应急照明和疏散指示系统、消防给水及消火栓系统等建筑消防设施。

二、消防安全管理要求

(一)整体要求

1. 单位丁的消防安全管理要求

单位丁按照国家有关规定，结合实际，建立统一的消防安全管理制度和保障消防安全的操作规程，并公布执行。

其中消防安全管理制度有：

(1)消防安全管理职责。

(2)消防安全例会制度。

(3)消防安全教育、培训制度。

(4)防火巡查、检查制度。

(5)安全疏散设施管理制度。

(6)消防(控制室)值班制度。

(7)消防设施、器材维护管理制度。

(8)火灾隐患整改制度。

(9)用火、用电安全管理制度。

(10)易燃易爆危险品和场所防火防爆管理制度。

（11）志愿消防队的组织管理制度。

（12）灭火和应急疏散预案演练制度。

（13）燃气和电气设备的检查和管理（包括防雷、防静电）制度。

（14）消防安全工作考评和奖惩制度。

（15）消防安全管理档案和其他必要的消防安全管理制度。

综合楼维修改造施工现场的消防安全管理由施工单位负责，单位丁应督促施工单位按《建设工程施工现场消防安全技术规范》（GB 50720）的要求进行防火管理。

单位丁发现火灾隐患时，应确定责任方、责任人，并立即通知有关人员进行整改；不能立即整改的，应报告相应的消防安全管理人并协商提出整改方案。整改方案应包括整改措施、期限以及负责整改的部门、人员，并落实整改资金。各相关方应配合落实隐患整改方案。整改期间应采取临时防范措施，确保消防安全。

2. 产权方甲、商场乙和酒店丙的消防安全管理要求

（1）不应改变消防验收或竣工验收消防备案时确定的建筑使用性质。

（2）不应擅自改变建筑内部结构、防火分区、防烟分区。

（3）不应降低装修材料的燃烧性能等级。

（4）不应损坏、挪用、圈占、分隔、拆除或停用原有消防设施。

（5）不应妨碍消防共用部位的正常使用，堵塞、锁闭消防安全疏散走道、疏散楼梯和安全出口，占用、堵塞消防车道及消防救援场地，确保防火间距。

（6）不应设置影响消防扑救或遮挡排烟窗（口）的架空管线、广告牌等障碍物。

（7）人员密集场所不应在门窗上设置影响逃生和灭火救援的障碍物。

商场乙或酒店丙在实施建筑内部装修前，应事先告知单位丁，并提供依法办理消防手续的证明文件。单位丁应将装修中涉及消防安全的禁止行为和注意事项进行告知。

（二）防火巡查、检查工作要求

（1）单位丁应组织商场乙和酒店丙的消防安全管理人每月至少开展一次联合防火检查；重要节日或重要活动之前应组织一次联合防火检查。

（2）商场乙和酒店丙的消防安全管理人应确保联合防火检查正常进行，并应按照《人员密集场所消防安全管理》（GB/T 40248）的规定对消防共用部位和共用消防设施进行重点检查。

（3）商场乙和酒店丙的消防安全管理人应对本防火责任区域每日组织防火巡查。商场乙在营业时间的防火巡查应至少每两小时一次；营业结束后应对营业现场进行检查，消除遗留火种。

（4）防火巡查、检查人员应及时纠正违章行为。防火巡查、检查应填写巡查、检查记录。巡查、检查人员和被检查区域的消防安全责任人或管理人应在巡查、检查记录上签字，存档备查。

（三）防火管理工作要求

（1）建筑内部装修、改造时，单位丁应对动用明火实行严格的消防安全管理。

需要使用明火时，应按照用火管理制度办理审批手续，落实现场监护责任人。采取措施将施工区和使用区进行防火分隔，清除动火区域的易燃、可燃物，配置消防器材，设置临时消防用水，保证施工及使用范围的消防安全。进行电气焊作业时，应对动火人员资格进行审查。商场乙在营业期间禁止动火施工。

（2）单位丁组织有资格的电工作业人员，对建筑内的电气设施进行定期巡查，确保电气线路消防安全。

（3）综合楼中设置炉具、烟道等设施的场所，应每季度至少对炉具、烟道进行一次检查，每年至少进行一次清洗和保养。炉具、烟道等设施使用频率较高的场所，可酌情增加频次。

（四）消防设施管理要求

（1）综合楼消防设施的维护管理应按照《建筑消防设施的维护管理》（GB 25201）的相关规定进行。

（2）单位丁应指定专人负责消防控制室日常管理，消防控制室的日常管理符合《消防控制室通用技术要求》（GB 25506）的有关要求。

（3）对综合楼消防设施存在的问题和故障，单位丁应及时与各方共同协商解决；建筑消防设施因改造或检修需要停用时，单位丁应采取相应的应对措施并在建筑内公告，同时报告当地消防救援机构。

（4）对建筑消防设施故障及消除情况，单位丁应建立报告和登记制度。

（五）安全疏散管理要求

（1）单位丁对搭盖违章建筑或堆放杂物占用、堵塞、封闭疏散走道、安全出口、消防车道的行为，应予以劝阻、制止；对不听劝阻、制止的，单位丁可就相关情况予以公示，并应及时向消防救援机构、公安派出所报告。

（2）任何单位和个人不应封堵安全出口和疏散走道，锁闭疏散出口、安全出口，或在安全出口、疏散走道上安装栅栏、卷帘门。

（六）消防安全培训教育要求

（1）单位丁负责组织开展经常性的消防安全宣传教育，普及消防安全知识和灭火、逃生技能。

（2）单位丁对消防安全管理人员、消防控制室值班人员的消防安全培训应每半年至少进行一次。

（3）单位丁应组织新上岗和换岗的职工进行上岗前的消防安全培训；对在岗职工的消防安全培训应每年至少进行一次。

（4）单位丁对公众开展消防安全宣传教育可采取以下形式：

①在公共活动场所的醒目位置设置消防安全宣传栏。

②在建筑消防设施和器材的显著部位设置消防安全标识，告知维护、使用的方法和要求。

③根据需要编印场所消防安全、火灾报警、自救逃生等宣传资料供公众取阅。

④利用单位广播、视频设备播放消防安全知识。

（七）灭火和应急准备工作

（1）发生火灾后，各方应立即组织初起火灾扑救、引导人员疏散，并协助单位丁做好应急处置工作。

（2）单位丁应根据实际情况，制定统一的灭火和应急疏散预案。预案的内容、实施程序及消防演练的组织应按照《人员密集场所消防安全管理》(GB/T 40248）的要求。

（3）单位丁应定期督促使用方熟悉灭火和应急疏散预案，每半年至少组织一次灭火和应急疏散演练，并逐步修改完善灭火和应急疏散预案。

培训模块二

制 度 建 设

培训项目 1　组织制定单位消防安全制度

【知识导图】

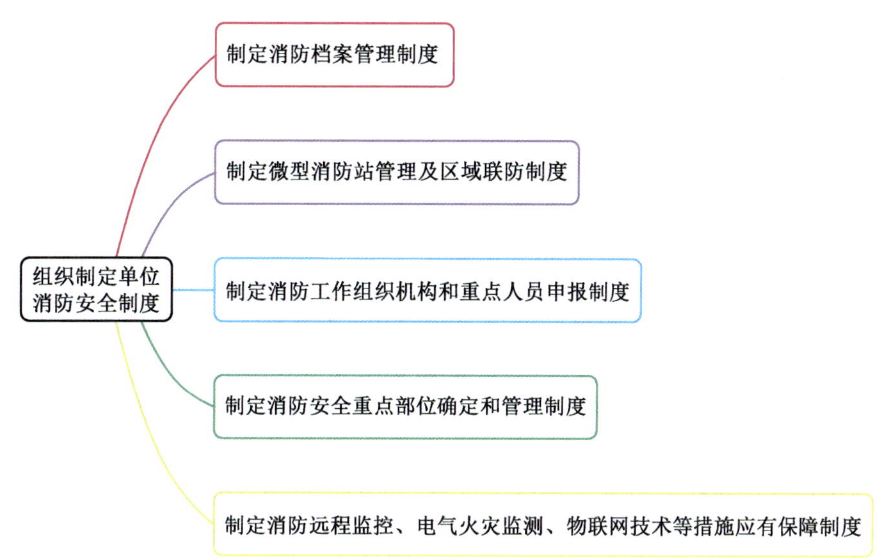

依据《消防法》《消防安全责任制实施办法》等法律法规的要求，消防安全重点单位应当履行的消防安全职责比一般单位更为全面和严格。

《消防法》第十七条规定："县级以上地方人民政府消防救援机构应当将发生火灾可能性较大以及发生火灾可能造成重大的人身伤亡或者财产损失的单位，确定为本行政区域内的消防安全重点单位，并由应急管理部门报本级人民政府备案。消防安全重点单位除应当履行本法第十六条规定的职责外，还应当履行下列消防安全职责：（一）确定消防安全管理人，组织实施本单位的消防安全管理工作；（二）建立消防档案，确定消防安全重点部位，设置防火标志，实行严格管理；（三）实行每日防火巡查，并建立巡查记录；（四）对职工进行岗前消防安全培训，定期组织消防安全培训和消防演练。"

《消防安全责任制实施办法》中明确规定，消防安全重点单位在履行一般单位职责的基础上还应当履行下列职责：①明确承担消防安全管理工作的机构和消防安全管理人并报知当地公安消防部门（现消防救援机构），组织实施本单位消防安全管理。消防安全管理人应当经过消防培训。②建立消防档案，确定消防安全重点部位，设置防火标志，实行严格管理。③安装、使用电器产品、燃气用具和敷设电气线路、管线必须符合相关标准和用电、用气安全管理规定，并定期维护保养、检测。④组织员工进行岗前消防安全培训，定期组织消防安全培训和疏散演练。⑤根据需要建立微型消防站，积极参与消防安全区域联防联控，提高自防自救能力。⑥积极应用消防远程监控、电气火灾监测、物联网技术等技防物防措施。

为全面落实上述相关消防安全职责，确保各项工作落到实处，消防安全重点单位必须制定相应的消防安全制度。

培训单元 1 制定消防档案管理制度

【培训重点】

（1）掌握消防档案管理制度的核心内容。

（2）熟练制定消防档案管理制度。

【知识要求】

依据《中华人民共和国档案法》(简称《档案法》)，档案是指过去和现在的机关、团体、企业事业单位和其他组织以及个人从事经济、政治、文化、社会、生态文明、军事、外事、科技等方面活动直接形成的对国家和社会具有保存价值的各种文字、图表、声像等不同形式的历史记录。消防档案就是其中的一类，包括单位在生产、经营过程中开展消防安全管理活动而形成的文字、图表、声像及其他各种方式和载体的综合性记录材料。

单位要依据《消防法》《机关、团体、企业、事业单位消防安全管理规定》等法律法规的要求建立健全消防档案，要严格按《档案法》《中华人民共和国档案法实施办法》等法律法规的规定管理档案。此外，企业要按照《企业文件资料归档范围和档案管理期限规定》(国家档案局令第 10 号）的规定管理保存消防档案文件资料，机关、团体和事业单位在执行专项档案管理规定的基础上也可参照此执行。消防档案管理应严格落实以下要求。

一、建立消防档案管理工作责任制

机关、团体、企业、事业单位和其他组织应当依法健全消防档案管理制度，落实档案工作责任制，确定档案管理部门和管理人员，负责统一管理本单位的消防档案；档案管理人员应当具备一定的专业知识与技能，忠于职守，遵纪守法，确保消防档案真实、完整、齐全和管理工作有序落实。

二、科学规范管理消防档案

一是机关、团体、企业、事业单位和其他组织的档案管理部门应当落实科学的管理措施，方便档案的有效利用；有条件的单位可结合工作实际按照国家有关规定配置适宜档案保存的库房和必要的设施、设备，确保档案的安全；采用先进技术，实现档案管理的现代化。应当积极推进电子档案管理信息系统建设，与办公自动化系统、业务系统等相互衔接并推进传统载体档案数字化。二是严格落实安全管理制度。单位应当建立健全档案安全工

作机制确保档案安全，防止毁坏、遗失和泄露等事故发生。单位相关人员发现档案管理存在安全隐患的，应当及时采取补救措施消除隐患。禁止篡改、损毁、伪造消防档案，要按规定期限保管好档案，禁止擅自销毁消防档案。三是严格保密措施。涉及保密的档案应当依照有关保守国家秘密的法律、行政法规规定办理。

三、科学利用消防档案

收集、整理、保管消防档案的目的是为了有效利用，为单位的消防安全管理工作服务。为了便于消防档案的使用，必须做好下列工作：一是做好分类工作。要按照《机关、团体、企业、事业单位消防安全管理规定》规定的档案种类和档案形成的环节、内容、时间、形式的差异，把档案分门别类归档立卷，为管理和利用提供条件。二是制作索引编制档案目录。把消防档案的内容和形态特征著录下来并存储在检索工具中，建立一个完整的目录体系，根据消防安全管理需要及时查找档案以供使用。三是及时检查和清理。随着时间的推移和材料的增多，有些材料会失去保存价值，不需要继续保存影响管理和利用，应定期有目的、有计划地按国家文书档案管理规定进行清理。

单位消防档案管理制度应包含下列核心内容：

（1）消防档案管理工作的责任部门、责任人。

（2）消防档案管理工作责任部门和责任人员的具体工作职责。

（3）消防档案管理工作经费、组织保障等具体措施。

（4）单位消防档案的主要内容，包含消防安全基本情况和消防安全管理情况等。

（5）消防档案整理、集中、归档和统一保管的程序和措施。

（6）消防档案更新、清理和销毁的条件、程序。

（7）建立数字化消防档案的方法。

（8）利用消防档案资料分析研判单位工作，为工作决策提供参考的方法和措施等。

实例 2-1-1　万润商业广场有限公司消防档案管理制度

为认真落实《消防法》《档案法》等法律法规要求，建好、管好、用好我司消防档案，特制定公司消防档案管理制度。请各部门和全体员工认真遵照执行。

（1）公司安保部为消防档案管理工作的责任部门，安保部负责人为消防档案管理工作责任人，并安排专人负责；其他部门配合做好档案管理工作。公司在消防控制室设置消防档案专柜统一集中保管消防档案，需长期保存的重要资料应按规定及时移送公司档案管理部门存档。

（2）安保部及各部门、各责任人员的具体职责分别制定（略）。

（3）财务部制定消防档案管理经费保障措施，为消防管理信息化和建立数字消防档案提供资金支持。

（4）公司消防档案内容包括消防安全基本情况和消防安全管理情况；各部门工作中形成的相关资料应妥善保管，本部门责任人员应当按照规定期限和要求，及时将有关档案资料进行整理，定期移交至安保部。

（5）安保部对其他部门移送的档案资料进行检查核对，确认档案资料完整、规范，并将档案整理、分类、归档，登记造册，对各类档案资料进行排列和编目，提高消防档案的检索效率，为管理和使用提供便利。

（6）利用多种形式保存消防档案资料。公司开展消防安全活动时，应采用录音、摄像、拍照等多种方式记录活动开展情况，建立视听资料档案。

（7）建立数字消防档案。公司积极推进电子档案管理信息系统建设，与办公自动化系统、业务系统等相互衔接推进传统载体档案数字化。积极利用大数据、云计算等技术对数字档案的内容进行综合分析研判，总结消防工作的经验、规律，提升单位消防管理水平。

（8）保障消防档案安全。严格档案管理制度落实，确保档案不受毁坏、遗失和泄露。禁止篡改、损毁、伪造消防档案，禁止擅自销毁消防档案。对电子数据存储介质要单独存放，符合防潮、隔热等要求。保存在计算机中的消防档案资料，以及建筑消防设施控制设备中的消防工作资料和信息，属于动态消防档案，要适时或定期进行备份，防止因病毒感染、计算机损坏等造成档案灭失。

（9）严格消防档案的查阅管理措施。因工作需要查阅消防档案的，要由安保部负责人批准在档案室（消防控制室）现场查阅，不得带离现场，并在查阅记录上进行详细登记。

（10）定期检查整理消防档案资料。安保部要按照《企业文件资料归档范围和档案管理期限规定》对超过保存期限的、按照规定不需保存或失去保存意义的消防档案及时整理更新。符合《企业文件资料归档范围和档案管理期限规定》确定的销毁条件的资料，要按照公司文秘工作要求逐级审核批准处理。

（11）消防档案管理人员工作变动时，要及时办理消防档案移交手续，保持档案管理的延续性。

培训单元2 制定微型消防站管理及区域联防制度

【培训重点】

（1）掌握微型消防站管理及区域联防制度的核心内容。

（2）熟练制定微型消防站管理及区域联防制度。

【知识要求】

《消防安全责任制实施办法》等消防法律法规要求单位应当根据需要建立专职或志愿消防队，定期组织训练演练，加强消防装备器材配备和灭火药剂储备，建立与消防救援部门联勤联动机制，提高扑救初起火灾能力。在此基础上要求消防安全重点单位根据需要建立微型消防站，积极参与消防安全区域联防联控，以便发挥志愿消防队灭火救援突击队作用，及时有效处置初起火灾事故并为周边单位的火灾处置提供有利援助。

为积极引导和规范消防安全重点单位志愿消防队伍建设，推动落实单位消防安全主体责任，着力提高重点单位火灾隐患自查自纠、自防自救的能力，公安部消防局于2015年制定了《消防安全重点单位微型消防站建设标准（试行）》，明确了微型消防站建设标准，强调了消防安全重点单位微型消防站建设和管理的"有人员、有器材、有战斗力"三项要求，并应将微型消防站纳入当地灭火救援联勤联动体系，参与周边区域灭火处置工作。为实现上述目标，单位应当组建微型消防站，建立微型消防站管理和区域联防制度。微型消防站管理及区域联防制度应包含下列核心内容：

（1）确定微型消防站管理及区域联防工作的责任部门、责任人。

（2）明确微型消防站管理及区域联防责任部门和责任人员的具体职责。

（3）确定微型消防站管理及区域联防的经费、组织保障措施。

（4）明确微型消防站人员条件、组成、岗位分工、岗位职责以及人员更新的相关程序。

（5）明确微型消防站站房建设、器材配备等保障措施。

（6）明确微型消防站区域联防和值守联动的程序和措施。

（7）明确微型消防站人员管理、技能训练和安全防护等相关工作要求。

实例 2-1-2　大豪酒店有限公司微型消防站管理及区域联防制度

为有效防范火灾事故发生，提升公司火灾隐患自查自纠、自防自救的能力，根据《消防法》《消防安全责任制实施办法》等消防法律法规的规定，公司建立志愿消防队和微型消防站，并制定微型消防站管理及区域联防制度如下：

1. 建设原则

为实现扑救初起火灾"救早、灭小"和"3 分钟到场"的目标，公司依托志愿消防队，配备必要的消防器材建立微型消防站。

公司依据实际需要提供足够经费、组织保障措施，确保志愿消防队和微型消防站有效运行。

2. 人员配备

（1）与公司生产班次相匹配，微型消防站人员配分为三班，每班次不少于 6 人（名单略）。

（2）微型消防站设站长、副站长各一名，其他为消防员。站长由安保部消防主管兼任。

（3）全体微型消防站人员每月至少开展一次业务、技能培训，时间半天；培训内容包括扑救初起火灾业务技能、防火巡查基本知识等。

（4）微型消防站灭火处置人员不得由消防控制室值班人员兼任。

（5）公司志愿消防队人员发生变动时，必须立即补充更新。

3. 站房、器材配备

（1）在不影响值班工作正常开展的情况下，微型消防站设在消防控制室的独立办公区内。

（2）根据扑救初起火灾需要，微型消防站配备有灭火器、水枪、水带等灭火器材（数量、清单略）；配置外线电话、手持对讲机等通信器材；配备消防头盔、灭火防护服、防护靴、破拆工具等基础器材。

（3）配有可携带简单消防器材的微型消防车一辆（驾驶员由消防员兼任）。

注：也可以参照应急管理部消防救援局制定的《大型商业综合体消防安全管理规则（试行）》的附录“微型消防站装备配备参考标准”配备。

4. 岗位职责

（1）站长负责微型消防站日常管理，组织制定微型消防站各项管理制度和灭火应急预案，组织开展防火巡查、消防宣传教育和灭火技能训练、演练；指挥初起火灾扑救和组织人员疏散。

（2）消防员负责扑救初起火灾；熟悉建筑消防设施情况和灭火应急预案，熟练掌握器材性能和操作使用方法，落实器材维护、保养；参加日常防火巡查和消防宣传教育等活动；负责全区域防火巡查和初起火灾扑救工作。

（3）消防控制室值班员依法履行值班、处突职责；熟悉灭火应急处置程序，熟练掌握建筑消防设施操作方法；接到火情信息后立即报警、启动灭火和应急疏散预案，通知微型消防站人员进行处置。

5. 值守联动和区域联防要求

（1）微型消防站建立值守制度，确保值守人员随时接受出动指令，做好处置初起火灾准备。

（2）接到火警信息后，消防控制室值班员应迅速核实火情，启动灭火处置程序。消防员应按照“3 分钟到场”要求赶赴现场处置。

（3）安保部与周边单位友邻单位微型消防站加强联系，确定畅通联络方式，加强防火灭火业务交流，组织参加联合演练，参与周边区域灭火处置工作。

（4）安保部应当加强与消防救援机构联系，报告公司微型消防站建设情况、人员配备、器材装备、通信联络方式等，并根据消防救援机构要求纳入当地灭火救援联勤联动体系，根据消防救援机构的指挥参与周边区域灭火处置工作。

6. 管理训练

（1）公司安保部加强微型消防站管理工作。微型消防站建成后，应向辖区消防救援机构备案。

（2）应制定并落实岗位培训、队伍管理、防火巡查、值守联动、考核评价等详细程序、措施和考评标准。

（3）制定训练计划，组织开展日常业务训练，包括体能训练、灭火器材和个人防护器材的使用等，不断提高扑救初起火灾的能力。

培训单元 3　制定消防工作组织机构和重点人员申报制度

【培训重点】

（1）掌握消防工作组织机构和重点人员申报制度的核心内容。

（2）熟练制定消防工作组织机构和重点人员申报制度。

【知识要求】

《机关、团体、企业、事业单位消防安全管理规定》第十四条规定消防安全重点单位及其消防安全责任人、消防安全管理人应当报公安消防机构（现消防救援机构）备案，这是关于单位消防工作组织机构和重点人员申报工作的基本要求。《消防安全责任制实施办法》中对这一规定又做了进一步明确，即规定了消防安全重点单位应当明确承担消防安全管理工作的机构和消防安全管理人并报知当地公安消防机关机构（现消防救援机构），组织实施本单位消防安全管理。消防安全管理人应当经过消防培训。

公安部消防局于 2015 年制定了《消防安全重点单位微型消防站建设标准（试行）》，消防安全重点单位是微型消防站的建设管理主体，重点单位微型消防站建成后，应向辖区公安消防机构（现消防救援机构）备案。备案的目的是确保纳入当地灭火救援联勤联动体系和区域联防机制，更好发挥单位微型消防站的作用。

在以往实行的消防安全重点单位“户籍化”管理工作措施中，消防安全重点单位自主申报、消防安全管理人员报告备案、消防设施维护保养报告备案、消防安全自我评估报告备案等制度的实施都对强化单位消防安全责任主体意识、提升单位消防安全管理水平发挥了重要作用。

虽然上述关于消防工作组织机构和重点人员申报工作的一些做法随着机构改革和“放管服”工作的推进在逐渐淡化，但不可否认它们曾经发挥过积极作用。同时，一些行之有效的工作措施仍得到相关法律法规的认可并在实际工作中得到应用。如消防安全重点单位承担消防安全管理工作的机构、消防安全责任人和管理人以及微型消防站建设等报知当地消防救援机构（原公安消防机构）备案。依据法律单位建立专职消防队后，应当符合国家有关规定，并报当地消防救援机构验收。

针对上述各项基础工作，消防安全重点单位应当建立消防工作组织机构和重点人员申报制度，包含下列核心内容：

（1）确定消防工作组织机构和重点人员申报工作的责任部门、责任人。

（2）明确消防工作组织机构和重点人员申报工作责任部门、责任人员的具体职责。

（3）明确消防安全重点单位确定标准以及报告备案程序。

（4）明确承担消防安全管理工作的机构、消防安全责任人和管理人报告备案程序。

（5）明确微型消防站报告备案程序。

实例 2-1-3　蓝天化工公司消防工作组织机构和重点人员申报制度

为加强公司消防安全管理工作，落实消防法律法规有关规定，公司依法制定下列消防工作组织机构和重点人员申报制度，及时向消防救援机构汇报我司消防安全管理机构和重点岗位人员设置和变化状况，强化与消防监督机构业务沟通，及时取得业务工作指导，促使我司消防安全工作健康开展。

（1）公司安保部是消防工作组织机构、重点人员报告备案工作的责任部门。安保部负责人是该项工作责任人。

（2）公司安保部部长和相关工作人员要熟练掌握消防安全重点单位的确定标准；由

安保部工作人员填写消防安全重点单位报告备案表格，并经单位消防责任人批准后按程序报告备案。

（3）公司确定消防安全责任人、消防安全管理人以及承担消防安全管理工作的机构（安保部）后，由安保部部长拟定报备材料，经消防责任人批准后按程序向消防救援机构报告备案。

（4）公司建立微型消防站后，向由安保部部长拟定包含志愿消防队人员组成、装备和器材配置等情况的报备材料，经消防责任人批准向消防救援机构报告备案。

（5）安保部负责加强与消防救援机构联系，取得业务指导和支持。单位情况发生变化后，及时更新备案事项。

（6）其他需要报告备案事项的工作措施。

培训单元4　制定消防安全重点部位确定和管理制度

【培训重点】

（1）掌握消防安全重点部位确定和管理制度的核心内容。

（2）熟练制定消防安全重点部位确定和管理制度。

【知识要求】

消防安全重点部位是指单位内部容易发生火灾、一旦发生火灾可能严重危及人身和财产安全以及对消防安全有重大影响的部位，应当设置明显的防火标志，实行严格管理。确定消防安全重点部位既要根据火灾危险源的辨识结果来确定，也要考虑本单位的实际情况，按照确定重点部位的四个条件一般包括下列部位或场所：容易发生火灾的部位、发生火灾后影响消防安全重点单位全局的部位和场所、物资和财产集中场所、人员密集场所。

消防安全重点部位的管理措施因各个部位的火灾危险性不同而有所不同。但一般来说，消防安全重点部位确定和管理制度包含下列核心内容：

（1）明确消防安全重点部位的确定原则、确定程序和综合管理要求。

（2）明确消防安全重点部位确定和管理的责任部门、责任人员以及部门、人员职责。

（3）明确各消防安全重点部位岗位工作人员的消防安全职责并督促落实的措施。

（4）设置明显的防火标志的内容和措施。针对不同消防安全重点部位的特点，设置禁烟、禁火等明显的防火标志；标明“消防安全重点部位”、“防火责任人”、火灾危险特点和火灾处置要求。

（5）研究分析消防安全重点部位的火灾危险性，以及可能产生的各种不安全因素，制定相应的管理措施，以及对岗位人员和其他责任人员进行消防安全知识“应知应会”教育和防火安全技术培训的措施。

（6）加强对岗位人员在岗在位、履职尽责情况的检查。

（7）纳入防火巡查检查重点范围，定时开展防火巡查检查、及时消除隐患的程序和措施。

（8）针对消防安全重点部位危险特性配置消防设施器材，加强维护保养，确保完好有效。

（9）制定消防安全重点部位灭火和应急疏散预案专项预案以及定期开展演练的程序和措施。

（10）建立完善消防安全重点部位台账，完善档案，保障消防管理有效持续。

实例 2–1–4　某商业综合体消防安全重点部位确定和管理制度

为强化我司消防安全重点部位管理工作，全面落实消防安全重点部位管理责任部门和责任人、实施重点部位逐级和岗位消防安全责任制，在消防安全重点部位设置明显提示标识、落实特殊防范和重点管控措施，并将重点部位纳入防火巡查检查重点对象等各项重点管理要求，确保消防安全重点部位防火安全，特制定以下消防安全重点部位确定和管理制度：

（1）公司安保部为消防安全重点部位确定和综合管理的责任部门，部长为责任人；消防安全重点部位所在部门及负责人、岗位工作人员为直接责任人。

（2）公司把容易发生火灾、一旦发生火灾可能严重危及人身和财产安全以及对消防安全有重大影响的部位确定为消防安全重点部位，由消防工作归口管理部门报消防安全责任人审批后公布，针对不同部位的性质明确管理细则实行严格管理（我司消防安全重点部位见本规定第 11、12 条）。

（3）各部门、各责任人和消防安全重点部位岗位工作人员的消防安全职责明确，履行岗位职责（略），安保部和所在部门实施监督。

（4）消防安全重点部位标识化管理。针对不同消防安全重点部位的特点，设置禁烟、禁火等明显的防火标志；标明“消防安全重点部位”、“防火责任人”、火灾危险特点和火灾处置要求。做到“消防安全重点部位明确、禁止烟火明确”（两明确）和“防火负责人落实、志愿消防员落实、防火安全制度落实、消防器材落实、灭火预案落实”（五落实）。

（5）安保部和所在部门责任人员要研究分析消防安全重点部位的火灾危险性，以及可能产生的各种不安全因素，制定相应的管理措施，以及对岗位人员和其他责任人员进行针对性岗位消防安全知识应知应会教育和防火安全技术培训的措施。

（6）各责任部门和消防安全管理员加强对岗位人员在岗在位、履职尽责情况的巡查、检查。

（7）消防安全重点部位纳入公司防火巡查检查重点范围，所在部门和公司防火巡查人员每两小时开展一次防火巡查，定时开展消防检查，发现不安全行为立即制止；发现火灾隐患按照火灾隐患整改制度要求及时整改。

防火检查采取“五查、五结合”的方法。“五查”：公司组织每月查；所在部门每周查；班组每天查；消防安全管理员巡回查；节日期间重点检查。“五结合”：检查与宣传教育相结合；检查与隐患整改相结合；检查与复查隐患相结合；检查与考核落实相结合；检查与奖惩改进相结合。

（8）针对消防安全重点部位生产、储存、使用物品的性质、火灾特点及危险程度，配置足量适配消防设施、器材，落实专人负责，加强维护保养，确保完好有效。

（9）安保部和所在部门要依据消防安全重点部位火灾特性等实际情况，制定重点部位灭火和应急疏散预案专项预案，按照预案管理制度要求定期开展演练并持续改进预案。使重点部位全体员工做到“四熟练”（熟练使用灭火器材，熟练报告火警，熟练疏散人员，熟练扑灭初起火灾）。

（10）所在部门建立完善消防安全重点部位台账、完善档案，保障消防管理持续提升。消防安全重点部位档案应报安保部存档备查。消防安全重点部位档案管理做到“四个一”：一制度，消防安全重点部位防火安全制度；一张表，消防安全重点部位工作人员登记表；一幅图，消防安全重点部位基本情况示意图；一预案，消防安全重点部位灭火和应急疏散专项预案。

（11）公司经营场所范围内餐饮场所类重点部位管理应当符合下列要求：

①餐饮场所应集中布置在同一楼层或同一楼层的集中区域。

②餐饮场所严禁使用液化石油气及甲、乙类液体燃料。

③餐饮场所使用天然气作燃料时，应当采用管道供气。设置在地下负一层且建筑面积大于 150 m^2 或座位数大于 75 座的各餐饮场所不得使用燃气。

④不得在餐饮场所的用餐区域使用明火加工食品，开放式食品加工区应当采用电加热设施。

⑤厨房区域靠外墙布置，并采用耐火极限不低于 2 h 的隔墙与其他部位分隔。

⑥厨房内应当设置可燃气体探测报警装置，排油烟罩及烹饪部位应当设置能够联动切断燃气输送管道的自动灭火装置，并能够将报警信号反馈至消防控制室。

⑦炉灶、烟道等设施与可燃物之间应当采取隔热或散热等防火措施。

⑧厨房燃气用具的安装使用及其管路敷设、维护保养和检测应当符合消防技术标准及管理规定；厨房的油烟管道应当至少每季度清洗一次。

⑨餐饮场所营业结束时，应当关闭燃气设备的供气阀门。

（12）公司经营场所范围内其他重点部位的管理应当符合下列要求：

①儿童活动场所，包括儿童培训机构和设有儿童活动功能的餐饮场所，不应设置在地下、半地下建筑内或建筑的四层及四层以上楼层。

②电影院在电影放映前，应当播放消防宣传片，告知观众防火注意事项、火灾逃生知识和路线。

③宾馆客房内应当配备应急手电筒、防烟面具等逃生器材及使用说明，客房内应当设置醒目、耐久的“请勿卧床吸烟”提示牌，客房内的窗帘和地毯应当采用阻燃制品。

④仓储场所不得采用金属夹芯板搭建，内部不得设置员工宿舍，物品入库前应当有专人负责检查，核对物品种类和性质，物品应分类分垛储存，并符合《仓储场所消防安全管理通则》(XF 1131）对顶距、灯距、墙距、柱距、堆距的“五距”要求。

⑤展厅内布展时用于搭建和装修展台的材料均应采用不燃和难燃材料，确需使用少量可燃材料的，应当进行阻燃处理。

⑥汽车库不得擅自改变使用性质和增加停车数，汽车坡道上不得停车，汽车出入口设置的电动起降杆，应当具有断电自动开启功能；电动汽车充电桩的设置应当符合《电动汽车分散充电设施工程技术标准》(GB/T 51313）的相关规定。

⑦配电室内建筑消防设施设备的配电柜、配电箱应当有区别于其他配电装置的明显标识，配电室工作人员应当能正确区分消防配电和其他民用配电线路，确保火灾情况下消防配电线路正常供电。

⑧锅炉房、柴油发电机房、制冷机房、空调机房、油浸变压器室的防火分隔不得被破坏，其内部设置的防爆型灯具、火灾报警装置、事故排风机、通风系统、自动灭火系统等应当保持完好有效。

⑨燃油锅炉房、柴油发电机房内设置的储油间总储存量不应大于1 m^3；燃气锅炉房应当设置可燃气体探测报警装置，并能够联动控制锅炉房燃烧器上的燃气速断阀、供气管道的紧急切断阀和通风换气装置。

⑩柴油发电机房内的柴油发电机应当定期维护保养，每月至少启动试验一次，确保应急情况下正常使用。

培训单元5　制定消防远程监控、电气火灾监测、物联网技术等措施应用保障制度

【培训重点】

（1）掌握制定消防远程监控、电气火灾监测、物联网技术等措施应用保障制度的核心内容。

（2）熟练制定消防远程监控、电气火灾监测、物联网技术等措施应用保障制度。

【知识要求】

《消防安全责任制实施办法》要求，消防安全重点单位积极应用消防远程监控、电气火灾监测、物联网技术等技防物防措施（下称智慧消防技术）提高单位防范火灾的能力。消防远程监控、电气火灾监测、物联网技术等技术都是目前方兴未艾的智慧消防建设的重要组成部分。

城市消防远程监控系统是指对联网用户（将火灾报警信息、建筑消防设施运行状态信息和消防安全管理信息传送到监控中心，并能接收监控中心发送的相关信息的社会单位）的火灾报警信息、建筑消防设施运行状态信息、消防安全管理信息进行接收、处理和管理，向城市消防通信指挥中心或其他接处警中心发送经确认的火灾报警信息，为消防救援部门提供查询，并为联网用户提供信息服务的系统。该系统是提高单位建筑消防设施完好率和消防管理水平、提高消防救援队伍快速反应能力、提高城市预防和抗御火灾综合能力的重要技术手段。

电气火灾监控系统是指当被保护电气线路中的被探测参数（一般指剩余电流和温度）超过报警设定值时，能发出报警信号、控制信号并能指示报警部位的系统，由电气火灾监控设备和电气火灾监控探测器组成。该系统对于电气火灾的早期预警、早期处置，预防和减少电气火灾具有重要作用。

消防物联网是综合利用RFID（射频识别）、无线传感、云计算、大数据和5G等技

术，依托有线、无线、移动互联网等现代通信手段，在传统监测火灾自动报警系统运行状态及故障、报警信号基础上，进一步拓宽和完善数据采集、传输、分析和利用渠道，实现万物互联功能的系统。如利用图像识别模式等技术对火光及燃烧烟雾进行图像分析报警，监测室内消火栓和自动喷水灭火系统水压、高位消防水箱和消防水池水位、消防供水管道阀门启闭状态、防火门开关状态；利用视频监控系统监控安全出口和疏散通道、消防控制室值班情况；接入电气火灾监控系统或装置，实时监测剩余电流、线缆温度等情况；研发手机 App 系统，动态监控、立体呈现联网单位消防安全状态，全面提升社会单位消防安全管理水平的综合技术。在城市层面，消防物联网整合已有的各数据中心，扩大监控系统的联网用户数量，完善系统报警联动、设施巡检、单位管理、消防监督等功能。

综合来看，智慧消防技术是指通过物联网传输终端、火灾探测器、NFC 智能电子标签等采集消防信息，通过通信网络传输消防信息，构建人防、物防和技防的智慧监控平台，实现消防相关数据的显示、监控和分析，以期达到火灾风险的早期预警与评估，并通过智能算法，对火情形势、发展与后果提前研判与决策，为火灾预防、人员疏散和灭火指挥等提供智慧决策。

随着我国社会经济迅猛发展，社会单位利用智慧消防模式开展消防管理工作，已经成为消防安全管理工作发展的目标和必然方向。因此应当建立并不断完善工作机制，积极推动和利用智慧消防先进技术，推动单位消防安全主体责任的全面落实。智慧消防技术应用保障制度包含下列核心内容：

（1）确定单位综合利用智慧消防技术工作的责任部门、责任人。

（2）明确智慧消防建设责任部门、责任人员的具体职责，其他部门和人员的相关职责。

（3）分析研判单位智慧消防工作需求，明确建设目标、实施步骤等相关内容。

（4）明确智慧消防工作成果分析应用的程序。

（5）确定智慧消防工作建设经费、组织保障等各项保障措施。

实例 2-1-5　某综合商场智慧消防技术等措施应用保障制度

消防远程监控、电气火灾监测、物联网技术等智慧消防技术对提高工作效率、确保工作效果和提升公司消防安全管理能力具有促进作用。为加快推进智慧消防技术应用工作，公司特制定下列智慧消防技术措施应用保障制度：

（1）公司技术部为智慧消防工作建设的责任部门，技术部经理为责任人；根据安保部等部门提出的消防工作需求，策划实施智慧消防建设工作。安保部、其他部门配合开展工作。

（2）公司技术部、安保部和各业务部门的部门职责，各责任人职责依据实际情况制定（略）。

（3）安保部负责组织各业务部门研判单位消防工作实际，并依据消防法律法规要求、结合单位实际提出智慧消防工作建设的总体需求。

（4）技术部依据公司智慧消防工作需求，结合智慧消防技术和产品发展状况，确定建设目标、技术路线、实施步骤等具体事项并组织实施。

（5）技术部负责智慧消防应用技术相关知识、技能的教育培训工作，使相关员工明确设施设备组成、工作原理和操作要求。

（6）技术部加强对相关设施设备的维护管理，并依据技术和产品的发展情况实时给予更新升级。

（7）安保部加强智慧消防工作成果的分析利用，技术部负责智慧消防技术的完善和升级。

（8）财务和人力资源等部门为智慧消防工作建设经费、组织等提供保障。

培训项目 2　组织制定单位消防安全操作规程

【知识导图】

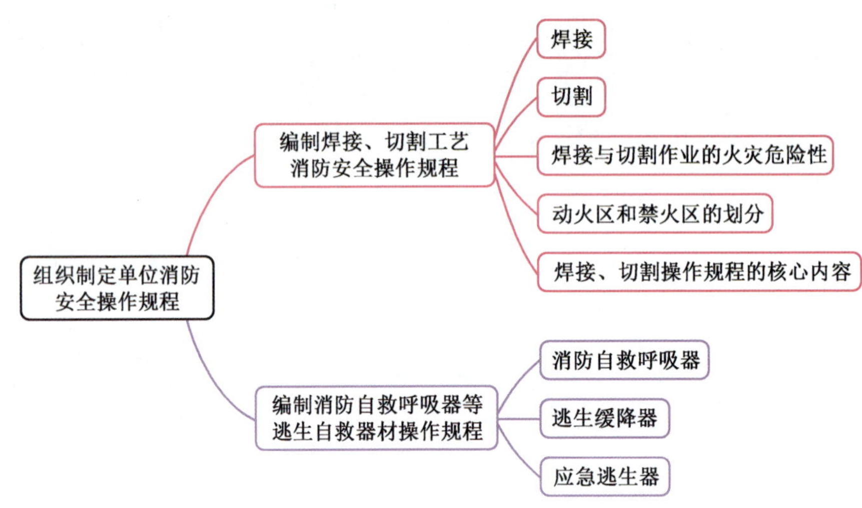

在《消防安全管理员（初级）》中已经就消防安全操作规程的编制依据、核心内容、编制要求和编制过程中的注意事项做了讲解，同时介绍了消火栓、灭火器等常用消防器材使用和用火、用电、用油、用气等消防安全操作规程的编制要点。在单位消防安全管理过程中，制定和督促落实焊接、切割工艺消防安全操作规程对于预防火灾事故发生具有重要意义，制定消防自救呼吸器、逃生绳、逃生缓降器、应急逃生器等自救器材的操作规程并开展培训对于减少火灾事故中的人员伤亡同样意义重大。所以消防安全重点单位的消防安全管理员必须掌握编写这些操作规程的基本技能。

培训单元 1　编制焊接、切割工艺消防安全操作规程

【培训重点】

（1）掌握焊接、切割工艺消防安全操作规程的核心内容。

（2）熟练编制焊接、切割工艺消防安全操作规程。

【知识要求】

焊接与切割作业作为动火作业中最基本的动火作业过程，是现代工业生产中不可缺少的加工方法，同时也是引发火灾事故的重要原因。由于焊接、切割操作的过程类似、火灾危险性基本相同，操作过程中确保消防安全的要求也大同小异，所以把这两类工艺的消防操作安全规程放在一起讲解。

焊接、切割操作必须办理动火证，动火证的办理程序和要求参见《消防安全管理员（初级）》培训模块二培训项目 2 培训单元 2。

一、焊接

焊接的种类很多，按照焊接过程中金属所处状态和工艺特点的不同，一般将焊接分为熔化焊、压力焊和钎焊三大类。

熔化焊是利用局部加热方法将连接处的金属加热至熔化状态而完成的焊接方法。气焊、电弧焊、气体保护焊、等离子弧焊等常见方式属于熔化焊的范围。

压力焊分两种形式：一种是将被焊金属接触部分加热至塑性状态或局部熔化状态，然后施加一定压力，使金属原子间相互结合形成牢固的焊接接头，如锻焊、接触焊。另一种是不进行加热，仅在被焊金属接触面上施加足够大的压力，借助压力所引起的塑性变形，使原子间相互接近而获得牢固的压挤接头，如冷压焊、爆炸焊等。

钎焊是把比被焊金属熔点低的钎料金属加热熔化，然后使其渗透到被焊金属的间隙中而达到结合的方法。焊接时被焊金属处于固体状态，工件只适当地进行加热，没有受到压力的作用，仅依靠液态金属与固态金属之间的原子扩散而形成牢固的焊接接头。常见的钎焊方法有烙铁钎焊、火焰钎焊、感应钎焊等。

二、切割

切割方法主要分为冷、热两类切割。具有较大火灾危险的热切割又有气割、等离子切割、空气碳弧和激光切割等方法。金属热切割是利用热能使材料分离的方法，是焊接生产中最常见的热加工方法，常用热切割方法可按物理现象、加工方法、能源等进行分类。

（一）火焰切割

火焰切割按加热气源的不同，分为以下几种：

1. 气割

气割（氧-乙炔切割）是利用氧-乙炔预热火焰使金属在纯氧气流中能够剧烈燃烧，生成熔渣和放出大量热量的原理而进行的。

2. 液化石油气切割

液化石油气切割的原理与气割相同。不同的是液化石油气的燃烧特性与乙炔气不同，所使用的割炬也有所不同，它扩大了低压氧喷嘴孔径及燃料混合气喷口截面，还扩大了对吸管圆柱部分的孔径。

3. 氢氧源切割

氢氧源切割是利用水电解氢氧发生器，用直流电将水电解成氢气和氧气，其气体比例恰好完全燃烧，温度可达 2800～3000 ℃，可用于火焰加热的切割方法。

4. 氧熔剂切割

氧熔剂切割是在切割氧流中加入纯铁粉或其他熔剂，利用它们的燃烧热和废渣作用实现气割的方法。

（二）电弧切割

1. 等离子弧切割

等离子弧切割是利用高温高速的强劲的等离子射流，将被切割金属部分熔化并随即吹除，形成狭窄的切口而完成切割的方法。

2. 碳弧切割

碳弧切割是使用碳棒与工件之间产生的电弧将金属熔化，并利用压缩空气将其吹掉，实现切割的方法。

（三）冷切割

冷切割是切制后工件相对变形小的切割方法，按能源、束流的不同，可分为以下几种：

1. 激光切割

激光切割是利用激光束把材料穿透，并使激光束移动而实现切割。

2. 水射流切割

水射流切制是利用高压换能泵产生出 200～400 MPa 的高压水的水束功能，来实现材料的切割。

三、焊接与切割作业的火灾危险性

使用明火是焊接与切割作业的主要特征。如果焊接与切割设备和安全装置有故障，或者操作者违反消防安全操作规程进行作业等，都有可能发生火灾和爆炸事故。如：电弧焊的焊接电弧可达 4200 ℃以上高温；电焊机空载时，焊接电流一般在 30～450 A，电焊机、线路等发生故障，也能引燃可燃物发生火灾爆炸事故。

（一）可燃助燃气体的火灾危险

气焊、气割使用的乙炔、丙烷、氢气和氧气等，都是易燃易爆或助燃气体。而氧气瓶、乙炔瓶等又都是压力容器，工艺的本身就具有很大的火灾、爆炸危险性。

（二）高温辐射热源的危险

（1）气焊与气割时，乙炔与氧气混合燃烧时产生的温度高达 3300 ℃，电焊（割）电弧比气焊火焰温度高，焊接电弧可产生 4200 ℃以上的高温。

（2）由于焊接（割）燃烧气流的温度非常高，随空气的对流而上升在空洞（间隙）处集蓄热量，另外管道和金属部件可以传热，因此在施工地点相当距离外的观察不到之处可能发生火灾。

（3）电弧产生的强光和红外线对四周有强烈热辐射作用。红外线虽不能直接加热空气，但被周围物体吸收后，辐射能转变为热能，使物体成为二次辐射热源，易引起火灾。

（三）焊割火花飞溅的危险

（1）在焊接和切割时，1000 ℃以上的焊割火花和飞溅的炽热金属颗粒可以迸散到很远距离，落地时金属和熔渣颗粒虽已不是红色，但其温度仍比大多数可燃物质的燃点高，一旦与可燃物质接触，短时间内即可发生火灾。

（2）在气割时，氧气射流的喷射使熔珠和铁渣四处飞溅，也容易引燃易燃易爆物品，造成火灾和爆炸。

（3）在较高地点作业时，火花和飞溅的炽热金属可以飞散得更远，引起火灾的危险性更大。

（四）生成可燃气体的危险

（1）由于液体具有挥发特性，在容器中会出现液体的可燃蒸气，这类气体受热或遇到火源时会发生燃烧或爆炸。

（2）生产、装卸、储存、运输易燃易爆危险品的过程中或在船舶、车辆的安装、检修中进行的焊、割作业，还会遇到许多可燃、易燃、易爆的物质和各种压力容器、管道，以及其他许多易燃易爆气体。

四、动火区和禁火区的划分

在一些生产企业中焊接、切割操作是常态化作业。为了便于管理，在企业内部划定了动火区和禁火区。在不同的区域对焊接、切割操作消防安全实施不同的管理措施。

（一）禁火区的动火许可

在易燃易爆（工厂、仓库、场所）区内固定动火区之外的区域一律为禁火区。在禁火区域内因检修、试验及正常的生产动火、用火等，必须办理动火或用火许可证，落实各项安全措施。动火审批详见《消防安全管理员（初级）》相关章节。

（二）固定动火区的许可

一些企业选择符合消防安全要求、不会产生火灾风险的位置设置固定动火区。在该区域内的动火作业，原则上可不办理动火许可证，但必须满足以下条件：

（1）固定动火区域应设置在场所区域内全年最小频率的上风方向或侧风方向。

（2）距易燃易爆的厂房、库房、罐区、设备、装置、阴井、排水沟、水封井等不应小于 30 m，并应符合有关规范规定的防火间距要求。

（3）室内固定动火区应用实体防火墙与其他部分隔开，门窗向外开，道路要畅通。

（4）生产正常放空或发生事故时，能保证可燃气体不会扩散到固定动火区，在任何气象条件下，固定动火区域内可燃气体、蒸气的浓度都必须小于爆炸下限的 20%。

（5）固定动火区不准存放任何可燃物及其他杂物，并应配备一定数量的灭火器材。

（6）固定动火区应设置醒目、明显的标志。其标志应包括：“固定动火区”的字样；动火区的范围（长×宽）；动火工具、种类；防火责任人；防火安全措施及注意事项；灭火器具的名称、数量等内容。各类动火区、禁火区均应在消防安全总平面图上标示清楚。

五、焊接、切割操作规程的核心内容

（1）明确焊接、切割操作动火需履行动火审批手续，作业人员具备岗位职业资格、持证上岗。

（2）明确焊接和切割操作人员、现场监护人员、动火审批和管理人员的岗位职责。

（3）焊接、切割操作前进行消防安全教育、开展事故现场和周边环境检查等相关要求。

（4）焊接、切割操作消防安全操作顺序流程，现场应当落实的防火措施以及安全监护相关要求。

（5）焊接、切割作业操作结束后现场看护和现场清理的措施要求。

（6）特定条件下焊接、切割作业的消防安全管理要求。

（7）焊接、切割作业所需气瓶、电气设备消防安全管理要求等。

实例 2-2-1 某公司焊接、切割作业消防安全操作规程编写要点

一、基本要求

（1）进行焊接、切割作业前，必须办理动火审批手续；动火许可证的签发人收到动火申请后，应前往现场查验并确认动火作业的防火措施落实后，再签发动火许可证。

（2）焊接、切割作业人员具备特殊岗位职业资格，持证上岗。

二、防火职责（详细内容略）

（1）明确焊接、切割操作人员的岗位消防安全职责。

（2）明确现场监护人员岗位消防安全职责。

（3）明确管理人员的消防安全职责。

（4）严格执行操作规程和消防安全管理制度。

三、焊接、切割作业前

（1）焊接、切割操作前必须按照规定进行消防安全教育和消防安全技术交底。

（2）指定操作区域。焊接及切割作业应在为减少火灾隐患而设计、建造（或特殊指定）的区域内进行。因特殊原因需要在非指定的区域内进行焊接或切割操作时，必须经检查、核准。焊接、切割等动火作业前，应对作业现场的可燃物进行清理；作业现场及其附近无法移走的可燃物应采用不燃材料对其覆盖或隔离。

（3）放有易燃物区域的热作业条件。焊接或切割作业只能在无火灾隐患的条件下实施。有条件时，首先要将工件移至指定的安全区进行焊接；工件不可移时，应将焊接或切割作业场所周围所有可燃易燃物品移至安全位置。工件及可燃易燃物品无法转移时，要采取措施限制火源以免发生火灾，如：易燃地板要清扫干净，并以洒水、铺盖湿沙、金属薄板或类似物品的方法加以保护；地板上的所有开口或裂缝应覆盖或封好，或者采取其他措施以防地板下面的易燃物与可能由开口处落下的火花接触；对墙壁上的裂缝或开口，敞开或损坏的门、窗也要采取类似的措施。

（4）应急准备。在进行焊接及切割操作的地方必须配置足够的灭火设备。其配置取决于现场易燃物品的性质和数量，可以是移动水池、沙箱、消防水带、消火栓或手提灭火器等。在有消火栓的地方，在焊接或切制过程中，消火栓必须处于可使用状态。如果焊接地点距自动喷水灭火系统洒水喷头很近，可根据需要用不可燃的薄材或潮湿的棉布将喷头临时遮蔽，而且这种临时遮蔽要便于迅速拆除。

四、焊接、切割操作动火作业

（1）设置火灾警戒人员。在下列焊接或切割作业点及可能引发火灾的地点，应设置火灾警戒人员（现场监护人员）：①靠近易燃物之处建筑结构或材料中的易燃物距作业点 10 m 以内；②在墙壁或地板有开口的 10 m 半径范围内（包括墙壁或地板内的隐蔽空间）放有外露的易燃物；③靠近金属间壁、墙壁、天花板、屋顶等处另一侧易受传热或辐射而引燃的易燃物；④在轮船的油箱、甲板、顶架和舱壁进行船上作业时，焊接时透过的火花、热传导可能导致隔壁舱室起火。

火灾警戒人员职责：①火灾警戒人员必须经必要的消防培训，并熟知火灾事故紧急处置程序；②火灾警戒人员的职责是监视作业区域内的火灾情况，在焊接或切割完成后检查并消灭可能存在的残火；③火灾警戒人员可以同时承担其他职责，但不得对其火灾警戒任务有干扰。

（2）安排焊接、切割作业时，宜将动火作业安排在使用可燃材料的施工作业前进行。确需在使用可燃材料的施工作业之后进行动火作业时，应采取可靠的防火措施。严禁在裸露的可燃材料上直接进行焊接、切割动火作业。

（3）五级（含五级）以上风力时，应停止焊接、切割等室外动火作业；确需动火作业时，应采取可靠的挡风措施。高处作业要清除下方的易燃物，或采取可靠的隔离、防护措施。

（4）禁止在装有易燃易爆物品的容器上或在油漆未干的物体上焊接。当必须焊接或切割装有易燃物的容器时，必须采取特殊动火规定的安全措施并经严格检查批准方可作业，否则严禁操作。

（5）所有与乙炔相接触的部件（包括仪表、管路、附件等）不得由铜、银以及铜（或银）含量超过 70% 的合金制成。

（6）氧气瓶、气瓶阀、接头、减压器、软管及设备必须与油、润滑脂及其他可燃物或爆炸物相隔离。严禁用沾有油污的手或带有油迹的手套去触碰氧气瓶或氧气设备。

（7）严禁用氧气代替压缩空气使用，氧气严禁用于气动工具、油预热炉、启动内燃机、吹通管路、衣服及工件的除尘，为通风而加压或类似的应用。氧气喷流严禁喷至带油的表面、带油脂的衣服或进入燃油或其他贮罐内。用于氧气的气瓶、设备、管线或仪器严禁用于其他气体。

（8）使用焊炬、割炬时，必须遵守制造商关于焊、割炬点火、调节及熄火的程序规定，点火之前，操作者应检查焊、割炬的气路是否通畅以及射吸能力、气密性等。点火时应使用摩擦打火机、固定的点火器或其他适宜的火种。

五、焊接、切割动火作业后

动火作业后，应对现场进行检查，并应在确认无火灾危险后，动火操作人员再离开。设置火灾警戒人员的在焊接或切割完成后检查并消灭可能存在的残火。

六、焊接、切割作业常用气体管理规定

（1）储装气体的钢瓶及其附件应合格、完好和有效；严禁使用减压器及其他附件缺损的氧气瓶，严禁使用乙炔专用减压器、回火防止器及其他附件缺损的乙炔瓶。

（2）气瓶运输、存放、使用时，应符合下列规定：

①气瓶在使用时必须稳固竖立或装在专用车（架）或固定装置上，采取防倾倒措施，乙炔瓶严禁横躺卧放。严禁碰撞、敲打、抛掷、滚动气瓶。

②气瓶不得置于受阳光暴晒、热源辐射及可能受到电击的地方，气瓶必须距离实际焊接或切制作业点足够远（一般为 5 m 以上），以免接触火花、热渣或火焰，否则必须提供耐火屏障。

③气瓶不得置于可能使其本身成为电路一部分的区域，避免与电动机车轨道、无轨电车电线等接触。

④气瓶必须远离散热器、管路系统、电路排线等，及可能供接地（如电焊机）的物体，禁止用电极敲击气瓶在气瓶上引弧。燃气储装瓶罐应设置防静电装置。

（3）气瓶应分类储存，必须储存在不会遭受物理损坏或使气瓶内储存物的温度超过 40 ℃的地方，库房内应通风良好。在储存时，气瓶必须稳固以免翻倒；必须与可燃物、易燃液体隔离，并且远离容易引燃的材料（如木材、纸张、包装材料油脂等）至少 6 m 以上，或用至少 1.6 m 高的不可燃隔板隔离。

（4）气瓶使用时，应符合下列规定：

①使用前，应检查气瓶及气瓶附件的完好性，检查连接气路的气密性，并采取避免气体泄漏的措施，禁止使用泄漏、磨损、老化或有其他缺陷的软管。检验气路连接处密封性时，严禁使用明火。

②特殊场所（如化学品生产单位、施工现场等）使用气焊、气割动火作业时，乙炔瓶应直立放置，氧气瓶与乙炔瓶的间距不应小于 5 m，二者与作业地点间距不应小于 10 m。

③当气瓶冻住时，不得在阀门或阀门保护帽下面用撬杠撬动气瓶。应使用 40 ℃以下的温水解冻。

④气瓶在使用后不得放气，必须留有不小于 98~196 kPa 表压的余气。

（5）如果发现燃气气瓶的瓶阀周围有泄漏，应关闭气瓶阀，拧紧密封螺帽。当气瓶泄漏无法阻止时，应将燃气瓶移至室外，远离所有点火源，并做相应的警告通知。缓缓打开气瓶阀，逐渐释放内存的气体。有缺陷的气瓶或瓶阀应做适宜标识，并送专业部门修理，经检验合格后方可重新使用。

（6）气瓶泄漏导致的起火可通过关闭瓶阀，采用水、湿布、灭火器等手段予以熄灭。通过上述手段无法熄灭时，必须疏散该区域的人员，并用大量水浇湿气瓶，使其保持冷却。

七、焊接、切割作业用电管理规定

（1）不准在带有液体压力、气体压力或带电的设备上进行焊接。

（2）禁止使用有缺陷的电焊机和工具。

（3）电焊机所用的导线必须是良好的绝缘软导线，接头应包有可靠的绝缘。

（4）移动式电焊机从电力网上接线或检线，以及接地等工作均应由电工进行。

（5）工作完毕应先关闭电焊机，再切断电源。

八、焊接、切割等特殊作业前进行安全交底

焊接、切割等特殊作业前，单位管理人员应对参加作业的人员进行安全交底，主要内容如下：

（1）有关作业的消防安全规章制度。

（2）作业现场和作业过程中可能存在的火灾风险及所采取的具体风险管控措施。

（3）作业过程中所需要的个体防护用品的使用方法及注意事项。

（4）火灾的预防、避险、逃生、自救、互救等知识。

（5）相关火灾事故案例和经验、教训。

培训单元 2　编制消防自救呼吸器等逃生自救器材操作规程

【培训重点】

（1）了解消防自救呼吸器、逃生绳、逃生缓降器、应急逃生器等逃生自救器材基本知识。

（2）熟练编制消防自救呼吸器、逃生绳、逃生缓降器、应急逃生器等自救器材操作规程。

【知识要求】

建筑火灾逃生避难器材（包括缓降器、逃生梯、逃生滑道、应急逃生器等）是在发生建筑火灾的情况下，遇险人员逃离火场时所使用的辅助逃生装置，是对建筑物内安全疏散通道和实施的必要补充。

建筑火灾逃生避难器材按结构可分为：①绳索类，如逃生缓降器、应急逃生器、逃生绳；②滑道类，如逃生滑道；③梯类，如固定式逃生梯、悬挂式逃生梯；④呼吸器类，如消防过滤式自救呼吸器、化学氧消防自救呼吸器。按器材工作方式可分为：①单人逃生类，如逃生缓降器、应急逃生器、逃生绳、悬挂式逃生梯、消防过滤式自救呼吸器、化学氧消防自救呼吸器等；②多人逃生类，如逃生滑道、固定式逃生梯等。本书主要介绍消防自救呼吸器、逃生缓降器、应急逃生器的使用操作规程。

一、消防自救呼吸器

（一）过滤式消防自救呼吸器

过滤式消防自救呼吸器是一种通过过滤装置吸附、吸收及直接过滤等作用去除一氧化

碳、烟雾等有害气体，供人员在发生火灾时逃生用的呼吸器。它利用滤毒装置内的化学药剂和过滤材料，转化和过滤掉灾害事故场所被污染的空气中的有毒有害成分，使之成为较清洁的空气，供佩戴者呼吸。

1. 组成与结构

消防过滤式自救呼吸器（图 2-2-1）由防护头罩、过滤装置和面罩、脖套及固定带等部件组成。面罩可以是全面罩或半面罩。消防过滤式自救呼吸器的结构具有以下主要特点：

（1）使用人员不需培训，经阅读使用说明书后即能正确使用。

（2）呼吸器应在防护头罩的额部设置环绕头部一周的反光标志。只有采用具有反光特性材料制造的防护头罩，才允许不设置反光标志。

（3）密封一经打开，无法恢复原样。

（4）呼吸器在阻燃试验后，所有可能接触到火焰的材料均不应出现持续燃烧、熔融等现象，不应对人体产生附加的伤害。

（5）呼吸器的基本设计尺寸应为成人使用。

图 2-2-1 过滤式消防自救呼吸器

2. 工作原理

过滤式消防自救呼吸器只能在空气中氧气浓度不低于 17% 时使用。一般可配置于宾馆、办公楼、医院、商场、银行、邮电、娱乐场所等公共场所和住宅中。其主要工作原理是：环境中的空气经过呼吸器的过滤装置，对有毒有害物质进行吸附、过滤，将安全新鲜的空气输送给使用者呼吸。目前过滤式消防自救呼吸器所配套的过滤装置（过滤罐）内一般填充吸附能力很强的活性炭，活性炭既能大量吸附有害物质，呼吸阻力又很小。

（二）化学氧消防自救呼吸器

化学氧消防自救呼吸器（图 2-2-2）是使人的呼吸器官同大气环境隔绝，利用化学生氧剂（碱金属超氧化物）产生的氧，供人在发生火灾时缺氧情况下逃生用的呼吸器。呼吸器在防护时间内，能保证人体正常呼吸的性能（如吸气成分、吸气温度、呼吸阻力等）。

图 2-2-2　化学氧消防自救呼吸器

1. 组成与结构

化学氧消防自救呼吸器由防护头罩、面罩、药罐（生氧罐）、通气管、贮气袋（气囊）、脖套及固定带等部件组成，联接牢固可靠，在不借助工具的情况下应不易拆开。呼吸器应打开密封即能使用，不应有多余的附加动作；在防护头罩的额部设置环绕头部一周的反光标志；采用具有反光特性材料制造的防护头罩，可以不设置反光标志；药罐外壁应有防热传递的措施，进、出口处应有滤尘措施；呼吸器的密封一经打开，即可识别。

2. 工作原理

化学氧消防自救呼吸器采用循环式闭路呼吸系统，使用时呼吸系统与外界空气隔绝，不受外界环境有害气体的影响。佩戴者呼出的气体进入生氧药罐，药罐产生氧气，进入气囊贮存起来，佩戴者吸气时可以直接吸气囊中的氧气。

二、逃生缓降器

逃生缓降器（图 2-2-3）是使用者依靠自身重量以一定的速度沿绳索自动下降并能往复使用的一种避难逃生器材。可安装在建筑物窗口、阳台或楼平顶等处，也可固定在举高消防车上，用于营救火灾遇险人员。

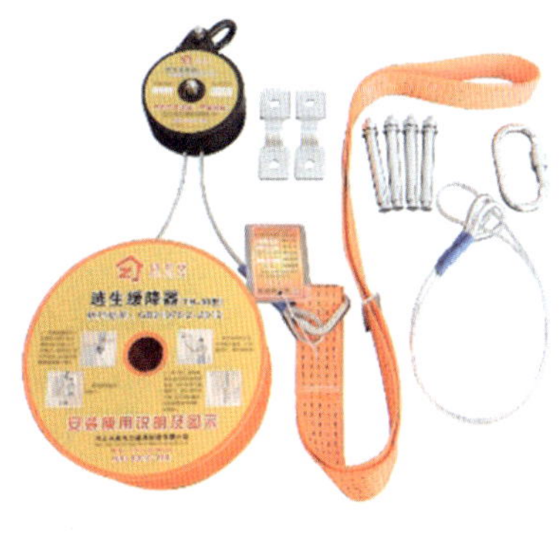

图 2-2-3　逃生缓降器

逃生缓降器通常是由安全钩、安全带、绳索、调速器、金属连接件及绳索卷盘组成。其调速器固定，绳索可以上下往返。下降速度随人体重量而定，整个下降速度比较均匀，不需要人进行辅助控制，可往复连续使用。缓降器的额定载荷通常为 35~100 kg，下降速度应在 0.16~1.5 m/s 之间。

三、应急逃生器

应急逃生器（图 2-2-4）是使用者靠自身重量以一定的速度下降且具有刹停功能的一次性使用的避难逃生器材。其绳索固定，调速器随人从上而下，不能往返使用，下降速度通常为下降者本人控制。调速器的结构比较简单，主要依靠绳（带）与速度控制部件摩擦产生的阻力来调整下降速度。每次承载 1 人，使用高度小于 15 m，下降速度为 0.16~1.5 m/s（人员控制）。调速器置于刹停状态时，应急逃生器应能停止运行；置于正常运行状态时，应急逃生器的下降速度为 0.16~1.5 m/s。

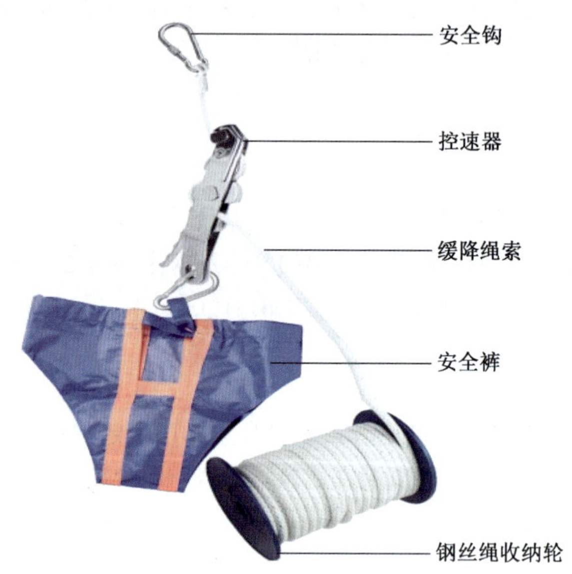

图 2-2-4　应急逃生器结构图

技能操作

技能 2-2-1　过滤式消防自救呼吸器操作规程编写要点

一、操作准备

（1）消防安全培训中认真阅读过滤式消防自救呼吸器使用说明书，熟悉使用方法和注意事项。

（2）确认经常检查过滤式消防自救呼吸器，确保合格有效。

二、操作步骤

步骤 1　打开过滤式消防自救呼吸器包装盒盖，撕开包装袋，取出呼吸器。

步骤 2　沿着提醒带绳，拔掉过滤罐前后两个密封塞。

步骤 3　将过滤式消防自救呼吸器套于头上，向下拉至颈部，过滤罐置于鼻子前面。半面罩应罩住口鼻并与脸部紧密贴合。

步骤 4　从侧面拉紧系带，保证头罩气密性。

步骤 5　迅速撤离火场。

三、注意事项

（1）过滤式消防自救呼吸器仅供一次性使用，不能用于工作保护，只供个人火灾逃生自救。

（2）备用状态时，环境温度应为 0~40 ℃，通风良好，无雨淋、潮气侵蚀。周边无热源，无易燃、易爆及腐蚀性物品。

（3）使用过滤式消防自救呼吸器时，为防止有毒气体经过头发缝隙进入头罩内，应将头发全部卷进头罩内；佩戴眼镜者使用过滤式消防自救呼吸器时，无须摘下眼镜。

（4）过滤式消防自救呼吸器在使用过程中不得随意摘除。由于化学反应会释放热量，在使用过程中佩戴人员会感觉到呼吸的空气温度升高且干燥，属于正常现象，使用者应尽快撤离到安全区域再摘下呼吸器。

（5）过滤式消防自救呼吸器一般只供成年人佩戴逃生用。供儿童使用的产品在使用说明中有特别的注明。

（6）存放型过滤式消防自救呼吸器，一旦固定存放后，不能随意搬动、敲击、拆装，以免引起意外失效。

（7）若包装盒盖开启封条及塑料密封包装袋被撕破，密封将无法恢复，视为呼吸器已失效不能再使用。

技能 2-2-2　化学氧消防自救呼吸器操作规程编写要点

一、操作准备

（1）消防安全培训中认真阅读过滤式消防自救呼吸器使用说明书，熟悉使用方法和注意事项。

（2）确认经常检查过滤式消防自救呼吸器，确保合格有效。

二、操作步骤

步骤 1　打开化学氧消防自救呼吸器包装盒盖，撕开包装袋，取出呼吸器。

步骤 2　打开面具，拔掉防护头罩内上下两个密封塞。

步骤 3　将化学氧消防自救呼吸器套于头上，拉紧系带。

步骤 4　把呼吸气囊吹鼓，保持均匀呼吸。

步骤 5 迅速撤离火场。

三、注意事项

(1) 化学氧消防自救呼吸器在使用过程中不得随意摘除。

(2) 化学氧消防自救呼吸器仅供一次性使用，不得用于生产作业保护、救护和水下使用。

(3) 使用后或报废后的化学氧消防自救呼吸器，需用水将生氧罐内药剂全部冲洗溶解，妥善处理。严禁随意丢弃，以免发生事故。

(4) 备用化学氧消防自救呼吸器不得随意搬动、敲击、拆装。

技能 2-2-3 逃生缓降器操作规程编写要点

一、操作准备

(1) 操作前认真阅读逃生缓降器使用说明书，熟悉使用方法和注意事项。

(2) 确认经常检查逃生缓降器，确保合格有效。

二、操作步骤

步骤 1 将调速器用安全钩挂在预先安装好的挂钩板上，或用安全钩、连接用钢丝绳将其挂在坚固的支撑物上（暖气管道，上、下水管道，楼梯栏杆等处）。对安装了器材箱的用户，在紧急情况发生时可打碎玻璃取出调速器。

步骤 2 将钢丝绳盘顺室外墙面投向地面，保证钢丝绳顺利展开至地面。

步骤 3 使用者系好安全带，将带夹调整适度。

步骤 4 使用者站在窗台上，拉动钢丝绳长端，使其短端处于绷紧状态。

步骤 5 使用者双手扶住窗框将身体悬于窗外，松开双手，开始匀速下降。

步骤 6 下降过程中，面朝墙，双手轻扶墙面，双脚蹬墙，以免擦伤。

步骤 7 使用者安全落地后，摘下安全带，迅速离开现场。

步骤 8 当第一个人着地后，绳索另一端的安全吊带已升至救生器悬挂处，第二个人即可套上安全吊带后下滑。依次往复，连续使用。

三、注意事项

(1) 救生器的挂钩板可按不同的安装形式和要求进行设计制造，使救生器获得最佳安装位置，便于遇险人员安全使用。

(2) 救生器摩擦轮毂内严禁注油，以免摩擦块打滑而造成滑降人员坠落伤亡事故。

(3) 使用救生器时，滑降绳索不允许同建筑（窗台、墙壁或其他构件）接触摩擦，以免影响滑降速度及使用寿命。

(4) 滑降绳索编织保护层严重剥落、破损时，须及时更换新绳。

(5) 存放缓降器的位置应通风良好。禁止与油脂酸类、易燃品及有腐蚀性的物品混放在一起。

（6）缓降器不得随意拆卸，使用完毕，如沾水时，应将安全吊绳晾干，并按原放位置装好。

（7）使用后，应清除缓降器上的灰尘和泥土等脏物，必要时可用淡水清洗缓降滑带，晾前不允许拧水，晾时避免烈日暴晒。

（8）使用次数满 50 次，要将缓降器拆卸检查，清洁及更换润滑脂。

（9）对库房内保管的缓降器应定期进行质量检查，缓降器使用、包装、清洗、修理和保管时间等情况均须详细记录。检查内容包括：包装是否完整；内外编号是否一致；标记上的使用高度与设置楼层是否符合；用手来回拉动安全吊绳数次，检查运转性能是否正常；箱内配件是否齐全完整。检查完后重新贴上封条。

（10）未经使用的缓降器，其本体内的润滑脂每三年需要更换一次。

技能 2-2-4　应急逃生器操作规程编写要点

一、操作准备

（1）操作前认真阅读应急逃生器使用说明书，熟悉使用方法和注意事项。

（2）确认经常检查应急逃生器，确保合格有效。

二、操作步骤

步骤 1　将逃生器的一端绳索固定牢固。

步骤 2　按应急逃生器使用说明中规定的方法把钢索缠绕在逃生器摩擦轮中。

步骤 3　安全带连接在逃生器下方，人可与逃生器一起下降。

步骤 4　逃生人员套上安全带，依靠自身的重量使绳索与逃生器内摩擦轮产生摩擦阻力使下降缓慢。

步骤 5　下降者本人手握摩擦器上的握把实施下降，松开握把即可停止下降。

三、注意事项

（1）存放应急逃生器的库房应通风良好。禁止与油脂酸类、易燃品及有腐蚀性的物品混放在一起。

（2）应定期检查，出现损伤、锈蚀等情况或紧固件有明显松动现象应及时交由厂家维护或更换。

（3）不得随意拆卸应急逃生器。

培训项目3 组织制定单位灭火和应急疏散预案

【知识导图】

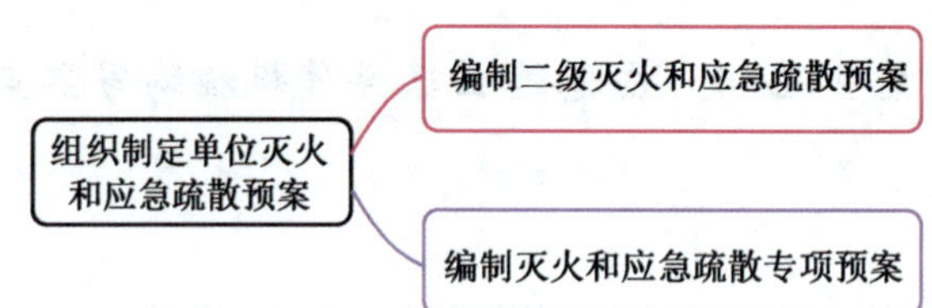

居安思危、有备无患是编制灭火和应急疏散预案的意义所在。单位依据自身生产经营规模、火灾事故类型、火灾危害程度、消防设施设备配备和员工消防安全素质等基本情况假设火情、制定预案，组成灭火救援和人员疏散队伍，合理确定员工岗位职责，正确采用各种灭火技术措施实施灭火救援行动、组织人员疏散，最大限度地减少人员伤亡和财产损失。因此，编制灭火和应急疏散预案有利于掌握火灾发生时科学施救的主动权，有利于促进单位员工掌握初起火灾事故处置和人员疏散技能，有利于单位消防安全管理水平的不断提高。

培训单元1 编制二级灭火和应急疏散预案

【培训重点】

（1）掌握二级灭火和应急疏散预案的编制程序。

（2）熟练掌握编制二级灭火和应急疏散预案。

【知识要求】

编写灭火和应急疏散预案是消防安全管理的重要基础工作，必须坚持以人为本、依法依规、符合实际、注重实效的原则，在深入调查研究、科学分析总结的基础上严谨有序进行。消防安全重点单位室外灭火和应急疏散预案编制程序如下。

一、成立预案编制工作组

针对可能发生的火灾事故，单位成立以消防安全责任人或消防安全管理人为组长，相关部门人员参加的预案编制工作组，明确工作职责和任务分工，制定预案编制工作计划，组织开展预案编制工作。条件许可的情况下也可以委托专业机构提供技术服务。

二、资料收集与评估

主要包括以下几个方面：全面分析本单位火灾危险性、危险因素、可能发生的火灾类型及危害程度；确定消防安全重点部位和火灾危险源，进行火灾风险评估；客观评价本单位消防安全组织、员工消防技能、消防设施等方面的应急处置能力；针对火灾危险源和存在的问题，提出组织灭火和应急疏散的主要措施；收集借鉴国内外同行业火灾教训及应急工作经验。

三、编写预案

编写预案过程中要注意：①预案应针对可能发生的各种火灾事故和影响范围分级分类编制，科学编写预案文本，明确应急机构人员组成及工作职责、火灾事故的处置程序以及预案的培训和演练要求等。②科学计算，确定现场灭火和应急疏散所需要的人员力量、器材装备和保障物资等方面的数量，为完成灭火救援应急任务提供基本依据。③准确确定灭火救援应急行动意图。根据预设火情，对灭火救援应急行动的目标、任务、措施等进行总体策划和构思，其主要内容有行动的目标与任务、战术与技术措施、人员部署与力量安排等。④鼓励单位应用建筑信息化管理（BIM）、大数据、移动通信等信息技术，制定数字化预案及应急处置辅助信息系统。

不同的单位（包括单位内部）应编写不同类型的预案：①集团性、连锁性企业应制定预案编制指导意见，对所属下级单位提出明确要求。下级单位应编制符合本单位实际的预案。②单位应编制总预案，单位内各部门应结合岗位火灾危险性编写分预案，消防安全重点部位应编写专项预案。③分班作业的单位或场所应针对不同的班组，分别制定预案和组织演练。④经营单位应针对营业和非营业等不同时间段，分别制定编写预案和组织演练。⑤多产权、多家使用单位应委托统一消防安全管理的部门编制总预案，各单位、业主应根据自身实际制定分预案。

四、评审与发布

预案编制完成后，消防安全责任人应组织有关部门和人员，依据国家有关方针政策、法律法规、规章制度以及其他有关文件对预案进行评审。审查的重点应当侧重于预案设定、处置对策、人员安排部署、战术措施、技术方法、后勤保障等内容。必要时还要组织专业技术人员充分论证并通过演练进行验证。评审通过后，由消防安全责任人签署发布，以正式文本的形式发放到每一名员工。

五、适时修订预案

预案修订工作应安排专人负责，根据单位和场所生产经营储存性质、功能分区的改变及日常检查巡查、预案演练和实施过程中发现的问题，及时修订预案，确保预案适应单位基本情况。

实例 2-3-1 天海市旅游大厦灭火和应急疏散预案要点

天海市旅游大厦，建筑六层，高度 24.1 m，面积 8000 m^2，地下一层为车库，一层为接待大厅，二层为公司会议室等公共用房，二层以上楼层为办公用房。设有火灾报警系统、自动喷水灭火系统、室内外消火栓系统等各类消防设施和器材。防烟楼梯两部，消防电梯一部。为了保护员工生命财产安全，提高抵御火灾能力，及时有效地扑救初起火灾，迅速疏散人员，将危害控制在最小范围，损失减少到最低限度，特制定本预案。

一、编制目的

为提高公司抵御火灾能力，及时有效地扑灭初起火灾，迅速疏散人员，将火灾危害控制在最小范围，损失减少到最低限度，保证员工生命安全，特制定本预案。

二、编制依据

《消防法》《机关团体企业事业单位消防安全管理规定》和《消防安全责任制实施办法》等消防法律法规，《社会单位灭火和应急疏散预案编制及实施导则》(GB/T 38315)等标准以及公司消防安全责任制规定等。

三、应急工作原则

贯彻“预防为主、防消结合”的方针，树牢消防工作“安全自查、隐患自除、责任自负”的安全工作理念，火灾事故的处置立足于居安思危、有备无患，坚守“灭早、灭小”和“人民至上、生命至上”原则，迅速快捷处置初起火灾。

四、大厦基本情况

(一) 基本资料

包括大厦基本情况表格（名称、地址、使用功能、建筑面积、建筑结构及主要人员分布等情况）以及大厦总平面图、分区平面图、立面图、剖面图、疏散示意图等资料。

1. 总平面图

大厦总体布局，地理位置，周边 500 m 范围内重要建筑、公共消防设施、微型消防站、区域联防单位等情况，内部主要建筑、设备、通道毗连情况，消防水源、室外消火栓分布以及要害部位所在位置。不同危险级别的区域应用不同颜色区分警示。

2. 分区平面图

各楼层、区域平面布局，消防设施、灭火器材数量的分布，灭火进攻水带铺设路线和人员物资疏散路线等。

3. 立面图

正面和侧面投影图形式标明消防安全重点部位外貌和灭火行动部署情况，主要包括建筑或消防设施立面布局，水带铺设路线以及应急救援箱、微型消防站位置等内容。

4. 剖面图

建筑内部结构或比较复杂的部位灭火行动部署的情况，建筑内部分层情况。

5. 疏散示意图

标明各安全出口、疏散通道位置以及疏散路线指示等情况说明。

（二）火灾危险源情况

主要危险源有地下车库、空调机房、配电室等重要设施设备机房，公司耗材仓库、会议室等人员密集场所（每一个火灾危险源位置、性质和可能发生的事故，危险源区域的操作人员和防护手段，可燃物品仓储位置、形式和数量等）。

（三）消防设施情况

大厦配置消防设施类型、数量、性能、参数、联动逻辑关系以及产品的规格、型号、生产企业和具体参数等内容。

五、火灾情况设定

假定大厦厨房发生火灾。

厨房发生火灾事故各种情况，包括常见引火源、可燃物的性质、事故可能危及范围、爆炸可能性、燃气泄漏可能性以及火灾蔓延可能性等内容；对预案组织实施产生不良影响的因素、客观条件等应考虑到位（餐厅、耗材仓库、会议室、地下车库、空调机房、配电室等重要设施设备机房、部位均为火灾易发部位）。

火灾事故蔓延扩大的因素以及影响人员疏散的情况。

在大风、雷电、暴雨、高温、严寒等恶劣天气下对经营、消防设施设备以及火灾扑救、人员疏散造成的影响，应采取的针对性措施等。

六、消防应急组织机构及职责

（一）应急组织体系

应急组织体系结构如图 2-3-1 所示。

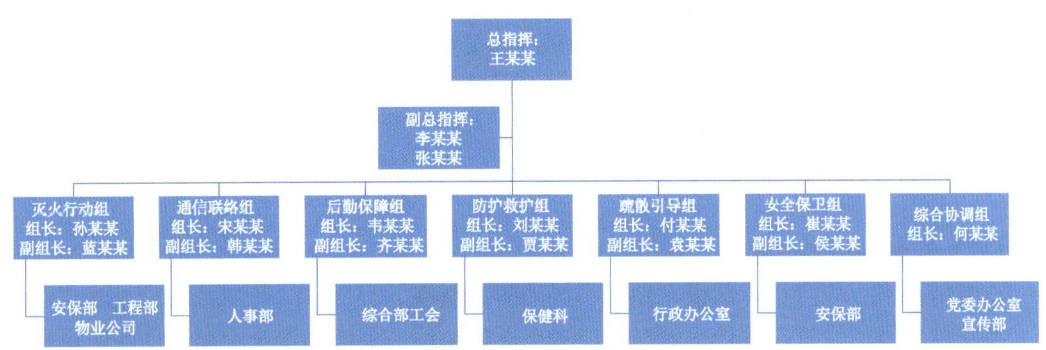

图 2-3-1　应急组织体系结构

（二）组织机构

（1）应急指挥机构：总指挥为董事长 ××× （消防安全责任人）；副总指挥为总经理 ×××（消防安全管理人）；安保部（消防工作归口职能部门）、工程部等部门负责人为成员，具体组织实施。

（2）在单位消防安全责任人或者消防安全管理人不在位的情况下，由当班的单位负责人或第三人替代指挥的梯次指挥体系。

（3）职能小组（每个职能组按照早、中、晚不同班次实际在岗人员分组）：

通信联络组：人员组成（名单略）。

灭火行动组：人员组成（名单略）。

疏散引导组：人员组成（名单略）。

防护救护组：人员组成（名单略）。

安全保卫组：人员组成（名单略）。

后勤保障组：人员组成（名单略）。

每个行动机构承担任务的人员数量需按照最危险情况下灭火、疏散需要足量确定。岗位人员应实行动态管理，按当日当班在位人员明确相同角色的人员分工，保证不因本人所在岗位轮班换岗造成在应急行动中无人负责。

（三）岗位职责

每个组织机构及其成员在应急行动中的角色和职责如下：

（1）指挥部由董事长、总经理和消防归口职能部门和相关部门负责人组成。负责人员、资源配置，应急队伍指挥调动，事故现场协调等有关工作；批准预案的启动与终止，组织应急预案的演练；组织保护事故现场；收集整理相关数据、资料；对预案实施情况进行总结讲评。

（2）通信联络组由现场工作人员及消防控制室值班人员组成。负责与指挥机构和当地消防部门、区域联防单位及其他应急行动涉及人员的通信、联络。

（3）灭火行动组由建筑消防设施操作员、指定的一线岗位人员和专职或志愿消防员组成。负责在发生火灾后立即利用消防设施、器材就地扑救初起火灾。

（4）疏散引导组由指定的一线岗位人员和专职或志愿消防员组成。负责引导人员正确疏散、逃生。

（5）防护救护组由指定的具有医护知识的人员组成。负责协助抢救、护送受伤人员。

（6）安全保卫组由保安人员组成。负责阻止与场所无关的人员进入现场，保护火灾现场，协助消防部门开展火灾调查。

（7）后勤保障组由相关物资保管人员组成。负责抢险物资、器材器具的供应及后勤保障。

（四）应急指挥部设置

正常情况下，应急指挥部设在地下一层消防控制室。

特殊情况下需设置在其他区域时，应考虑通风条件、足够的安全距离、良好的观察视线，满足音频、视频传输等通信要求。

七、应急响应

（一）响应措施

火灾现场人员第一时间拨打“119”报告火警。通信联络组随时通报火情发展情况；启动二级预案并由总经理（消防安全管理人）到场指挥；调集单位志愿消防队、微型消防站和专业消防力量到场处置，组织疏散人员、扑救初起火灾、抢救伤员、保护财产，控制火势扩大蔓延。

（二）指挥调度

公司对讲机一频道为现场处置主要通信联络方式，个人手机和办公电话作为辅助通信方式。命令下达和情况沟通时用词应清晰、简洁，指令、反馈表达完整、准确。

各职能小组要及时汇报事故情况。指挥部在了解现场火情的情况下，按照预案部署下达指令，使到达一线参与灭火行动的人员位置、数量、构成符合初起火灾扑救需要，并视现场情况及时调整。

指挥部了解起火部位、危及部位、受威胁人员分布及数量，按照预案设定下达疏散引导行动指令，使到达一线参与疏散引导行动的人员位置、数量、构成符合疏散引导行动需要，并视现场情况及时调整。

（三）通信联络

（1）通信联络组成员随身携带外部相关单位、公司内部各部门和人员应急联络号码表。

（2）火情确认后，消防控制室值班人员（通信联络组）立即拨打“119”报告火警，保持与“119”指挥中心的信息畅通。其他成员依指挥部指令做好信息传递，及时传达各项指令和反馈现场信息。

（3）通信联络组应保证任务人员向总指挥、副总指挥、消防部门、区域联防单位等报告火情准确规范，保证准确传递下列火灾情况信息：起火单位、详细地址；起火建筑结构，起火物，有无存储易燃易爆危险品；起火部位或楼层；人员受困情况；火情大小、火势蔓延情况、水源情况等其他信息。

（四）灭火行动

（1）大厦自动消防设施设置在自动状态，保证一旦发生火灾立即依逻辑关系动作；确因特殊原因需要临时设置在手动状态，消防控制室值班人员应在火灾确认后立即将其调整到自动状态，并确认设备启动。

（2）保障一线灭火行动人员安全的原则。灭火行动组一线人员要做好自我保护，按照预案要求进入现场扑救火灾。当现场火灾进一步蔓延、经研判不能有效控制时应果断撤离火灾现场，并逐一检查进入现场人员是否撤离到安全区域。

（3）根据承担灭火行动任务人员岗位位置，灭火行动组成员在接到通知或指令后 3 分钟内到达事故现场。

（4）根据场所不同性质和火灾种类，采取正确的灭火方法，火灾现场人员第一时间用就近区域的灭火器、消火栓扑救火灾；灭火行动组成员到达现场，按照预案职责分工要求，在确保灭火队员安全的情况下，使用灭火器、消火栓等各类消防设施、器材协同作战，开展扑救。

（5）消防救援队到达现场后，单位志愿消防队听从消防救援队的统一指挥，配合火灾处置工作。

（6）火灾现场内若有易燃易爆危险品场所，按照预案采取针对性的措施救护人员、控制工艺，科学灭火。

（7）火灾处置过程中、完成火灾扑救任务后，一线灭火行动人员应随时通过通信器材向指挥部报告。

（五）疏散引导

（1）疏散引导行动应与灭火行动同时进行。

（2）火灾确认后，应立即向消防队报警，同时启动预案通报灭火指挥部和各处工作人员。

疏散引导组成员听到警报后，应按计划和责任分工进入指定位置，按疏散距离和疏散时间最短的路线立即组织人员疏散。

消防队未到场前，疏散引导组是疏散人员的领导者和组织者，迅速组织火场上受困人员按照指挥遵照秩序疏散。

消防救援队到场后，由消防指挥员统一指挥。单位相关人员应汇报火场情况，积极协助消防员开展人员疏散。

（3）疏散引导方式：

①广播引导疏散。通过大厦火灾事故广播系统发出疏散警报，讲明发生火灾的具体楼层位置，明确需要疏散人员区域，指明安全区域方位和标志，告知受困人员正确的疏散逃生方法。

②口头引导疏散。疏散引导组和现场其他工作人员按照在指定的区域向受困人员呼喊，表明自己疏散组织者的身份，指明正确的疏散路线，消除现场人员恐慌心理，稳定情绪，维护疏散秩序。

③标志引导疏散。利用现场疏散标志和临时设置的疏散标志为受困者指引正确的疏散逃生路线。

④强行引导疏散。若人员受伤被困火场时，在确保自身安全的前提下组织搜救人员进入火场搜救；在人流较大易发生拥挤和堵塞的楼梯、出口等相关部位采取必要的疏散控制措施；在封堵的出口或死胡同部位应设置专门哨位，防止疏散人员误入；对于情绪失控影响正常逃生秩序的人员应采取必要的强制措施。

疏散引导组完成任务后要及时报告指挥部。疏散人员应集中到大厦正门外东广场，按规定的方式清点人数并记录清楚。

（4）注意事项：

①疏散秩序。在引导疏散过程中，应始终注重保持疏散秩序，严格防止因惊慌失措出现的拥堵、踩踏等事故的发生。对于自顾逃生、破坏秩序者应及时劝阻，必要时采取强制措施。对于老弱病残幼等弱势群体必须及时救助、搀扶。

②遵照合理的疏散顺序。大厦内人员疏散应同时展开；在特殊情况下疏散行动可按照先着火层，再着火层上部充烟区域，后着火下层的顺序组织疏散。优先安排受火势威胁最大区域内的人员疏散。

③火灾扑救应与人员疏散同时展开。应组织人员在受火威胁的疏散通道和安全出口处设置水枪，控制火势蔓延，打开疏散通道。利用防火门、防火卷帘或水幕等控制火势，启动通风、排烟设施降低烟雾浓度，为人员疏散创造良好条件。

④禁止使用普通电梯疏散。普通电梯由于缝隙多，极易受烟火侵袭，电梯竖井又是

烟火蔓延的主要通道，因此普通电梯不应作为逃生设施。此外，普通电梯还易发生中途停电，造成人员滞留，难以逃生。

⑤疏散引导组成员做好自身防护，同时指导被疏散人员就近取用，佩戴消防自救呼吸器、湿毛巾等防护用品，保证疏散引导秩序井然。

（六）防护救护

（1）防护救护行动与火灾扑救、人员疏散同步进行。

（2）防护救护组成员接到火灾报警或指令后，立即按照预案设定的岗位和职责要求，对事故现场受伤人员进行救护救治。同时及时拨打急救电话“120”，联系医务人员赶赴现场进行救护。

（3）在大厦门前广场的西侧设置紧急救护的临时场地，实施紧急救护。

（4）对大厦四周进行有效隔离，防止与事故救援无关的车辆、人员进入。劝散无关观望人员等，确保救援顺利进行和人员安全。

（七）与消防救援队的配合

（1）公司物业部时刻保持大厦消防车道畅通，严禁设置和堆放阻碍消防车通行的障碍物。

火灾发生时，防护救护组应安排专人负责在路口迎接消防车，为消防车引导通向起火地点、消防车救援场地的最短路线等，引导消防队员利用楼内最安全通道、消防电梯等到达火灾现场。其他人员应积极协助消防队开展灭火救援工作。

（2）公司负责人和熟知情况的人员向到场的消防救援队提供如下信息：

①火灾蔓延情况，包括起火地点、燃烧物体及燃烧范围（火焰、烟的扩散情况等）、是否有易燃易爆危险品或其他重要物品、是否有不能用水扑救或用水扑救后产生有毒有害物质的危险化学品以及起火原因等。

②人员疏散情况，包括是否有人员被困，疏散引导情况以及受伤人员的状况等。

③初起火灾灭火行动，包括初起灭火情况、防火分隔区域构成情况、单位固定灭火设备（室内消火栓、自动喷水灭火设备等）的状况等。

④空调设备使用及排烟设备运行情况，包括空调设备的使用、排烟设备运行、电梯运行情况以及消防用电的保障情况等。

⑤单位平面图、建筑立面图等消防队需要的其他资料。

八、应急保障

（一）通信与信息保障

制定信息通信系统及维护方案，保障有24 h有效的报警装置和有效的内部、外部通信联络手段，确保应急期间信息通畅。

大厦24 h值班应急电话：12345678。

其他相关部门、应急人员通信方式见附件。

（二）物资装备保障

大厦应急物资和装备的类型、数量、性能、存放位置、运输及使用条件、管理责任人及其联系方式等内容见附件。

（三）其他保障

财务部负责经费保障工作。

后勤保障、治安保障、技术保障等其他应急工作需求的相关保障措施，由各相关部门负责。

九、应急响应结束

现场人员全部疏散完毕、火灾被及时扑灭且无复燃隐患，本次应急响应结束。

十、后期处置

各职能小组做好火灾现场警戒、现场保护工作，无关人员不得进入火灾现场；未经消防救援部门许可，任何人不得擅自清理火场。

公司各部门和相关人员按照消防救援机构和公安部门的要求，协助开展火灾事故原因调查，实事求是地提供各种资料和信息。

指挥部确定人员负责发布信息，及时回应社会各界关切。

工程部负责各种受火灾污染物品及废水处理、设备故障抢修和建筑修复等各类工作，采购部门及时补齐补足消防设施器材的应急救援物资装备，确保及时恢复正常工作。

卫生室负责受伤人员的后续医疗救治；受灾人员生活、工作暂时受到影响的，公司安排相关部门予以妥善安置。

附件：各类图纸资料、表格等材料（略）。

培训单元 2　编制灭火和应急疏散专项预案

【培训重点】

（1）掌握灭火和应急疏散专项预案的核心内容。

（2）熟练掌握编制灭火和应急疏散专项预案。

【知识要求】

按照单位规模大小、功能及业态划分、管理层次等要素，灭火和应急疏散预案可分为总预案、分预案和专项预案三类。一般情况下单位应编制总预案，单位内各部门应结合岗位火灾危险性编写分预案，消防安全重点部位应编写专项预案；也有些生产经营单位为防止重要生产设施、重大火灾危险源、重大活动发生火灾事故而制定的专项性工作方案。单位根据需要可以把专项预案并入总预案。专项应急预案应当规定应急指挥机构与职责、处置程序和措施等内容。

灭火和应急疏散专项预案的编写要求、编制方法、预案内容以及应急演练等要求与其他预案类似，应按照《机关、团体、企业、事业单位消防安全管理规定》和《社会单位灭火和应急疏散预案编制及实施导则》(GB/T 38315）的规定执行。在具体编写过程中，要密切结合消防安全重点部位容易发生火灾、一旦发生火灾可能严重危及人身和财产安全以及对消防安全有重大影响的实际，并注意以下几个问题：

（1）要认真分析每一个消防安全重点部位的火灾危险特点、岗位人员消防安全素质高低和消防应急设施设备配备情况，做到知己知彼、防患未然。对消防安全状况调研分析是编写预案的基础，消防安全管理员要立足消防安全重点部位多是重要生产经营设施、重大火灾危险源、重要物资集存和人员密集场所等特点，客观全面透彻地分析发生火灾的各种潜在危险因素、火灾扩大蔓延的不同途径及对周围环境的灾害影响等问题，同时也要掌握消防安全重点部位应急设备物资的储备情况，还要分析测试重点部位岗位人员的应急素质，为编写预案奠定基础。

（2）要针对每一个消防安全重点部位的火灾危险特性，明确应采取的针对性处置措施，做到对症下药、有的放矢。不同的消防安全重点部位火灾危险因素、设施设备和人员素质各不相同，面临的火灾危险、处置措施也不相同，消防安全管理员要在第一阶段分析调研的基础上，与现场技术人员共同拟定应当采取的火灾应急处置措施，做到每一个消防安全重点部位有一份专属预案（“一处一案”）。

（3）要高度重视生产工艺过程技术性灭火措施的选择和运用，做到事半功倍、化解风险。生产经营过程中，火灾发生的风险因素很多，灭火战术和技术也有不同的选择，选择最安全、最科学和最快捷的技术灭火措施尤为重要。比如一些危险化学品场所的火灾，如果不分青红皂白、千篇一律的采用传统的灭火措施可能犹如火上浇油，不但起不到灭火效果，还有可能加速火灾蔓延扩大，增大火灾危害。而由现场的技术人员通过操作一些安全设备或者采用恰当的技术措施就可能将火灾危害控制在最小限度内。这就需要在制定专项预案时，必须吸收单位工程技术人员，共同完成这项工作。

实例 2-3-2　某公司丙酮灭火和应急疏散专项预案

我公司生产过程中少量使用丙酮（桶装存放、储罐车运输），为了有效处置泄漏、火灾和爆炸事故，制定丙酮灭火和应急疏散专项预案如下（组织机构、职责和应急准备等常规内容参见单位总预案）。

一、丙酮危险性分析

（一）理化性质

外观与性状：无色透明液体，易流动，极易挥发和燃烧。溶解性：与水混溶，可混溶于乙醇、乙醚、氯仿、油类、烃类等多数有机溶剂。丙酮的物理、化学性质见表 2-3-1。

表 2-3-1　丙酮理化性质表

熔点/℃	-94.6	相对密度（水=1）	0.80
沸点/℃	56.5	相对蒸气密度（空气=1）	2.00
闪点/℃	-20（闭杯）	饱和蒸气压/kPa	53.32（39.5℃）
引燃温度/℃	465	最小点火能力/mJ	1.157
临界温度/℃	235.5	爆炸极限/%	2.5~13.0
燃烧热/($J \cdot mol^{-1}$)	1788.7（液体 25 ℃）	最大爆炸压力/MPa	0.087

（二）危险类别

丙酮是3.1类低闪点易燃液体。遇明火、高温易引起燃烧，蒸气能与空气混合形成爆炸性混合物。蒸气比空气重，沿地面扩散并易积存于低洼处或密闭空间。容器受热可发生爆炸。

（三）健康危害

急性中毒主要表现为对中枢神经有麻醉作用，出现乏力、头晕、头痛、恶心症状，易激动。重者发生呕吐、气急、痉挛，甚至昏迷。对眼、鼻、喉有刺激性。口服后，先有口唇、咽喉有烧灼感，后出现口干、呕吐、昏迷、酸中毒和酮症。慢性影响，长期接触该品出现眩晕、灼烧感、咽炎、支气管炎、乏力、易激动等。皮肤长期反复接触可致皮炎。

（四）侵入途径

吸入，食入，皮肤接触，眼睛接触。

（五）火灾爆炸危害特性

蒸气与空气可形成爆炸性混合物，遇明火、高热能引起燃烧爆炸。与强氧化剂接触可发生化学反应。其蒸气比空气重，能在较低处扩散到相当远的地方，遇火源会着火回燃。若遇高热，容器内压增大，有开裂和爆炸的危险。

（六）个体防护

（1）呼吸系统防护：空气中浓度超标时，佩戴自吸过滤式防护面具（半面罩）。

（2）眼睛防护：一般不需要特殊防护，高浓度接触时可戴安全防护眼镜。

（3）身体防护：穿防静电工作服。

（4）手防护：戴橡胶耐酸碱手套。

（5）其他防护：工作场所禁止吸烟。避免长期反复接触。

二、应急响应程序

（1）一旦发生化学品事故，岗位人员应立即报警，同时向部门负责人报告。

（2）部门负责人接到事故报告后，如果事态严重，无能力控制，在组织采取应对措施的同时必须报告单位应急指挥小组。

（3）应急小组总指挥或副总指挥接到报告后，必须迅速赶赴事故现场，根据现场情况迅速判断和决定是否启动灭火和应急疏散预案。如现场情况严重，应立即启动预案，并以最快捷的方式进行处置。

三、应急处置措施

（一）火灾事故应急处理

1. 灭火剂

抗溶性泡沫、干粉、二氧化碳、砂土。用水灭火无效。

2. 灭火方法

（1）利用消火栓喷水保持火场容器冷却。在确保安全的前提下将着火容器移离火场，直至灭火结束。处在火场中的容器若已变色或产生异响，现场人员必须马上撤离。

（2）小火可以用干粉、二氧化碳、水幕或抗醇泡沫灭火。

（3）大火用水幕、雾状水或抗醇泡沫。不得使用直流水扑救。

（4）对桶装等容器火灾可从远处或者使用遥控水枪、水炮灭火。用大量水冷却容器，直至火扑灭。

（5）大面积火灾，使用遥控水枪、水炮灭火；否则，立即撤离，让其自行燃烧。

（6）要防止泄漏的丙酮流入下水道、排洪沟等限制性空间。

3. 人员疏散

（1）火灾现场内如有储罐、罐车等，无关人员应撤离，四周隔离 800 m，考虑初始撤离 800 m。

（2）如果是大量泄漏，考虑向最初下风向撤离至少 300 m。

（二）泄漏事故应急处理

1. 要求

迅速撤离泄漏污染区人员至安全区，并立即隔离，严格限制出入。消除所有点火源（泄漏区附近禁止吸烟，消除所有明火、火花或火焰）。采取措施防止泄漏物进入水体、下水道、地下室或密闭空间。

2. 建议

应急处理人员戴自给正压式呼吸器，穿防静电消防防护服。作业时所有设备应接地。禁止接触或跨越泄漏物。在保证安全的情况下堵漏。用泡沫覆盖抑制蒸气产生（雾状水能抑制蒸气的产生，但在密闭空间中的蒸气仍能被引燃）。

3. 方法

（1）少量泄漏：用干土、干砂或其他不燃性材料吸收或覆盖并收集于容器中，也可用大量水冲洗，洗水稀释后放入废水系统；或保证安全情况下就地燃烧；用洁净非火花工具收集吸收材料。

（2）大量泄漏：可用塑料膜将罐口全部包起来，并用防静电绳子捆绑牢固，或构筑围堤，或挖坑收容。用泡沫覆盖，降低蒸气灾害。使用防爆泵转移至槽车或专用收集器内，转移、回收或运至废物处理场所无害处理后废弃。

（3）运输车辆卸料阀或呼吸阀泄漏：可用随车携带的堵漏棒将其堵住，如仍有液体泄漏，可用塑料桶接满后从罐口倒回。（运输车应配备过滤式防毒面具、半面罩、干粉灭火器，安全防护箱，放料阀及呼吸阀堵漏工具等）

（三）应急人员接触丙酮的急救措施

确保医学救援人员了解该物质相关信息，并且注意个体防护。

本品急性中毒表现为对中枢神经系统的麻醉作用，重者呕吐、气急甚至昏迷。将受害者移至空气新鲜处。拨打“120”或其他应急医疗服务电话。受害者注意保温、保持安静。

（1）皮肤接触：立即脱去被污染的衣服，用大量流动的清水或肥皂水冲洗皮肤，至少冲洗 20 min；严重的立即送医。

（2）眼睛接触：立即提起眼睑，并用大量流动的清水或生理盐水冲洗至少 20 min；严重的立即送医。

（3）吸入：迅速脱离现场至空气新鲜处，保持呼吸通道顺畅。如呼吸困难给予输氧。

如呼吸、心跳停止，应立即人工呼吸、送医。

（4）食入：饮用足量温水催吐，送医。

（5）烧伤：立即用冷水冷却烧伤部位。若衣服与皮肤粘连，切勿脱衣。

四、储运措施

储存于阴凉、通风的仓间内，最高仓温不宜超过 30 ℃；远离火种、热源，防止阳光直射；应与氧化剂等分开存放；包装必须密封，坚固（储存容器漏气时丙酮极易挥发）；如系储罐存放，管道阀门必须密封，防止流失；储罐区要有禁火标志，严禁使用易产生火星的工具和机械设备；灌装时流速不可过快，防止产生静电；桶装丙酮堆垛应留有墙距、顶距、柱距以及防火检查、消防施救的走道。运输时配齐必要的堵漏和个人防护设施。

培训模块三

保障措施

培训项目 1　编制消防安全资金投入方案

【知识导图】

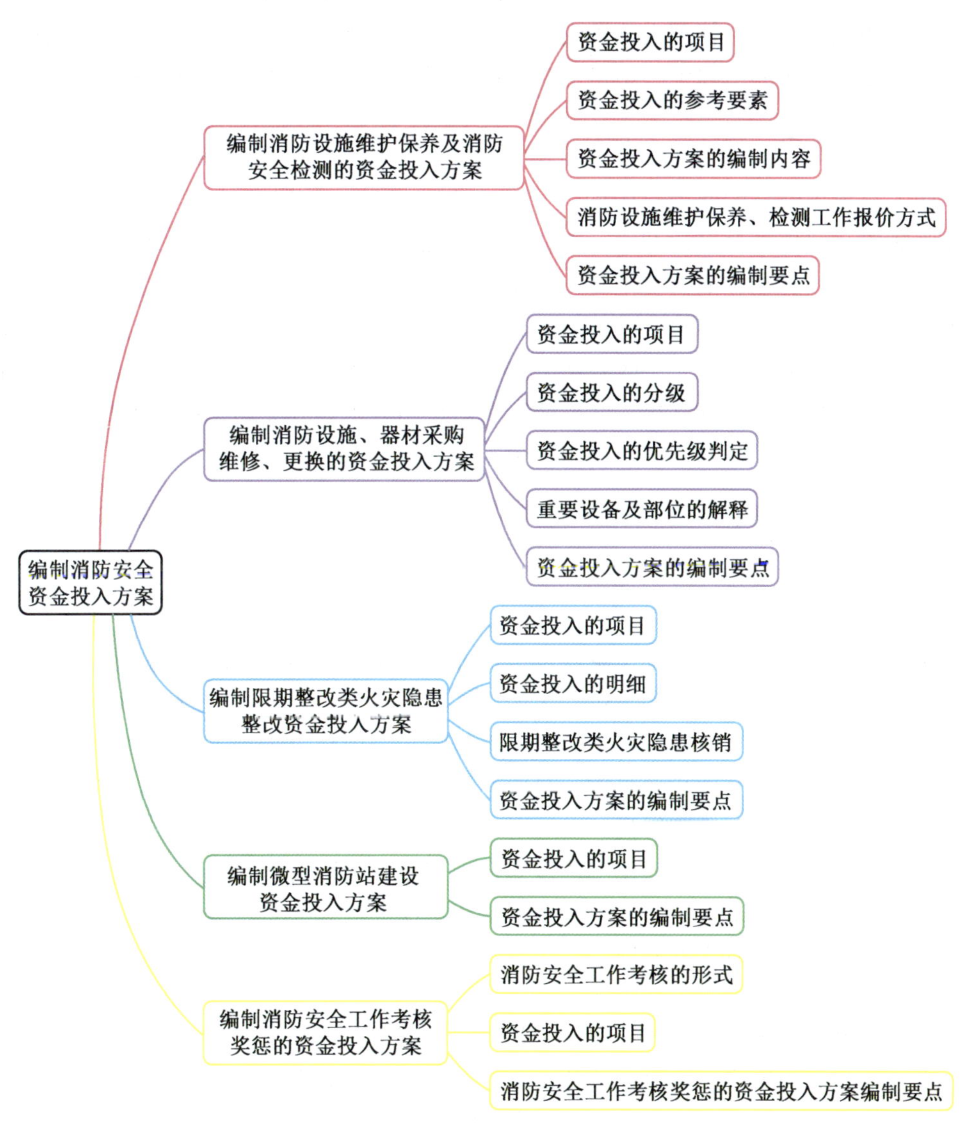

消防安全资金投入是保障本单位消防安全的基础，单位消防安全责任人应切实履行其职责，按照《消防法》、《人员密集场所消防安全管理》(GB/T 40248)、《医疗机构消防安全管理》(WS 308)、《城市轨道交通消防安全管理》(GB/T 40484)、《消防安全责任制实施办法》等相关法律法规要求，制定年度消防安全资金投入方案及消防安全专项资金保障制度，落实资金使用原则和使用范围，确保各项消防安全工作有序开展。

消防安全投入资金是单位根据年度消防安全工作计划和相关规定标准提取，在成本中列支并专门用于完善消防安全防护用具及消防设施、器材的采购和更新、消防设施的维护保养检测、消防安全施工措施的落实、消防安全生产条件的改善、加强消防安全管理以及开展消防安全教育培训等各项消防工作所需的费用。消防安全投入资金要列入本年度经费预算重点编制项目，资金管理必须做到审批手续完备、账目清楚、内容真实、核算准确、监督措施有力，任何部门和个人不得擅自挪用，确保资金的合理使用和安全。

一、消防安全投入资金使用范围

消防安全投入资金的使用范围同《消防安全管理员（初级)》，包括但不限于以下内容：①消防安全宣传教育培训及进行应急救援演练支出；②消防安全管理人员岗位津贴、消防安全工作考核奖励、消防安全文化建设等支出；③消防设施安全运行的周期性检查和维护保养支出；④消防设施检测、消防安全评估支出；⑤消防设施、器材的采购和更新支出；⑥重大火灾危险源、重大事故隐患的评估、整改支出；⑦专职消防队、志愿消防队建设支出；⑧微型消防站建设支出；⑨消防安全防护用具采购和更新支出；⑩配备必要的应急救援器材、设备支出；⑪其他与消防安全工作直接相关的支出。

二、消防安全资金投入遵循原则

单位消防安全资金投入应当遵循三个基本原则［同《消防安全管理员（初级)》］。

（一）足额原则

单位消防安全资金是专门用于确保本单位各项消防安全而设置的专项资金，必须根据消防工作的需要确保资金的足额足量，不能以任何借口减少或拖延消防资金的投入。单位相关负责人应设置消防安全资金投入使用情况台账，分项目进行列支，既要根据消防工作需要及时划拨足够资金开展相关工作；又要在遇突发事件时，及时足量提供应急资金以确保消防安全管理工作得以快速开展。

消防安全投入资金管理和使用不同于安全生产经费提取。一般情况下单位消防安全资金投入的经费是在本年末进行下一年度资金使用情况的概算准备，分项列支，并设置冗余量，下一年度专项使用时专项支取。

（二）优先原则

消防安全管理活动中各种资金属于定额资金，要充分考虑消防安全资金投入项目中的轻重缓急，对重大火灾隐患整改、消防应急设施设备等所需资金应优先安排。同时应全面分析单位的短板，充分利用该部分资金投入切实解决当前重要且紧急事件，确保火灾预防工作关口前移，保障消防安全。

（三）核查原则

消防安全资金投入使用前应制定专项解决方案，做到事前有方案、事中有监管、事后有核查。单位消防安全事故隐患或缺陷改善过程是一个闭关管理的过程，单位消防工作归口管理部门或消防工作领导小组应当对资金使用情况和功效组织验收核查，确保达到预期要求。

三、消防安全资金投入的经费保障

（1）重点单位应建立消防安全资金投入保障制度，并形成文件，至少包括下列内容：

①消防安全费用的提取。

②消防安全费用的使用。

③消防安全费用使用统计分析。

④消防安全专款专用要求。

⑤消防安全费用的审计监督等。

（2）重点单位年度财务预算中应确定必要的消防安全资金投入项目，消防安全资金投入的预算应符合下列要求：

①年度消防安全资金投入应纳入企业年度固定资产投资、技术改造、日常维护等财务预算计划，或单独编制消防安全技术措施费用预算计划。

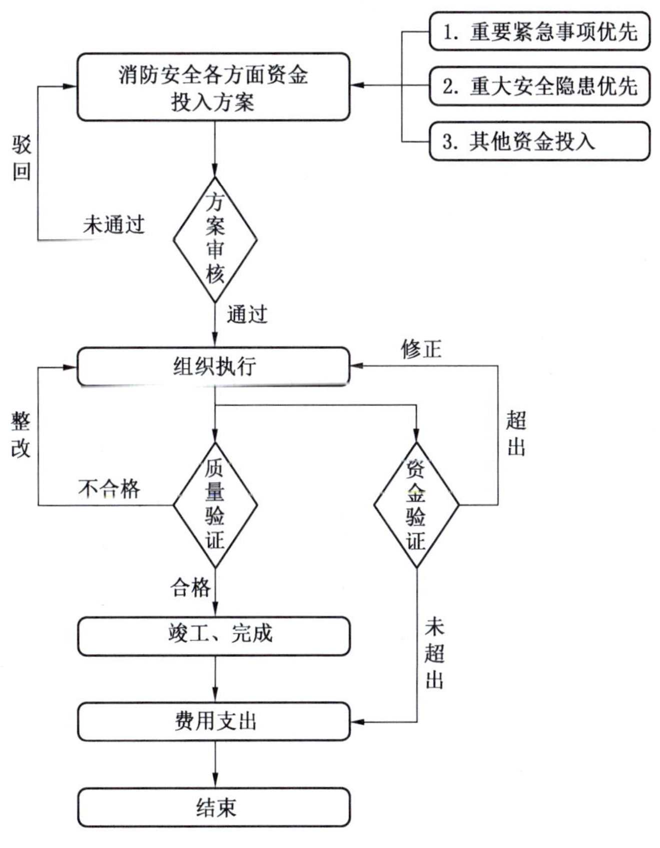

图 3-1-1　消防安全资金使用基本流程

②技术改造等较大的消防安全资金投入经过技术论证，并有消防安全管理部门人员参加，保存论证记录。

③消防安全投入费用的相关财务预算计划批准后，制定各项目具体的实施方案或计划，每半年至少对费用使用情况、方案、计划完成情况进行一次检查和统计，并保存记录。

④各项消防安全资金投入计划项目，验收时应有消防安全管理部门参加。

⑤消防安全管理部门会同财务部门、相关部门对消防安全投入费用预算计划的使用情况、效果进行统计分析，形成分析报告或列入年度消防安全工作总结。

四、资金使用基本流程

消防安全重点单位资金投入使用基本流程同《消防安全管理员（初级）》。单位消防安全管理部门应对消防安全资金使用情况进行审核，例如资金投入方案中设计选用的品牌与现场实际安装的品牌是否一致，施工工艺是否吻合，预算单价有无超额，竣工验收结果是否符合设计方案要求等。资金使用基本流程如图 3-1-1 所示。

培训单元 1　编制消防设施维护保养及消防安全检测的资金投入方案

【培训重点】

（1）了解消防设施维护保养及消防安全检测的资金投入方案需求。

（2）掌握消防设施维护保养及消防安全检测的资金投入方案的编制要点。

【知识要求】

消防设施维护保养及消防安全检测是单位消防安全管理工作的重要内容，是确保本单位安全生产工作的安全保障。消防设施虽然不参与直接经济生产，却是保护经济生产的必要安全防护措施，一旦发生火灾，消防设施失效将造成重大的人身伤亡和经济损失。为了降低火灾事故风险，按照相关规定，应定期对本单位的消防设施进行维护保养和进行每年一次的消防安全检测工作，对发现的风险隐患及时整改。单位主管部门或个人应落实消防设施维护保养及消防安全检测工作的资金投入工作，并确保资金投入后的单位安全状态。

采购消防设施维护保养及消防安全检测工作服务机构的服务，应符合本单位集中采购的相关管理制度或《中华人民共和国招投标法》的相关要求。

资金投入的费用估算可参考地方物价部门有效的“×××消防设施维护保养、检测收费指导意见”，结合本单位消防系统现状统筹计算。

一、资金投入的项目

（1）消防设施维护保养（含业务范围内的维修）。

（2）消防设施安全检测。

（3）电气防火安全检测。

（4）招投标工作的经费支出（相关文件对其已有明确定价，本章节不再详细说明）。

二、资金投入的参考要素

（1）常规的消防设施维护保养合同周期为一年，临近合同到期前，委托单位与提供维护保养服务单位协商，续签维护保养合同。如果在上一年度中委托单位消防设施数量或管理区域发生了变化，新一年维护保养合同服务金额会略有变化。

（2）消防安全检测市场价格变动。

（3）消防设施维护保养、消防安全检测工作投入的人工成本、工机具使用情况。

（4）消防设施维护保养的频次（月度、季度、年度等）。

（5）消防安全检测复检工作收费通常与委托单位进行协商定价，一般按照总检测合同造价的 30% 收取。

（6）消防安全检测、维护保养项目作业环境（高温、剧毒、易燃易爆、高空等作业场所）。

（7）消防设施维护保养、检测时段限制（夜间、交叉时段、国家法定节假日等特殊时段）。

（8）双方约定的高抽检比例。

三、资金投入方案的编制内容

（1）项目名称、建筑面积、规模、属性。

（2）编制依据。

（3）单位现场消防系统种类、布置、数量。

（4）项目开展投入的人员数量。

（5）委托单位的资质等级文件。

（6）资金投入明细清单。

（7）周期计划（开始时间和结束时间）。

（8）注意事项。

四、消防设施维护保养、检测工作报价方式

消防设施维护保养、检测工作报价方式包括总价报价模式、分项清单报价模式。消防设施维护保养项目任何一种方式的报价均应包括业务范围内不超过约定范围的维修内容。

总价报价模式是根据建筑面积，结合每平方米的价格来确定，样表见表 3-1-1。

表 3-1-1　某单位年度消防设施维护保养或消防安全检测项目报价表

项目	消防系统维护保养或检测项目
面积	______________ m^2
单价	______________ 元/m^2

表 3-1-1（续）

预算总价	小写：________________元 大写：________________
优惠报价	小写：________________元 大写：________________
优惠条件	定期委派技术专家到场免费进行消防知识、意识培训
服务承诺	
维护事宜	

分项清单报价模式是针对本单位的所有消防设施逐项进行报价，最后汇总，使用单位可根据分项单价进行各项的审核，样表见表 3-1-2。

表 3-1-2 某单位年度消防设施维护保养或消防安全检测项目报价清单

序号	设备名称	服务内容	数量	单位	单价	总价
1	消防报警主控类设备	维护保养、维修，检测				
2	探测类设备	维护保养、维修，检测				
3	手动火灾报警按钮、消火栓按钮	维护保养、维修，检测				
4	声光警报类设备	维护保养、维修，检测				
5	消防给水设施	维护保养、维修，检测				
6	报警阀及组件	维护保养、维修，检测				
7	……					
合计						

五、资金投入方案的编制要点

（1）重点突出消防设施维护保养、消防安全检测的资金投入明细清单。

（2）明确消防设施维护保养、消防安全检测资金投入变化影响因素。

（3）明确消防设施维护保养、消防安全检测资金投入的控制措施。

（4）明确招投标工作的经费投入。

实例 3-1-1 某学校 2021—2022 年度消防设施维护保养资金投入方案

某学校建筑面积 120000 m^2，拥有宿舍楼 6 座，教学楼 5 座，实验楼 2 座，图书馆 1 座，餐饮中心 1 座，行政办公楼 1 座，全日制在校生 18000 余人。

本校设置一个集中报警系统，消防控制室设置在行政办公楼一层中央大厅西侧，设置有 3 台消防联动控制器。设有消防给水系统、火灾自动报警系统、自动喷水灭火系统、消火栓系统、气体灭火系统、电气火灾监控系统、消防炮灭火系统、应急照明和疏散指示系统、防排烟系统、防火门监控系统及消防电源监控系统等。

气体灭火系统设置在图书馆地下一层重要文件室内，设置有5套气体灭火系统监控盘；行政办公楼地下一层重要文件室设置有6套气体灭火控制盘，均采用IG541组合分配式，设置有2个钢瓶间，共计126个储气钢瓶。

消防炮设置在行政办公楼中庭部位，设置有4套自动寻的智能消防水炮，担负中庭的消防联动灭火任务。

2021年12月20日完成了上一年度的消防设施维护保养合同签订，经消防设施服务单位及本校领导同意，制定本年度消防设施维护保养资金投入方案。

一、编制依据

(1)《消防法》。

(2)《中华人民共和国招投标法》。

(3)《人员密集场所消防安全管理》(GB/T 40248—2021)。

(4)《高层民用建筑消防安全管理规定》(应急管理部令第5号)。

(5)《建筑消防设施的维护管理》(GB 25201—2010)。

二、维护保养方式

驻场维保。

三、委托单位的相关资质证明文件

略。

四、人员要求

维护保养人员数量4人，具备高级消防设施操作员执业证书人员不少于2人，专业电工和水工分别不少于1人，且应具备5年以上同类型项目的从业经历。

组织机构框架图（略）。

五、工机具

略。

六、维护保养资金投入明细

学校年度消防设施维护保养报价清单见表3-1-3。

表3-1-3　某学校年度消防设施维护保养报价清单

序号	设备名称	服务内容	数量	单位	单价	总价
1	报警控制器	维护保养、维修				
2	感烟探测器	维护保养、维修				

表3-1-3（续）

序号	设备名称	服务内容	数量	单位	单价	总价
3	感温探测器	维护保养、维修				
4	手动火灾报警按钮	维护保养、维修				
5	消火栓按钮	维护保养、维修				
6	声光报警器	维护保养、维修				
7	模块类设备	维护保养、维修				
8	应急灯具	维护保养、维修				
9	消防广播	维护保养、维修				
10	消防电话	维护保养、维修				
11	消防水池	维护保养、维修				
12	消防水箱	维护保养、维修				
13	稳压泵	维护保养、维修				
14	气压水罐	维护保养、维修				
15	消防泵	维护保养、维修				
16	喷淋泵	维护保养、维修				
17	水泵控制柜	维护保养、维修				
18	室内消火栓	维护保养、维修				
19	室外消火栓	维护保养、维修				
20	消防水炮	维护保养、维修				
21	喷淋头	维护保养、维修				
22	湿式报警阀	维护保养、维修				
23	预作用报警阀	维护保养、维修				
24	水流指示器	维护保养、维修				
25	信号阀	维护保养、维修				
26	选择阀	维护保养、维修				
27	喷嘴	维护保养、维修				
28	储气钢瓶	维护保养、维修				
29	驱动气瓶	维护保养、维修				
30	气体灭火控制盘	维护保养、维修				
31	防火门监控装置	维护保养、维修				
32	电气火灾监控装置	维护保养、维修				
33	消防电源监控装置	维护保养、维修				
合计						

七、维护保养周期

消防系统工程维护保养期为 1 年，即 2021 年 12 月 21 日至 2022 年 12 月 20 日。

八、维护保养计划表

略。

实例 3-1-2　某图书馆 2022 年度消防安全检测资金投入方案

某图书馆坐落于××地，建筑面积 60000 m^2，地上 1~6 层为图书借阅区和档案室，地下 1~2 层主要是制冷机房、发电机房、消防水泵房、配电室等设备机房，地下 2 层为停车场。

图书馆设有消防报警联动控制器 1 台，设置消防给水设施、消火栓系统、自动喷水灭火系统、气体灭火系统、防排烟设施、应急照明及疏散指示系统、电气防火监控系统、消防电源监控系统等。

2021 年 12 月 20 日为本年度的消防设施检测日，按照相关规定制定本年度消防设施检测工作资金投入方案。

一、编制依据

（1）《消防法》。
（2）《中华人民共和国招投标法》。
（3）《人员密集场所消防安全管理》（GB/T 40248—2021）。
（4）《高层民用建筑消防安全管理规定》（应急管理部令第 5 号）。

二、消防设施清单表

略。

三、委托单位的相关资质证明文件

略。

四、人员要求

（1）维护保养人员数量 4 人，具备高级消防设施操作员执业证书人员不少于 2 人，专业电工和水工分别不少于 1 人，且应具备 5 年以上同类型项目的从业经历。

（2）消防服务机构资质等级证件。

五、消防设施检测明细单

检测报价：______________元/m^2。
总建筑面积：60000 m^2。
检测总价：______________元。

六、检测工机具清单

略。

七、检测时间及周期

拟定于 2022 年 12 月 20 日进行消防设施检测工作。

培训单元 2　编制消防设施、器材采购、维修、更换的资金投入方案

【培训重点】

（1）了解消防设施、器材采购、维修、更换的资金投入需求。
（2）掌握消防设施、器材采购、维修、更换的资金投入方案编制要点。

【知识要求】

消防设施通常是指本单位设置的各种消防系统设备设施，例如：火灾自动报警系统中的火灾自动报警联动控制器、探测器设备、手动报警类设备、声光警报装置和模块类设备及其他报警系统的主控部件、相关组件等；自动喷水灭火系统中的各种形式的报警阀、阀门、附件仪表等；防排烟系统中的排烟风机、正压送风机、防火阀、挡烟垂壁装置等；防火分隔设施中的防火门、防火卷帘、排烟窗及附件等；疏散引导标识、标志等；其他报警、灭火系统的主控件设备及附属设备等。消防器材通常包括各种类型的灭火器、轻便水龙、室外消防栓箱器材，各种防护类装备及检测检验设备。消防设施、器材采购、维修、更换的资金投入应遵循国家法规及本单位消防安全管理制度。

采购通常包含不定期采购和定期采购。

定期采购：备品备件库的消防设施、器材补充采购、定期维修采购，单位应制定消防设施、器材备品备件台账，一般为每年进行一次核查，对缺失、损坏、已使用的设备设施进行采购。消防设施、器材备品备件应设置专人管理，对于日常使用的领取、归还进行登记，对于报废的固定资产部分进行登记标注，同时应对备品备件进行必要的维护。

不定期采购：单位未设置备品备件管理，当投入运行的消防设施、器材出现了丢失、损坏或失效而进行的即时采购活动。

一、资金投入的项目

（一）灭火器维修

《建筑灭火器配置验收及检查规范》（GB 50444）规定，当灭火器存在机械损伤、明显锈蚀、灭火剂泄漏、被开启使用过或符合其他维修条件的应及时进行维修。灭火器维修周期见表 3-1-4。

表 3-1-4　灭火器维修周期表

灭火器类型		维修期限
水基型灭火器	手提式水基型灭火器	出厂期满 3 年； 首次维修以后每满 1 年
	推车式水基型灭火器	
干粉灭火器	手提式（贮压式）干粉灭火器	出厂期满 5 年； 首次维修以后每满 2 年
	手提式（储气瓶式）干粉灭火器	
	推车式（贮压式）干粉灭火器	
	推车式（储气瓶式）干粉灭火器	
洁净气体灭火器	手提式洁净气体灭火器	
	推车式洁净气体灭火器	
二氧化碳灭火器	手提式二氧化碳灭火器	
	推车式二氧化碳灭火器	

单位应建立灭火器台账，台账应清晰显示：单位灭火器种类，每种灭火器总数量，楼层布局位置图，不同批次灭火器检验数量和日期，维修单位合格证明文件、建立的灭火器维修档案，与灭火器维修单位建立的维修合同等。灭火器维修登记表见表 3-1-5。灭火器维修资金投入清单见表 3-1-6。

表 3-1-5　灭火器维修登记表

项目名称		维修批号		送修日期	
序号	灭火器种类	数　　量			
		场所 1	场所 2	场所 3	场所……
1	3 kg 干粉灭火器				
2	4 kg 干粉灭火器				
3	5 kg 干粉灭火器				
4	6 kg 干粉灭火器				
5	8 kg 干粉灭火器				
6	2 kg 二氧化碳灭火器				
7	3 kg 二氧化碳灭火器				
8	5 kg 二氧化碳灭火器				
9	7 kg 二氧化碳灭火器				
10	4 kg 吊式温控悬挂干粉灭火器				
11	6 kg 吊式温控悬挂干粉灭火器				
12	8 kg 吊式温控悬挂干粉灭火器				
13	6 L 水基型灭火器				
14	50 kg 推车式干粉灭火器				

表 3-1-5（续）

序号	灭火器种类	数 量			
		场所 1	场所 2	场所 3	场所……
15	45 L 推车式水基型灭火器				
16	24 kg 推车式二氧化碳灭火器				
…					

表 3-1-6 灭火器维修资金投入清单

项目名称		维修批号			
序号	灭火器种类	数量	单位	单价/元	总价/元
1	3 kg 干粉灭火器		具		
2	4 kg 干粉灭火器		具		
3	5 kg 干粉灭火器		具		
4	6 kg 干粉灭火器		具		
5	8 kg 干粉灭火器		具		
6	2 kg 二氧化碳灭火器		具		
7	3 kg 二氧化碳灭火器		具		
8	5 kg 二氧化碳灭火器		具		
9	7 kg 二氧化碳灭火器		具		
10	4 kg 吊式温控悬挂干粉灭火器		套		
11	6 kg 吊式温控悬挂干粉灭火器		套		
12	8 kg 吊式温控悬挂干粉灭火器		套		
13	6 L 水基型灭火器		具		
14	50 kg 推车干粉灭火器		套		
15	45 L 推车式水基型灭火器		套		
16	24 kg 推车式二氧化碳灭火器		套		
…					

当灭火器使用后或达到了报废年限，需对灭火器进行重新采购，对原灭火器进行报废处理。

其他灭火器材如灭火毯、消防桶、灭火沙箱等应根据使用年限、现场老化程度、有无变质等采用消防安全投入资金进行采购和更换。

（二）消防设施维修、更换项目

（1）消防设施、器材日常故障性维修更换项目：

①探测器、手动报警按钮等现场设备报警功能失效，进行维修、更换。

②控制器回路故障，对回路通信线路、电源线、直启线路等进行接地、短路故障

排除。

③控制器自身故障，对回路卡、多功能卡、电源盘等主机部件进行维修、更换。

④消防专用电话系统通信不畅，排除电话回路接地、短路故障。

⑤消防应急广播系统故障，现场扬声器无声响，对线路或扬声器进行维修、更换。

⑥电气火灾监控系统、消防电源监控系统的维修、更换。

⑦自动喷水灭火系统（报警阀、信号阀、管网等）的维修、更换。

⑧消火栓系统（栓阀、卷盘、水带、阀门等组件）的维修、更换。

⑨室外消防设施（水泵接合器、室外消火栓等设施、组件）的维修、更换。

⑩消防给水系统（消防水泵、阀门、补水装置等设施）的维修、更换。

⑪气体灭火系统的维修、更换。

⑫消防系统电气控制柜、电源柜等组件的维修、更换。

⑬其他消防设施需要进行的维修、更换。

（2）消防设施、器材周期性维修、更换项目：

①探测器清洗。

②气体灭火系统储气钢瓶、驱动气瓶检验。

③压力表检定。

④消防设施的报废。

结合上述消防设施运行中，受产品质量、自然老化、周围环境温湿度变化、人为因素等方面的影响，消防设施出现问题的概率也较高，作为单位消防安全管理人员，有责任和义务保障单位的生命财产和人身安全不受伤害，应充分利用消防安全资金投入，聘请专业技术人员或专业队伍对本单位存在的相关问题进行消除。消防设施维修、更换资金投入明细表（示例）见表3-1-7。

表3-1-7　消防设施维修、更换资金投入明细表（示例）

故障内容	2号报警控制器1回路故障	编号					
解决方案概述： 对1回路线路、设备进行维修、更换		检查人					
		确认人					
序号	维修项目	数量	单位	规格型号	单价	总价	备注
1	通信线更换						
2	探测器更换						
3	其他线路检验						
4	火灾报警控制器调试						
总计							

二、资金投入的分级

消防设施、器材采购、维修、更换的资金使用应遵循一定的原则，确保重要设备重大问题优先进行维修、更换，基本原则如下。

（一）根据火灾危险性分级

火灾危险性分级见表 3-1-8。

表 3-1-8　火灾危险性分级表

重大火灾隐患事项	Ⅰ
较大火灾隐患事项	Ⅱ
一般火灾隐患事项	Ⅲ
资金优先投入顺序：Ⅰ级 > Ⅱ级 > Ⅲ级	

说明：优先处理重大火灾隐患，其次是较大火灾隐患，最后是一般火灾隐患。

（二）根据火灾隐患处置时态分级

火灾隐患处置时态分级见表 3-1-9。

表 3-1-9　火灾隐患处置时态分级表

重要又紧急	Ⅰ
不重要但紧急	Ⅱ
重要但不紧急	Ⅱ
不重要也不紧急	Ⅲ
资金优先投入顺序：Ⅰ级 > Ⅱ级 > Ⅲ级	

说明：优先处理重要又紧急的火灾隐患，其次是不重要但紧急、重要但不紧急的火灾隐患，最后是不重要也不紧急的火灾隐患。

三、资金投入的优先级判定

短板、资源、风险调查是单位消防安全管理的一项重要工作，普通区域、重要设备、重点部位应对其短板分级评估，优先处置重要又紧急的项目，确保重点部位、主要系统设备完好。

（一）单位消防设施短板

获取本单位消防设施短板，其形式见表 3-1-10。

表 3-1-10　单位消防设施短板整理表

序号	风险隐患来源	风险隐患项	解决方案	备注
1	消防设施检测			
2	电气防火检测			
3	单位消防安全评估			
4	消防设施维护保养			
5	消防例会			
6	应急保障资源			
7	其他			

（二）消防设施短板分级

消防设施短板分级应清晰，风险隐患应登记清晰。短板等级分级见表 3-1-11。

表 3-1-11　短板等级分级表

序号	隐患项目	危险及后果	分级
1	消防报警主机瘫痪	现场探测、警报控制装置失效，无法自动控制设备，无警报疏散引导	重要又紧急
2	消防泵无法启动	无法实施灭火行动	重要又紧急
3	防火门关闭不严	疏散通道烟雾蔓延不受控	重要但不紧急
4	喷淋头变形严重	随时可能破裂，发生跑水事故	不重要但紧急
5	感烟探测器故障	影响区域烟雾探测	不重要也不紧急

（三）消防设施、器材采购、维修、更换资金投入对应关系

危险及后果、分级、消防投入优先级对应关系（表 3-1-12）应判定准确。

表 3-1-12　消防设施、器材采购、维修、更换资金投入对应关系

序号	隐患项目	危险及后果	分级	消防投入	消防投入优先级
1	消防报警主机瘫痪	现场探测、警报控制装置失效，无法自动控制设备，无警报疏散引导	重要又紧急	是	Ⅰ级
2	消防泵故障	无法实施灭火行动	重要又紧急	是	Ⅰ级
3	防火门关闭不严	疏散通道烟雾蔓延不受控	重要但不紧急	是	Ⅱ级
4	喷淋头变形严重	随时可能破裂，发生跑水事故	不重要但紧急	是	Ⅱ级
5	感烟探测器故障	影响区域烟雾探测	不重要也不紧急	是	Ⅲ级

四、重要设备及部位的解释

根据重大危险源的危险分级对应关系，逐项对应消防设施采购、维修、更换资金投入，切实解决单位痛点、难点，做到处理及时、完好、有效。

重要设备、重点部位的消防设备发生故障会导致突发火灾事故，无法及时有效地进行人员疏散，无法利用消防设施实施自动灭火，造成重大火灾事故。

重要设备：所谓的重要设备是针对本单位设置的消防设施重要性进行定义的，一般重要设备包括消防水泵类等主供水设备（含各类系统的水泵及控制柜、消防水池和高位水箱）、联动报警控制器类设备、防排烟风机类、防火分隔设施类、应急逃生疏散系统的主控设备、其他主要灭火设施类主控设备（气体/干粉灭火系统储存及驱动装置，水炮装置、大空间灭火装置的主要部件和控制装置，泡沫、细水雾灭火系统的主控部件和灭火装置等）。

重点部位：消防安全重点部位应建立岗位消防安全责任制，并明确消防安全管理的责任部门和责任人。人员集中的厅（室）以及建筑内的消防控制室、消防水泵房、储油间、

变配电室、锅炉房、厨房、空调机房、资料库、可燃物品仓库和化学实验室等，应确定为消防安全重点部位，在明显位置张贴标识，严格管理；配备相应的灭火器材、装备和个人防护器材。

五、资金投入方案的编制要点

（1）项目概述，编制依据，消防设施、器材采购明细清单，消防设施、器材维修、更换清单及费用预估等。

（2）要重点突出重点部位和重要设施的问题现状、资金投入的清单明细项及维修后的效果。

（3）资金投入的保障措施。

（4）备品备件的采购支出。

实例 3-1-3　某单位消防设施、器材采购、维修、更换的资金投入方案

某单位建于 2006 年，主要消防设施有消防给水系统、火灾自动报警系统、消火栓系统、自动喷水灭火系统等。截至目前，系统已经运行多年，考虑到当前系统存在着诸多重大问题，特制定本资金投入方案。

一、编制依据

（1）《消防法》。

（2）《人员密集场所消防安全管理》(GB/T 40248—2021)。

（3）《高层民用建筑消防安全管理规定》(应急管理部令第 5 号)。

（4）《建筑消防设施的维护管理》(GB 25201—2010)

二、责任部门及实施、完成时间

责任部门：安全保卫部。

计划实施时间：2021 年 6 月；完成时间：2022 年 6 月。

三、系统当前存在的问题清单及费用预估

消防安全隐患及费用预估见表 3-1-13。

表 3-1-13　消防安全隐患及费用预估表

序号	故障隐患设施	故障现象	解决方案	数量	费用预估	备注
1	消防水箱	墙体外壁漏水	采购、更换消防水箱	1 项		
2	稳压泵	水泵漏水、电动机转速低	采购、更换稳压水泵	4 台		
3	火灾报警控制器	功能组件损坏、显示屏不亮	更换报警主机	1 台		
4	湿式报警阀	阀板锈蚀严重	更换报警阀	4 套		
…						
总计						

培训单元 3　编制限期整改类火灾隐患整改资金投入方案

【培训重点】

（1）掌握限期整改类火灾隐患整改资金投入需求。
（2）掌握限期整改类火灾隐患整改资金投入方案编制要点。

【知识要求】

整改火灾隐患是一项系统工程，既要考虑当前现实，又要考虑长远规划；既要考虑人的因素，又要考虑物的因素；既要考虑技术的先进可靠性，又要考虑经济承受能力。应是安全和经济的统一，形式与效果的统一，并坚持“三不放过原则”（隐患没查清不放过、整改措施不落实不放过、不彻底整改不放过）。

限期整改类火灾隐患的认定一般有两种方式：消防救援机构认定和单位自行认定。

方式一：消防救援机构认定，单位组织按时整改。限期整改类火灾隐患是消防救援机构行使安全监督职责时，发现的重大火灾隐患（短时间内无法整改完成，整改难度较大，危害较严重的隐患认定为重大火灾隐患）。消防安全监督管理部门确定火灾隐患整改期限，并下发《限期整改通知书》。整改期限内，单位消防安全管理部门应设置专人进行督促落实整改。整改完成后，向消防救援机构提出复查申请。消防救援机构人员到现场核查完毕，确认整改完成后进行销案。如果单位对存在的火灾隐患确有正当理由不能在限期内整改完毕的，可在整改期限届满前向消防救援机构提出书面延期申请，由消防救援机构审查后，作出是否同意延期的决定。

方式二：单位消防安全管理机构或部门（领导小组、指挥部等）认定。消防安全服务机构若在维护保养和检测过程中发现重要的消防设施隐患，应及时上报，由单位组织评估认定为限期整改类火灾隐患。

单位例行防火检查过程中发现的建筑防火和消防安全管理等违反本单位相关制度和管理程序的隐患经评估认定为限期整改类火灾隐患的，单位应制定维修方案，并在规定时间内整改完成，单位消防安全管理机构或部门组织验收。

一、资金投入的项目

限期整改类火灾隐患是除了立即整改类火灾隐患以外的所有隐患，在单位日常消防安全工作中应进行区分，对自查发现的重大隐患应制定整改维修计划，监督落实整改。《消防监督检查规定》经过历次修订，关于限期整改类火灾的内容也进行了调整。限期整改类火灾隐患一般包含以下内容：

（1）违反相关规定未设置火灾自动报警系统、自动灭火设施。

如存在以上隐患，单位消防安全管理部门应立即组织实施火灾自动报警系统、自动灭火系统设计、施工和验收工作。整改期间所产生的费用将从限期整改类火灾隐患整改资金投入中支取。

（2）设置的火灾自动报警系统、自动灭火设施系统故障、不能正常运行。

常见隐患如火灾自动报警控制器联动功能失效或不完整（对一个防火分区进行联动测试时，对照联动关系发现部分排烟阀、个别排烟风机未能联动启动），回路线路故障，现场报警探测类设备报警功能缺失，火灾自动报警控制器相关功能失效，自动灭火设施无法联动启动，管线漏水、阀门锈蚀等。如存在以上隐患，单位应组织专业人员对系统进行改善，包括系统管线的修复，现场报警探测设备的维修更换，火灾自动报警系统联动控制器的调试编程，自动灭火系统管线、阀门等设施的维修更换等。所产生的费用从限期整改类火灾隐患整改资金投入中支取。

（3）消防给水系统瘫痪或部分设备瘫痪无法正常运行。

消防给水系统常见的安全隐患有消防水泵无法启动，自动状态下主备泵切换失效、主备电源切换失效，消防水泵轴封处渗漏量较大，消防水泵轴偏芯，轴承座表面温升超过规定值，稳压系统失效，气压水罐失效，高位水箱、消防水池漏水等。进行维修、更换的费用从限期整改类火灾隐患整改资金投入中支取。

（4）违反法律规定未设置消防车道、消防车登高操作场地，设置的消防车道不符合规定，消防车道被堵塞、占用不能正常通行。

项目建设初期未规划或遗漏设置消防车道、消防车登高操作场地，应按照现行标准对其进行整改，重新规划设置消防车道及消防车登高操作场地。消防车道的设计应符合相应的设计标准。当消防车道被占用或堵塞时，应及时清除。消防车道及消防车登高操作场地建设和整改所需的费用应从限期整改类火灾隐患整改资金投入中支取。

（5）消火栓系统瘫痪。

消火栓系统是单位消防志愿队或专业消防队、消防安全应急救援机构/组织进行现场灭火的主要设施，一旦系统瘫痪，将造成严重的火灾事故。造成消火栓系统瘫痪的原因主要有：室内或室外管线老化破损严重，室内或进户管网阀门损坏（消火栓系统管网阀门一般选用蝶阀或闸阀，阀门本身不具备信号反馈功能，当出现损坏、关闭时，消防安全管理部门不易发现），消火栓箱组件缺失等。进行维修、更换的费用从限期整改类火灾隐患整改资金投入中支取。

（6）建筑物之间的防火间距不能满足国家消防规范标准，建筑物之间的已有防火间距被占用。

建筑物防火间距不能满足国家规范标准的，应按照相关规范对相关建筑提高耐火等级、降低相关建筑的火灾危险性，改善建筑外墙为防火墙，关闭或降低建筑外墙的开孔面积等。当建筑物之间的防火间距被占用时，如两栋建筑物之间增加了其他建筑时，应予以拆除。进行改善或整改的费用从限期整改类火灾隐患整改资金投入中支取。

（7）易燃易爆单（部）位未采取防火防爆措施，或这些措施不能满足防止火灾蔓延要求。

易燃易爆场所或部位应设置防火防爆、防止火灾蔓延的相关措施，费用从限期整改类火灾隐患整改资金投入中支取。

（8）未按规定设置防雷、防静电设施，或虽设置但不符合要求，或未定期检测检验。

防雷装置是保障建筑物安全的基本设施，是保障建筑物内电气设备正常运行的根本保障，应按照国家相关规定定期对防雷检测装置进行检测，对检测中发现的不合格项目进行检查整改，确保完好有效。防静电装置是根据现场设备设置的，一般防静电房间、洁净房间需设置防静电装置。防雷、防静电装置的隐患整改的费用从限期整改类火灾隐患整改资金投入中支取。

(9) 公众聚集场所未经消防安全检查或者经检查不合格，擅自使用、营业。

公众聚集场所消防安全检查不合格，不合格项进行整改。整改完成后申请复查，通过后方可开业使用。整改费用从限期整改类火灾隐患整改资金投入中支取。

(10) 擅自降低消防技术标准施工、使用防火性能不符合国家标准或者行业标准的建筑构件和建筑材料或者不合格的装修、装饰材料。

本单位进行局部改造施工装修过程中，对检查发现使用不合格的装饰材料或建筑构件应予以整改。整改费用从限期整改类火灾隐患整改资金投入中支取。

(11) 在设有车间或者仓库的建筑物内设置员工集体宿舍。

按照国家标准车间和仓库禁止设施员工集体宿舍，对已经设置的场所或部位进行整改，拆除或消除火灾隐患。整改费用从限期整改类火灾隐患整改资金投入中支取。

(12) 其他消防设施、灭火器材、消防安全标志不符合规定，不能立即改正的。

除了火灾自动报警系统、自动灭火设施、消火栓系统隐患外，对于像消防专用电话系统常见的噪音较大无法正常通信、电话分机损坏或插接件锈蚀，消防广播系统常见的现场扬声器不响、广播线路接地，灭火器报废或补充，消防安全疏散照明灯具损坏维修、更换等隐患整改的费用，从限期整改类火灾隐患整改资金投入中支取。

(13) 在安全出口或者疏散通道上安装栅栏等影响疏散的障碍物，不能立即改正的。

个别场所安全出口处或疏散通道上安装用于防盗或其他形式的栅栏，在发生火灾事故时，直接影响现场人员疏散，造成重大火灾事故，因此，发现单位安装栅栏应及时进行整改，消除隐患。隐患整改费用从限期整改类火灾隐患整改资金投入中支取。

(14) 防火防烟分区不符合国家工程建筑消防技术标准。

单位建筑在使用中往往会经过重复整改，一些整改区域未经消防安全监督管理部门审核设计，盲目改扩建，造成了原防火分区或防烟分区发生变化，超过国家法律法规规定的面积；或者改扩建中拆除了原用于防护的防火门或防火卷帘，造成防火分区、防烟分区无法正确划分，发生火灾危险事故时，火灾迅速蔓延不受控制，造成重大火灾事故。防火分区、防烟分区的隐患整改费用从限期整改类火灾隐患整改资金投入中支取。

(15) 电器产品、燃气用具的安装或者线路、管路的敷设不符合有关消防安全技术规定。

电器产品安装应牢固，电源线路压接应紧固，定期对电气设备或线路进行检查，对存在损坏、故障的电器产品进行更换、维修。燃气用具、管线老化后经常会出现泄漏等隐患，遇明火会发生火灾爆炸事故。隐患整改费用从限期整改类火灾隐患整改资金投入中支取。

(16) 其他违反国家消防规范标准或行业标准，增加原有火灾危险性和危害性要素的应进行整改，整改费用从专项经费支出。

二、资金投入的明细

限期整改类火灾隐患整改资金投入明细见表 3-1-14。

表 3-1-14 限期整改类火灾隐患整改资金投入明细

项目名称		清单编号					
序号	隐患整改项目	数量	单位	规格型号	单价	总价	备注
1							
2							
3							
4							
5							
6							
…							

三、限期整改类火灾隐患核销

执行限期整改类火灾隐患整改的部门在限定时间内整改完火灾隐患后，应向本单位消防安全管理组织或部门提交验收申请；验收合格后向本单位辖区消防救援机构提交复查申请；复查完毕后，由消防救援机构填写复查意见书。

单位应将限期整改文件，隐患整改方案书、资金投入方案、验收报告等相关文件归档。

四、资金投入方案的编制要点

（1）资金投入方案应综合考虑整改方案可达到的最终效果和最优资金投入。

（2）审核消防服务机构提供的报价清单是否全面，有无遗漏。

（3）限期整改类火灾隐患整改资金投入方案应包括单位概况，隐患整改方案编制依据，隐患清单及预估价，限期整改类火灾隐患整改周期及经费支取方式。

（4）限期整改类火灾隐患整改资金投入的保障措施。

实例 3-1-4 某单位火灾自动报警系统瘫痪限期整改资金投入方案

某单位办公楼于 2000 年投入使用，投入使用时设置的火灾自动报警系统运行多年，系统出现多条回路故障，消防联动控制器功能模块、电源均已损坏。2021 年 9 月 18 日，地方消防安全监督管理部门在全市隐患排查行动中对我单位提出了限期整改通知单，特制定该方案进行系统改造。

一、编制依据

（1）《消防法》。

（2）《建筑设计防火规范（2018 年版）》（GB 50016—2014）。
（3）《建筑消防设施的维护管理》（GB 25201—2010）。
（4）《人员密集场所消防安全管理》（GB/T 40248—2021）。
（5）《消防监督检查规定》（公安部令第 120 号）。
（6）《火灾自动报警系统设计规范》（GB 50116—2013）。
（7）《火灾自动报警系统施工及验收规范》（GB 50166—2019）。
（8）《火灾探测报警产品的维修保养与报废》（GB 29837—2013）。
（9）《火灾报警控制器》（GB 4717—2005）。

二、整改清单及预估价

整改清单及费用预估见表 3-1-15。

表 3-1-15　整改清单及费用预估

序号	故障隐患设施	解决方案	数量	费用预估	备注
1	火灾报警控制器				
2	火灾探测器				
3	按钮类设备				
4	声光警报器				
5	模块类设备				
6	消防电源				
7	联动编程				
8	……				
费用总计					

三、整改周期

××××年××月××日—××××年××月××日。

培训单元 4　编制微型消防站建设资金投入方案

【培训重点】

（1）掌握微型消防站建设资金投入方案需求。
（2）掌握微型消防站资金投入方案的编制要点。

【知识要求】

微型消防站建设是重点单位、基层政府组织自觉消除火灾隐患、切实加强消防安全管理工作、强化初起火灾扑救的有力措施，是集防火、灭火、消防宣传和处置突发事件等多功能为一体的组织机构，实行 24 h 全天候执勤，专职专用，专门从事消防安全管理工作。

微型消防站的建设，最终目的是要发挥作用，体现救早、灭小，快速扑救初起火灾。对于消防安全重点单位内建设的微型消防站，需要注重质量、符合建站标准。要从实战出发选配人员，队员年龄结构搭配合理，日常训练、培训工作持续开展，形成消防战斗力。要将房舍场室、装备器材等硬件设施与队员个人素质、相互配合能力等软实力良好结合并落实，真正确保所建站点建之能用、用之有效。要立足联动、联训、联勤。实战中，充分发挥微型消防站扑救初起火灾的能力，与消防救援队形成良好的联合作战机制。因此，消防安全重点单位应加强微型消防站建设资金投入，确保本单位消防安全。

一、资金投入的项目

（一）微型消防站站房配置资金投入

微型消防站应设在便于人员出动、器材取用的位置，房间和场地应满足日常值守、放置消防器材的基本要求。微型消防站可与消防控制室、社区服务中心、治安联防值班室、物业服务办公室等合用，有条件的可单独设置。厂（场、园、院）占地面积较大，且单体建筑较多的消防安全重点单位应合理设置微型消防站执勤分点。同一建筑物由两个以上消防安全重点单位使用或者管理的，可联合建立微型消防站，但各单位应分别设置微型消防站执勤分点。

微型消防站站房场地费用支出从微型消防站建设资金投入中支取。

（二）微型消防站人员建设资金投入

微型消防站消防员人数不应少于 6 人；消防安全重点单位、社区、行政村内部工作人员少于 6 人的，所有人员应全部为微型消防站消防员。微型消防站应设站长 1 名，副站长 1 名，重点单位微型消防站站长应由单位消防安全管理人兼任，社区微型消防站站长应由消防工作分管负责人兼任。微型消防站消防员每班（组）应设班（组）长、通信员岗位，配有消防车辆的微型消防站应设驾驶员岗位。

微型消防站人员执勤加班支出、社会保险、各项福利支出从微型消防站建设资金投入中支取。

（三）微型消防站器材、装备资金投入

在充分利用建筑消防设施的基础上，微型消防站应配备必要的灭火及抢险救援器材，满足本单位、区域内初起火灾扑救和人员疏散逃生的需要。微型消防站应合理布置灭火及抢险救援器材放置点，满足微型消防站消防员从器材放置点到达任意事故现场不超过 3 分钟的要求。每处灭火及抢险救援器材放置点应配备灭火器、强光照明灯具、安全警示棒、喊话器、破窗锤、自救呼吸器等装备，具有爆炸危险性的场所应配备符合要求的防爆器材。微型消防站宜设置消防员应急战备柜，放置微型消防站消防员所需的灭火器材、破拆器材、消防员基本防护装备等，各类器材装备应符合相关国家标准或行业标准的要求。

微型消防站应结合实际配备通信器材，微型消防站内应设置外线电话，重点单位微型消防站应按照一级执勤力量 1 台/人的标准配备手持对讲机。厂（场、园、院）占地面积较大的消防安全重点单位、社区、行政村可根据实际配备电动车、消防摩托车、消防车等车辆，并随车配备灭火器材、防护装备、破拆工具等。

微型消防站建设配备的训练、救援等除常规消防设施外的器材、设备经费支出，费用从微型消防站建设资金投入中支取。

二、资金投入方案的编制要点

（1）微型消防站资金投入方案要对应本单位微型消防站建设方案内容。

（2）微型消防站资金投入并非一次投入，微型消防站成员薪资、装备器材维修保养等支出应制定相应的计划，按时予以投入。

（3）微型消防站资金投入方案应全面，应包含人员建设、站房建设、器材设备的投入清单。

实例 3-1-5　某酒店微型消防站建设资金投入方案

某酒店位于市区，新建投入使用，地上 32 层，地下 2 层，总建筑面积 56000 m^2。根据相关消防安全管理规定，拟设置微型消防站，微型消防站设置在 1 层办公区东侧安全出口旁。特制定该微型消防站资金投入方案。

一、编制依据

（1）《消防安全重点单位微型消防站建设标准（试行）》（公消〔2015〕301 号）。

（2）《人员密集场所消防安全管理》（GB/T 40248—2021）。

（3）《大型商业综合体消防安全管理规则（试行）》（应急消〔2019〕314 号）。

（4）《消防安全责任制实施办法》。

二、资金投入项目清单

微型消防站建设资金投入清单见表 3-1-16。

表 3-1-16　微型消防站建设资金投入清单

序号	项目	数量	预估费用	备注
1	微型消防站站房配置			
1.1	站房场地			
1.2	训练器材			
1.3	储物装置			
1.4	办公设施			
1.5	……			
2	微型消防站人员管理			
2.1	微型消防站人员薪资福利			
2.2	微型消防站从业人员能力提升			
2.3	……			
3	微型消防站器材装备			

表 3-1-16（续）

序号	项目	数量	预估费用	备注
3.1	消防头盔			
3.2	灭火防护服			
3.3	破拆工具			
3.4	……			

培训单元 5　编制消防安全工作考核奖惩的资金投入方案

【培训重点】

（1）了解消防安全工作考核奖惩的资金投入需求。

（2）掌握消防安全工作考核奖惩的资金投入编制要点。

【知识要求】

单位应当将消防安全工作纳入内部检查、考核、评比。对消防安全工作中成绩突出的部门（班组）和个人，单位应当给予表彰奖励。对未依法履行消防安全职责或者违反单位消防安全制度的行为，应当依照有关规定对责任人员给予行政纪律处分或者其他处理。单位可根据自身情况确定考核周期。

一、消防安全工作考核的形式

（1）对防火巡查、检查的情况进行考核。

（2）对员工参加消防教育培训情况进行考核。

（3）对员工掌握消防知识、技能情况进行考核。

（4）对各部门、消防负责人开展的消防工作进行考核。

（5）对单位全年消防工作进行考核。

二、资金投入的项目

经消防安全工作考核，成绩优异的部门或人员予以金钱奖励；对于违反相关规定引发事故造成经济损失和人身伤亡的，单位按照管理制度对责任人予以一定的经济处罚。奖惩的金额根据本单位消防安全奖惩制度确定。

消防安全工作考核奖惩的资金投入可参考往年的支取费用进行列支准备，不应挪作他用。

单位经过考核后，应对部门、个人按照消防安全奖惩制度进行奖惩，并应进行记录，形成档案，奖惩记录见表 3-1-17。

表 3-1-17　消防安全奖惩记录

奖惩时间	受奖惩部门/个人	奖惩事项	奖惩方式（现金/通报）	备注

三、消防安全工作考核奖惩的资金投入方案编制要点

（1）消防安全工作考核奖惩的资金投入是保障单位消防安全的基础，通过有效的奖惩制度，提升人员安全隐患识别能力、初起火灾扑救能力、引导疏散逃生能力等，从而提高本单位的消防安全。单位应制定奖惩制度并宣贯，提高单位工作人员的积极性。单位安全主管负责执行考核，落实奖励资金发放和处罚的方式，使消防安全工作考核奖惩的资金投入能成为提升单位消防安全的催化剂。

（2）消防安全工作应按照岗位落实。

（3）考核奖惩应清晰和宣贯，奖惩方式、发放形式和金额应明确。

（4）投入方案总金额可结合往年的投入数量进行设定，并设置补充的方式和渠道。

实例 3-1-6　某医院消防安全工作考核奖惩的资金投入方案

某医院位于某市二环，占地 70000 m^2，建筑面积 120000 m^2，是我国目前规模最大的综合性儿科医院，同时也是集医疗、科研、教学、保健于一体的儿科医学基地。该院从事消防安全工作的人员有 65 人，按照相关法规要求及本院消防安全管理规定，特制定本年度消防安全工作考核奖惩的资金投入方案。

一、考核奖惩原则

对本院消防工作有突出表现的相关人员除进行季度奖励外，还进行年度消防工作奖励。

对本院消防工作懒惰、诱发多起消防安全事故的人员进行相应的处罚，扣除年度奖励。

二、考核奖惩标准

（一）奖励标准

（1）热爱消防工作，积极参加防火、灭火训练，成绩优秀，工作表现突出的员工，奖励 50 元。及时排除火险事故，积极扑救火灾，使人身安全、财产免受损失或受损失较小的，奖励 100 元。

（2）经常进行防火检查，及时发现和排除火灾隐患，特别是重大火灾隐患，在预防火灾工作中做出贡献的，奖励 200 元。

（3）敢于管理，大胆制止违反消防安全制度的人和事，并及时向有关领导和部门反映，情况属实，事迹突出的，奖励 200 元。

(4) 对消防器材、设施能坚持经常检查和保养，使其灵活有效的，奖励50元。

(二) 处罚标准

(1) 有下列情况的部门或个人，处以500元至1000元罚款：

①故意损坏消防器材、设施、自动报警装置，应发现而未发现，应报告而未报告的。

②对消防器材管理责任不落实，或因保养不到位影响正常使用并造成火灾事故的。

③不按标准操作流程执行，造成火灾事故扩大的。

(2) 有下列情况的部门或个人，处以300元至500元罚款：

①违反用火审批制度，擅自使用电、气焊或动用明火的。

②对本部门、本部位存在的火灾隐患，能解决不解决或超过整改日期的。

③埋压、圈占消防设施、占用消防通道而影响和延误消防工作的。

④私自挪用消防器材造成损失而隐瞒不报的。

(3) 有下列情况的部门或个人，处以1000元至5000元罚款：

①未向主管部门申报、登记，私自使用、安装电炉等电器的。

②不能及时整改火灾隐患的。

③因整改火灾隐患不及时、不彻底而造成火灾事故的。

④非电工人员，乱私拉施工电源线和照明线、安装电器设备或因此而造成事故引起火灾的。

⑤违反消防安全管理规定和安全操作规程，玩忽职守造成火灾引起事故的。

⑥擅自拆卸烟感、温感器或用物品包裹探头影响正常工作的。

(4) 有下列情况的部门或个人，处以100元以下罚款：

①不符合电、气焊防火安全要求而进行焊割作业。

②考核消防知识不合格者或组织消防培训无故不参加者。

③在非吸烟区吸烟和在吸烟区乱扔烟头、火柴梗或将未熄灭的烟头、火柴梗投入垃圾桶的。

三、消防工作考核奖惩记录单

消防安全奖惩记录单见表3-1-18。

表3-1-18 消防安全奖惩记录

奖惩时间	受奖惩单位/部门/个人	奖惩事项	备注

培训项目 2　编制消防安全组织保障方案

【知识导图】

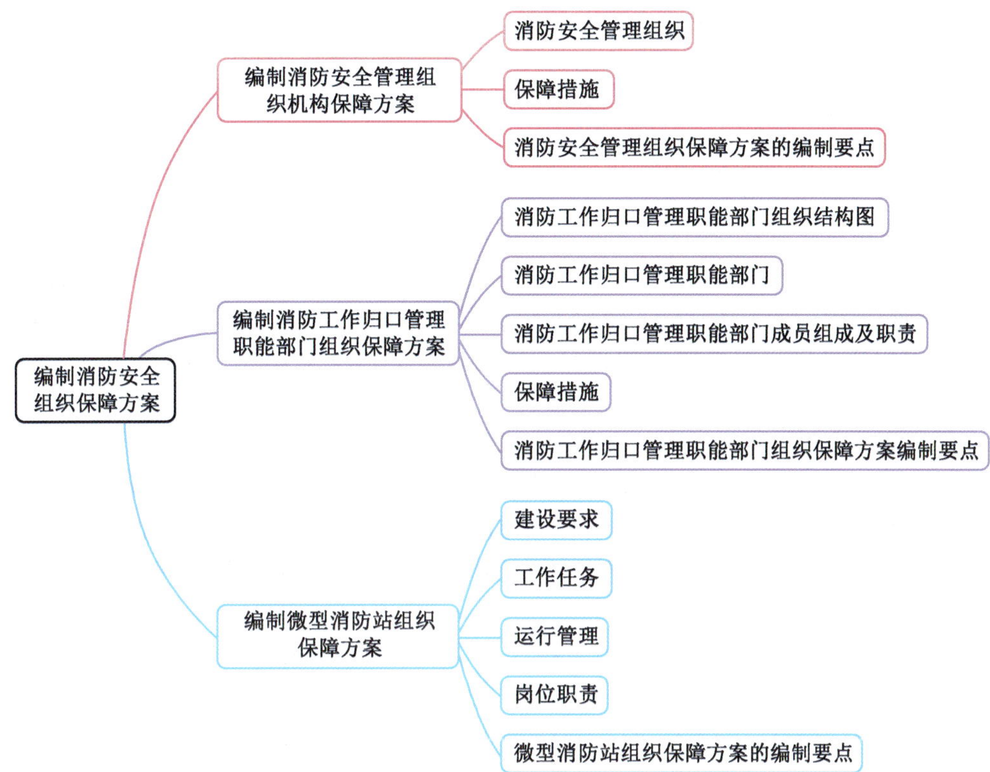

消防安全重点单位应当设置或者确定消防工作的归口管理职能部门，并确定专职或者兼职的消防管理人员；其他单位应当确定专职或者兼职消防管理人员，可以确定消防工作的归口管理职能部门。归口管理职能部门和专兼职消防管理人员在消防安全责任人或者消防安全管理人的领导下开展消防安全管理工作。

消防安全组织由消防安全委员会或消防工作领导小组、消防安全归口管理部门和其他部门组成。多产权单位或大型企业应成立消防安全委员会。成立消防安全组织的目的是：贯彻“预防为主、防消结合”的消防工作方针，制定科学合理、行之有效的各种消防安全管理制度和措施，落实消防安全自我管理、自我检查、自我整改、自我负责的机制，做好火灾事故和风险的防范，确保本单位消防安全。

消防安全组织保障是指为实现单位生产经营过程中的消防安全目标、由单位消防安全管理工作人员组成并规范有序运行的一种组织架构，既受消防安全法律法规的约束，也具有单位组织的自我创建特性，是落实消防安全各项管理工作的一种保障手段，是单位确保消防安全资金投入、开展消防宣传教育培训、组织消防检查、消除火灾隐患、加强消防应急队伍建设等各项工作有序开展的重要保障。单位应当依法制定各项消防工作组织保障方案，实行一事一案，注重实效。方案应涵盖各级主管人员主体责任落实、实施办法、保障措施、修订完善程序等相关内容，具备可实施性和操作性。消防安全组织保障方案应包括以下内容：

（1）目的或目标。

（2）制定保障方案程序与部署。

（3）方案的主体责任落实。

（4）方案的实施流程。

（5）方案的实效和修订。

（6）保障措施。

（7）相关注意事项等。

消防安全组织保障方案是责任依法落实的过程。单位从事消防安全管理工作的各类人员均为保障方案的执行者，全员应落实“管行业必须管安全、管业务必须管安全、管生产经营必须管安全”的主体责任。结合本单位消防安全管理现状组织建设消防工作领导小组或管理职能部门，加强培训和指导，落实各级消防安全管理责任，保障单位消防安全。

保障方案的全过程要实事求是。单位应结合自身消防安全管理现状，按照标准要求制定行之有效的方案。相关部门出具的调查报告显示，部分单位未设置专职管理部门或管理人员，不编辑保障方案或盗用其他单位的方案时有发生，与本单位的实际情况不相符，造成执行难度大或无法执行。因此，保障方案应切合实际，细化责任部署，制定监督管理机制，落实岗位职责，确保方案的可行性。

消防安全组织保障方案是管理程序执行—修订的过程。保障方案是一种事前文件，对事件处置起到指导和引领的作用，但在具体执行时往往会受制于环境、资金、人员因素的影响而发生偏移，因此，方案在执行中应加强文件监督管理。监督过程应涵盖准备阶段的相互沟通和协调，执行过程中的监督和约束，方案结束后的总结和归纳。执行完毕后应组织相关部门和人员对实施过程中存在的问题和不足进行修订和完善，保障方案的可持续性。

培训单元1　编制消防安全管理组织机构保障方案

【培训重点】

（1）了解消防安全管理组织机构构成。

（2）掌握消防安全管理组织保障方案的编制要点。

【知识要求】

消防安全管理组织机构是单位为确保安全、落实消防安全主体责任而设定的管理机构。消防安全重点单位应成立消防安全工作领导小组、消防工作归口管理职能部门或消防安全委员会。

消防安全管理组织机构是单位自上而下设置的消防安全管理系统，是实现“横向到边、纵向到底”安全管理思想的基础。单位应结合自身实际情况，设置由消防安全责任人、消防安全管理人、归口管理部门、安全员等组成的管理组织机构，严格责任落实，组织实施本单位的消防安全管理工作。

一、消防安全管理组织

（一）组织机构

消防安全重点单位应设置组织管理机构，承担本单位的消防安全管理工作。组织机构如图 3-2-1 所示。

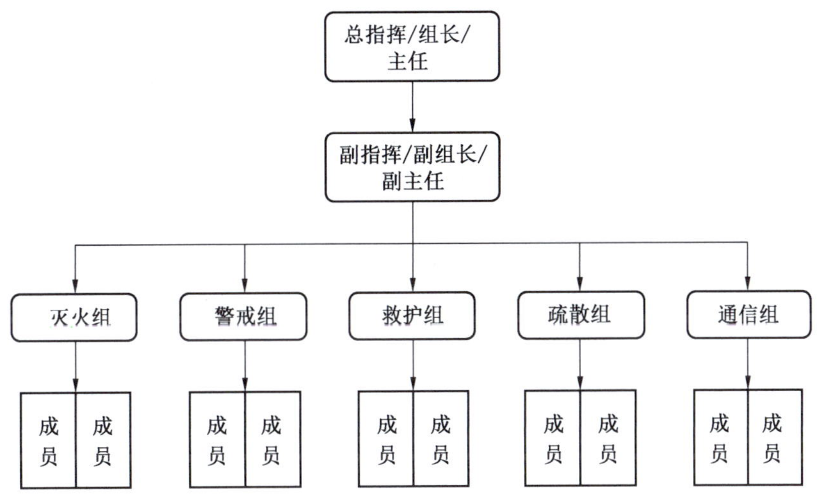

图 3-2-1　消防安全管理组织机构

（二）定岗、定人、定责任

1. 总指挥/组长/主任

由单位消防安全责任人承担，主要负责人是消防安全责任人，对本单位的消防安全工作全面负责。消防安全责任人须经消防安全培训，熟悉消防法规，并履行以下职责：

（1）致力于营造单位安全文化氛围和消防安全管理标准化体系的建设。

（2）贯彻执行消防法规，掌握本单位的消防安全情况，建立健全消防安全管理组织体系，确定逐级消防安全责任。

（3）组织制定单位隐患排查治理制度，批准实施和修订本单位的各项消防安全管理制度、规程等文件，并主持消防工作的检查与考核。

（4）统筹安排消防工作与本单位的日常管理活动，批准实施年度消防安全工作计划。

（5）批准实施消防安全工作预算方案，为本单位的消防安全提供必要的经费。

（6）组织消防检查，督促落实重大隐患的整改，及时处理涉及重大隐患的相关问题，建立并完善隐患预防和治理的内生机制。

（7）依法建立专（兼）职消防队（或志愿消防队）和微型消防站，并配备相应的消防设施和器材。

（8）组织制定符合单位实际的灭火和应急总预案，并组织监督总预案准备、实施与评估的实效。

（9）建立消防安全工作例会制度，定期召开消防安全工作例会，研究、部署、落实本单位重要的消防安全工作计划、方案与措施，处理包括大型活动、重要现场的管理、消防经费投入和改进消防安全管理标准化制度在内的涉及消防安全的重大问题。

2. 副总指挥/副组长/副主任

副总指挥由单位消防安全管理人承担，负责组织实施本单位的消防安全管理工作，对消防安全责任人负责。消防安全管理人须经消防安全培训，熟悉消防法律法规，具备与其职责相适应的消防安全知识和管理能力，掌握本单位消防安全工作情况，并应履行下列职责：

（1）致力于单位消防安全管理标准化体系的建设和营造安全文化氛围。

（2）拟订年度消防安全工作计划，主持日常消防安全管理工作，及时向消防安全责任人报告单位的消防安全状况和涉及消防安全的重大问题。

（3）拟订和适时修订消防安全制度和保障消防安全的各项工作规程文件，检查并督促落实。

（4）拟订消防安全工作的资金投入和组织保障方案。

（5）组织消防检查，督促落实隐患治理，及时组织处理涉及消防安全的问题，建立并完善隐患预防和治理的长效机制。

（6）批准对单位消防相关设施、器材的巡查、检查、维修保养和全面排查等工作计划，确保其完好有效并处于应急准备状态。

（7）管理专职消防队或志愿消防队，组织开展日常业务训练和初起火灾扑救。

（8）组织全员开展多种形式的消防知识与案例分析、实操技能、消防安全管理标准化的宣传教育和培训，增强安全意识、提高消防能力。

（9）组织单位灭火和应急总预案的准备、实施与评估，对分预案和专项预案的重要过程进行监督，并与辖区消防救援机构和周边联防单位建立协作、联动机制。

（10）确定单位消防安全重点部位，组织落实对单位消防安全有重大影响的重点部位、特殊作业、大型活动、施工现场和易燃易爆危险物品等区域或过程进行严格管理。

（11）监督检查消防档案的完善工作，定期总结消防安全工作，按单位相关规章制度实施考核与奖惩等。

（12）完成消防安全责任人委托的其他消防安全管理工作。

3. 各分组相关人员

单位相关人员应参加单位组织的消防安全培训，了解单位相关规章制度文件的要求，具备与其职责相适应的消防安全知识和管理能力，对本部门责任范围内的消防安全工作负责，并应履行下列职责：

（1）掌握本部门责任区域的消防安全情况，贯彻执行单位消防安全管理制度和保障消防安全的工作规程和文件，全面落实本部门责任区域内的消防安全责任。

（2）指定各基层安全员（网格员），明确其职责和权限等工作内容，建立与消防安全归口部门的沟通协调机制。

（3）组织本部门人员积极参加单位组织的消防风险与隐患辨识、教育培训、预案演练等消防安全事务，确保全员掌握本岗位的火灾危险性和防火、防灾措施，报警、扑救初起火灾和疏散逃生自救等知识与技能。

（4）组织从业人员落实相关消防安全工作规程，遵守安全用电、用火、用气和易燃易爆危险物品管理等规定。

（5）按单位要求，组织落实各岗位开展日常消防安全自查工作，发现火灾隐患及时组织整改或向上级主管和消防安全归口部门反馈。

（6）发生火灾或消防相关事故时，组织从业人员按职责分工实施应急预案。

（7）完成上级交办的其他消防安全工作，接受单位对本部门消防安全工作的检查和指导。

二、保障措施

（一）人员、薪资福利保障

（1）任免和聘用具备足够的管理水平和执业能力的人员组建消防安全管理机构。

（2）单位消防安全管理组织机构人事任免应按照制度或规程执行，确保管理岗位、人员无空缺。

（3）消防安全管理人对单位消防安全管理组织机构成员数量提出建设性意见，对具体负责工作的职能部门或组织进行工作监督，落实调整方案，保障组织机构整体业务水平呈现递增趋势。

（4）薪资待遇应保障落实，降低人员流动的可能性，最大限度地保障组织机构的完整性。

（二）业务能力保障

（1）单位消防安全管理组织机构人员应具备一定的执业操作技能，获得国家认可的相关证件。消防安全管理人应具备一级注册消防工程师或其他能力相当的执业证件。

（2）消防安全责任人、消防安全管理人应经过消防安全培训。进行电焊、气焊等具有火灾危险作业的人员和自动消防设施的值班操作人员，应经过消防职业培训，掌握消防基本知识，防火、灭火基本技能，自动消防设施的基本维护与操作知识，遵守操作规程，持证上岗。

（3）高层公共建筑的消防安全管理人应当具备与其职责相适应的消防安全知识和管理能力；对建筑高度超过 100 m 的高层公共建筑，鼓励有关单位聘用相应级别的注册消防工程师或者相关工程类中级及以上专业技术职务的人员担任消防安全管理人。

（4）定期组织消防安全基础知识培训及专业实操能力培训。

（5）定期组织相关人员参加国家制定的技能提升鉴定。

三、消防安全管理组织保障方案的编制要点

（1）明确本单位消防安全管理组织机构、成员及对应的职责。

（2）确定消防安全管理组织的保障措施。

（3）制定相应的培训计划及业务能力提升方案。

（4）制定相应的消防安全管理组织管理制度。

实例 3-2-1　某展览馆消防安全管理组织机构保障方案

某展览馆位于某市中心地带，建筑面积 130000 m^2，展览馆设置重点部位××处。按照消防安全管理规定，组织成立以馆长为组长的消防安全管理委员会。

一、消防安全管理委员会组织架构

展览馆消防安全管理委员会组织架构如图 3-2-2 所示。

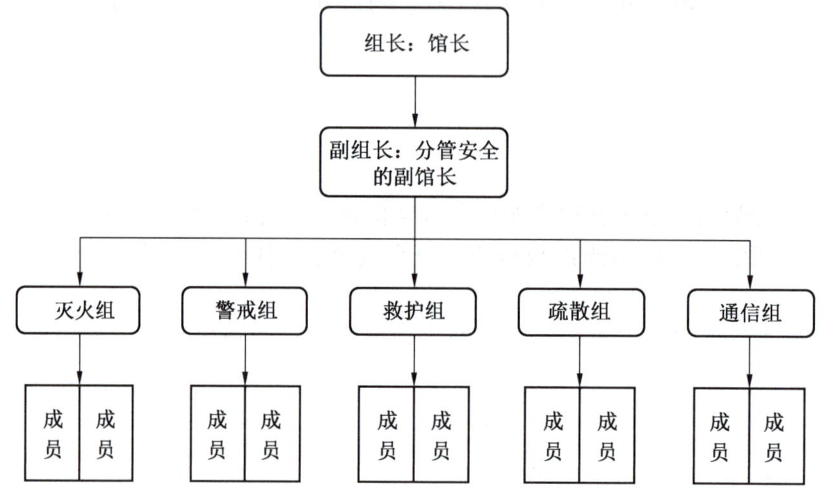

图 3-2-2　消防安全管理委员会组织架构

二、责任人及主要职责

（一）组长

组长为馆长×××，其主要职责如下：

（1）贯彻执行消防法规，掌握本单位的消防安全情况，建立健全消防安全管理组织体系，确定逐级消防安全责任。

（2）组织制定单位隐患排查治理制度，批准实施和修订本单位的各项消防安全管理制度、规程等文件，并主持消防工作的检查与考核。

（3）安排消防工作与本单位的日常管理活动，批准实施年度消防安全工作计划。

（4）批准实施消防安全资金投入，为本单位的消防安全提供必要的经费。

（5）组织消防检查，督促落实重大隐患的整改，处理涉及重大隐患的相关问题。

（6）建立志愿消防队和微型消防站，配备消防设施和器材。

（7）组织制定灭火和应急总预案，并组织监督总预案准备、实施与评估的实效。

（8）建立消防安全工作例会制度，定期召开消防安全工作例会，研究、部署、落实本单位重要的消防安全工作计划、方案与措施。

（二）副组长

副组长为副馆长×××，其主要职责如下：

（1）拟订年度消防安全工作计划，主持日常消防安全管理工作，及时向消防安全责任人报告单位的消防安全状况和涉及消防安全的重大问题。

（2）拟订和适时修订消防安全制度和保障消防安全的各项工作规程文件，检查并督促落实。

（3）拟订消防安全工作的资金投入和组织保障方案。

（4）组织消防检查，督促落实隐患治理，及时组织处理涉及消防安全的问题，建立并完善隐患预防和治理的长效机制。

（5）批准对单位消防相关设施、器材的巡查、检查、维修保养和全面排查等工作计划，确保其完好有效并处于应急准备状态。

（6）管理志愿消防队和微型消防站，组织开展日常业务训练和初起火灾扑救。

（7）组织全员开展多种形式的消防知识与案例分析、实操技能、消防安全管理标准化的宣传教育和培训，增强安全意识、提高消防能力。

（8）组织单位灭火和应急总预案的准备、实施与评估，对分预案和专项预案的重要过程进行监督，并与辖区消防救援机构和周边联防单位建立协作、联动机制。

（9）确定单位消防安全重点部位，组织落实对单位消防安全有重大影响的重点部位、特殊作业、大型活动、施工现场和易燃易爆危险物品等区域或过程进行严格管理。

（10）监督检查消防档案的完善工作，按单位相关规章制度实施考核与奖惩等。

（11）完成消防安全责任人委托的其他消防安全管理工作。

（三）组员

组员有×××、×××等，他们的主要职责如下：

（1）掌握本部门责任区域的消防安全情况，贯彻执行单位消防安全管理制度和保障消防安全的工作规程和文件，全面落实本部门责任区域内的消防安全责任。

（2）组织本部门人员积极参加单位组织的消防风险与隐患辨识、教育培训、预案演练等消防安全事务，确保全员掌握本岗位的火灾危险性和防火、防灾措施，报警、扑救初起火灾和疏散逃生自救等知识与技能。

（3）组织从业人员落实相关消防安全工作规程，遵守安全用电、用火、用气和易燃易爆危险物品管理等规定。

（4）按单位要求，组织落实各岗位职责，开展日常消防安全自查工作，发现火灾隐患及时组织整改。

（5）发生火灾或消防相关事故时，组织展览馆人员按职责分工响应应急预案，实施灭火救援。

（6）完成上级交办的其他消防安全工作，接受单位对本部门消防安全工作的检查和指导。

三、保障落实

（1）落实资金、薪资福利，确保消防安全管理组织机构人员无流动变化。

（2）定期组织成员提升执业技能。

（3）组织消防安全工作考评，对有突出贡献的部门或个人予以精神和物质奖励。

培训单元2 编制消防工作归口管理职能部门组织保障方案

【培训重点】

（1）了解消防工作归口管理职能部门组织保障方案的内容。

（2）掌握消防工作归口管理职能部门组织保障方案的编制要点。

【知识要求】

单位性质、规模不同，设置的消防工作归口管理职能部门也不一样。根据单位安全职能部署，消防工作归口职能部门可能是专门科室或部门，例如博物馆设置的消防科，负责博物馆建筑内所有涉及消防安全的工作，包括开展消防控制室值班、日常巡检、定期防火检查、组织防火演练等工作。有些单位设置的消防工作归口职能部门为安保部，由安保人员执行相应的工作；也有一些单位将其归属于工程部或物业相关部门，让特种作业人员或参加职业鉴定考取相关操作证件的人员执业。

消防安全重点单位应当设置或者确定消防工作的归口管理职能部门，并确定专职或者兼职的消防管理人员；其他单位应当确定专职或者兼职消防管理人员，可以确定消防工作的归口管理职能部门。归口管理职能部门和专兼职消防管理人员在消防安全责任人或者消防安全管理人的领导下开展消防安全管理工作。

一、消防工作归口管理职能部门组织结构图

单位消防工作归口管理职能部门应结合实际，制定结构图，并进行公示，结构图形式如图3-2-3所示。

二、消防工作归口管理职能部门

（1）消防工作归口管理职能部门应定期组织对预案实施赖以保证的各类物质条件检查，并书面记录保存。检查应包括以下内容：

①消防设施、装备、器材是否完好有效。

②疏散通道是否畅通无阻，疏散距离是否最短，疏散通道上的防火门、防火卷帘等设施是否完整好用。

③承担任务人员是否具备相应的知识、能力。

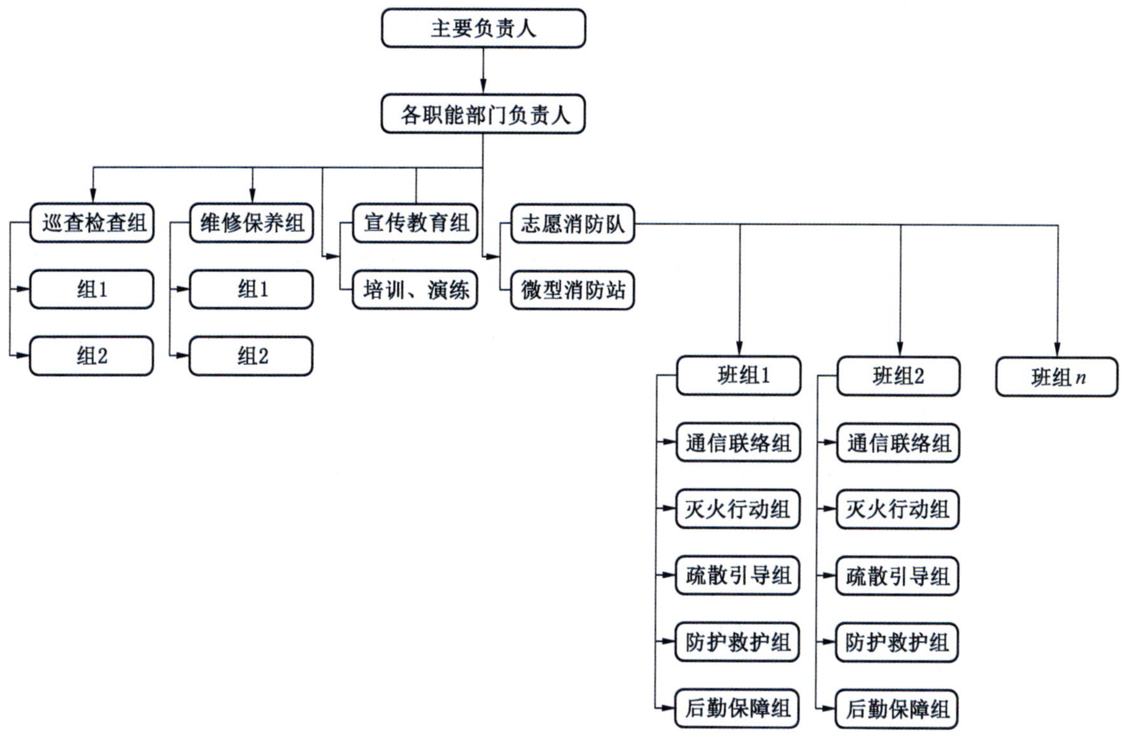

图 3-2-3　单位消防工作归口管理职能部门组织结构图

④每日应急组织机构值班人员是否在岗在位。

⑤通信联络设备是否齐全并完好有效。

（2）消防工作归口管理职能部门的日常工作：

①依照消防安全应急救援机构或组织布置的工作，结合单位实际情况，研究和制定计划并贯彻实施。

②负责处理单位消防安全委员会或消防工作领导小组和主管领导交办的日常工作，发现违反消防规定的行为，及时提出纠正意见，如未采纳，可向单位消防安全委员会、消防工作领导小组或当地消防救援机构或组织报告。

③推行逐级防火责任制和岗位防火责任制，贯彻执行国家消防法规和单位的各项规章制度。

④进行经常性的消防教育，普及消防常识，组织和训练专职（志愿）消防队。

⑤经常深入单位内部进行防火检查，协助各部门搞好火灾隐患整改工作。

⑥负责消防器材分布管理、检查、保管维修及使用。

⑦协助领导和有关部门处理单位系统发生的火灾事故，详细登记每起火灾事故，定期分析单位消防工作形势。

⑧严格用火、用电管理，执行审批动火申请制度，安排专人现场进行监督和指导，跟班作业。

⑨建立健全消防档案。

⑩积极参加消防部门组织的各项安全工作会议，并做好记录，会后向单位消防安全责任人、管理人汇报有关情况。

三、消防工作归口管理职能部门成员组成及职责

（一）消防安全归口管理职能部门负责人

单位消防安全归口管理职能部门负责人应参加消防安全培训，熟悉相关消防法规标准，经考核合格，具备与其职责相适应的消防安全知识、技能和管理能力，在消防安全责任人或者消防安全管理人的领导下开展工作，并履行下列职责：

（1）全面掌握单位消防安全情况和单位消防相关设施的状况，监督单位自动报警、人报警和其他渠道反映的消防信息的及时处置情况。

（2）拟订针对单位消防安全有重大影响的重点部位、特殊作业、施工现场和易燃易爆危险物品等区域或过程实际情况的管理方案和技术措施，并适时调整完善。

（3）拟订消防相关设施、器材、标识的巡查、检查、检测和维修保养等消防工作的全年计划。组织实施消防安全日常管理、消防控制室值班工作，记录有关消防工作的开展情况，完善消防档案等。

（4）组织单位日常防火巡查、检查工作，确保疏散通道、安全出口、消防车道畅通，消防设施、器材等完好有效并处于应急准备状态。

（5）拟订消防安全教育培训工作计划，协助单位各职能部门针对各岗位实际情况，开展风险识别、隐患排查、消防知识与案例分析、实操与训练、消防意识教育与标准化管理等教育培训活动。

（6）协助单位各部门落实岗位的日常风险识别和隐患排查工作，协调有关部门及时整改隐患。组织处理并反馈涉及单位消防安全的各类问题，拟订并完善单位隐患预防和治理体系的方案。

（7）在现场施工前，参加相关方召开的消防安全工作会议，向相关方告知单位消防设施安全状况和单位消防安全要求，与相关方保持沟通。

（8）在施工现场，划定巡查人员责任区，检查巡查人员在岗在位情况，汇总所发现的违章违规情况和消防隐患，及时向上级汇报并与相关方沟通，督促相关方制定消防隐患整改措施，确保及时消除隐患。

（9）组织本单位灭火和应急分预案和专项预案的准备、实施与评估，保持与周围联防单位的协作、联动机制。

（10）定期分析、整理和汇报消防安全管理体系各要素实施的绩效，为评审和改进消防安全管理体系提供依据。

（11）消防安全管理人委托的其他工作。

（二）各职能部门负责人

单位各职能部门负责人是所在部门的消防安全责任人，应参加单位组织的消防安全培训，了解单位相关规章制度文件的要求，具备与其职责相适应的消防安全知识和管理能力，对本部门责任范围内的消防安全工作负责，并应履行下列职责：

（1）掌握本部门责任区域的消防安全情况，贯彻执行单位消防安全管理制度和保障

消防安全的工作规程和文件，全面落实本部门责任区域内的消防安全责任。

（2）指定各基层安全员（网格员），明确其职责和权限等工作内容，建立与消防安全归口部门的沟通协调机制。

（3）组织本部门人员积极参加单位组织的消防风险与隐患辨识、教育培训、预案演练等消防安全事务，确保全员掌握本岗位的火灾危险性和防火、防灾措施，报警、扑救初起火灾和疏散逃生自救等知识与技能。

（4）组织从业人员落实相关消防安全工作规程，遵守安全用电、用火、用气和易燃易爆危险物品管理等规定。

（5）按单位要求，组织落实各岗位开展日常消防安全自查工作，发现火灾隐患及时组织整改或向上级主管和消防安全归口部门反馈。

（6）发生火灾或消防相关事故时，组织从业人员按职责分工实施应急预案。

（7）完成上级交办的其他消防安全工作，接受单位对本部门消防安全工作的检查和指导。

（三）消防控制室值班人员

消防控制室值班人员应按相关规定取得消防设施操作员职业资格证书，通过单位组织的消防安全培训与考核，了解单位相关法规制度文件的要求，具备与其职责相适应的消防安全知识和技能，并应履行下列职责：

（1）遵守单位消防控制室的各项管理制度，熟练掌握消防控制室各项管理规程与应急处置程序。

（2）及时确认火警信号，确认后应立即报火警，并实施相应级别的应急预案。

（3）熟练掌握火灾自动报警系统等消防设施的各项功能和操作规程，按照相关规定测试自动消防设施，对发现的隐患或故障及时记录并通知相关部门排除，不能及时排除的应立即向上级报告。

（4）做好消防控制室的各类信息和值班情况记录。

（5）消防控制室负责人对消防控制室的各项管理工作负责，并全面掌握单位火灾自动报警系统和各类消防相关设施的运行状况。

（四）防火巡查、检查人员职责

防火巡查、检查人员应参加消防安全培训，了解单位相关规章制度文件的要求，具备与其职责相适应的消防安全知识和技能，并应履行下列职责：

（1）按照单位的管理规定进行防火巡查，并做好记录，发现问题应及时报告，并督促有关人员整改火灾隐患。

（2）熟悉单位消防设施的各项巡查、检查要求和操作规程，按照相关管理制度和操作规程对消防设施进行巡查、检查和记录，确保单位消防设施、供电和控制阀门等正常有效并处于应急准备状态。

（3）发现故障应及时排除，不能及时排除的应向上级报告。

（4）劝阻和制止违反消防法规和消防安全管理制度的行为。

（五）基层安全员（网格员）

基层安全员（网格员）应参加单位组织的消防安全培训，了解单位相关规章制度文件的要求，并履行下列消防安全职责：

（1）在责任范围内协助本部门负责人开展消防安全管理标准化工作。

（2）遵守单位消防安全管理制度和工作规程；熟悉本岗位和责任区域涉及的消防相关设施、器材等的位置并掌握其基本使用方法；参加单位组织的各项应急预案的准备与演练。

（3）主动接受单位和部门组织的消防安全教育培训，熟悉本岗位涉及的火灾和消防相关风险与隐患，会报火警、会扑救初起火灾、会自救和组织疏散逃生。

（4）每日到岗后及下班前检查本岗位工作场地的用电、用火、用气，涉及的易燃易爆危险物品和消防相关风险源等，发现隐患或异常时，应立即向消防安全归口管理部门报告，能自行排除的可在保证安全的前提下自行排除。

（5）引导、提示公众遵守单位相关消防安全管理制度，严禁携带易燃易爆危险物品进入，制止吸烟和随意触动消防设施等不利于消防安全的行为。

（6）在突发事件第一现场的岗位工作人员是形成 1 分钟应急处置力量的第一人，得知后，应立即采取措施并响应相应级别的预案，包括但不限于按控制室要求确认本岗位区域的报警信息、扑救初起火灾、文物防护或消防相关事故应急处理工作、组织现场公众疏散与自救等。

四、保障措施

（一）人员保障

（1）应按照制度或规程执行，确保管理岗位、人员无空缺。

（2）消防安全管理人对消防工作归口职能部门成员数量提出建设性意见，对具体负责工作的职能部门或组织进行工作监督，落实调整方案，保障组织机构整体业务水平呈现递增趋势。

（二）资金投入保障

（1）资金投入包含组织机构内的消防工作归口管理职能部门的成员薪资、社会福利、奖惩措施。

（2）单位消防安全责任人落实自身消防安全职责，对消防安全资金投入予以保障。

（3）单位消防安全管理人负责组织机构其他资金方面的投入保障方案。

（三）业务能力提升保障

（1）消防安全责任人、消防安全管理人应经过消防安全培训。进行电焊、气焊等具有火灾危险作业的人员和自动消防设施的值班操作人员，应经过消防职业培训，掌握消防基本知识，防火、灭火基本技能，自动消防设施的基本维护与操作知识，遵守操作规程，持证上岗。

（2）保安人员、专职消防队队员、志愿消防队（微型消防站）队员应掌握消防安全知识和灭火的基本技能，定期开展消防训练；火灾时应履行扑救初起火灾和引导人员疏散的义务。

（3）从业员工应当进行上岗前消防培训，在职期间应当至少每半年接受一次消防培训。从业员工的消防培训至少应当包括下列内容：

①本岗位的火灾危险性和防火措施。

②相关消防法规、消防安全管理制度、消防安全操作规程等。

③建筑消防设施和器材的性能、使用方法和操作规程。

④报火警、扑救初起火灾、应急疏散和自救逃生的知识、技能。

⑤本场所的安全疏散路线，引导人员疏散的程序和方法等。

⑥灭火和应急疏散预案的内容、操作程序。

（4）专职消防队队员、志愿消防队队员、保安人员应当掌握基本的消防安全知识和灭火基本技能，且至少每半年接受一次消防安全教育培训，培训至少应当包括下列内容：

①建筑基本情况，建筑消防设施、安全疏散设施、灭火和应急救援设施设置位置及基本常识。

②单位消防安全管理制度，尤其是火灾应急处置预案分工。

③发现、排除火灾隐患的技能，防火巡查、检查要点，消防安全重点部位、场所的防护要求。

④灭火救援、疏散引导和简单医疗救护技能。

⑤防火巡查、检查记录表填写要求。

五、消防工作归口管理职能部门组织保障方案编制要点

（1）明确消防工作归口管理职能部门的人员结构、成员数量及职责分工。

（2）明确消防工作归口管理职能部门组织保障措施。

（3）明确业务能力提升计划、培训计划及方案。

（4）制定消防工作归口管理职能部门、各部门的管理制度或管理办法。

（5）定期组织消防例会，总结和制定隐患整改方案。

（6）消防工作归口管理职能部门运行、重大火灾隐患整改等资金投入的保障措施。

实例 3-2-2　编制某单位消防工作归口管理职能部门组织保障方案

某地博物馆位于城市中心地带，建筑面积 90000 m^2，各类藏品 10 万件，其中国家一级文物 1000 余件，属于消防安全重点单位。为切实做好本馆消防安全工作，特制定该方案。

消防科为本单位消防工作归口管理主要职能部门，全权负责本馆消防安全工作事宜。

一、消防科室组织机构

博物馆消防工作归口管理职能部门组织结构图如图 3-2-4 所示。

二、主要成员职责

（一）负责人科长职责

（1）全面掌握博物馆消防安全情况和单位消防相关设施的状况。

（2）对博物馆消防安全有重大影响的重点部位、特殊作业、大型活动、布撤展、施工现场和易燃易爆危险物品等区域或过程提出管理方案和技术措施，并适时调整完善。

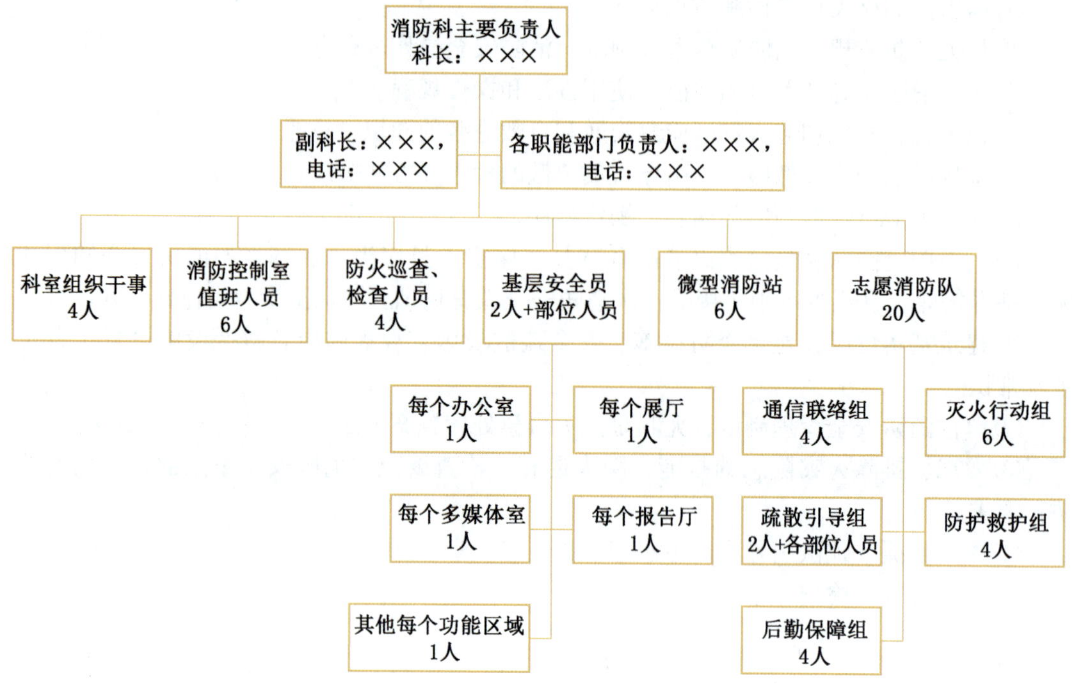

图 3-2-4 博物馆消防工作归口管理职能部门组织结构图

(3) 拟订消防相关设施、器材、标识的巡查、检查、检测和维修保养等消防工作的全年计划。组织实施消防安全日常管理工作，完善消防档案等。

(4) 组织博物馆日常防火巡查、检查工作，确保疏散通道、安全出口、消防车道畅通，消防设施、器材等完好有效并处于应急准备状态。

(5) 拟订消防安全教育培训工作计划，协助博物馆各职能部门针对各岗位实际情况，开展风险识别、隐患排查、消防知识与案例分析、实操与训练、消防意识教育与标准化管理等教育培训活动。

(6) 协助博物馆各部门落实岗位的日常风险识别和隐患排查工作，协调有关部门及时整改隐患。组织处理并反馈涉及单位消防安全的各类问题，拟订并完善单位隐患治理体系的方案。

(7) 在现场施工前，参加相关方召开的消防安全工作会议，向相关方告知博物馆消防设施安全状况和安全要求，与相关方保持沟通。

(8) 在施工现场，划定巡查人员责任区，检查巡查人员在岗在位情况，汇总所发现的违章违规情况和消防隐患，及时向上级汇报并与相关方沟通，督促制定消防隐患整改措施，确保及时消除隐患。

(9) 定期分析、整理和汇报消防安全管理体系各要素实施的绩效，为评审和改进消防安全管理体系提供依据。

(二) 各职能部门负责人职责

(1) 掌握本部门责任区域的消防安全情况，贯彻执行单位消防安全管理制度和保障消防安全的工作规程和文件，全面落实本部门责任区域内的消防安全责任。

（2）组织本部门人员积极参加单位组织的消防风险与隐患辨识、教育培训、预案演练等消防安全事务，确保全员掌握本岗位的火灾危险性和防火、防灾措施，报警、扑救初起火灾和疏散逃生自救等知识与技能。

（3）组织从业人员落实相关消防安全工作规程，遵守安全用电、用火、用气和易燃易爆危险物品管理等规定。

（4）按博物馆要求，组织落实各岗位开展日常消防安全自查工作，发现火灾隐患及时组织整改或向上级主管和消防安全归口部门反馈。

（5）发生火灾或消防相关事故时，组织从业人员按职责分工实施应急预案。

（6）完成上级交办的其他消防安全工作，接受单位对本部门消防安全工作的检查和指导。

（三）消防控制室值班人员职责

（1）遵守单位消防控制室的各项管理制度，熟练掌握消防控制室各项管理规程与应急处置程序。

（2）及时确认火警信号，确认后应立即报火警，并实施相应级别的应急预案。

（3）熟练掌握火灾自动报警系统等消防设施的各项功能和操作规程，按照相关规定测试自动消防设施，对发现的隐患或故障及时记录并通知相关部门排除，不能及时排除的应立即向上级报告。

（4）做好消防控制室的各类信息和值班情况记录。

（5）消防控制室负责人对消防控制室的各项管理工作负责，并全面掌握单位火灾自动报警系统和各类消防设施的运行状况。

（四）防火巡查、检查人员职责

（1）按照博物馆的管理规定进行防火巡查，并做好记录，发现问题应及时报告，并督促有关人员整改火灾隐患。

（2）熟悉博物馆消防设施的各项巡查、检查要求和操作规程，按照相关管理制度和操作规程对消防设施进行巡查、检查和记录，确保单位消防设施、供电和控制阀门等正常有效并处于应急准备状态。

（3）发现故障应及时排除，不能及时排除的应向上级报告。

（4）劝阻和制止违反消防法规和消防安全管理制度的行为。

（五）基层安全员职责

（1）熟悉本业务规程和组织结构，具有较高的安全意识，熟悉本岗位火灾和消防相关风险、常见隐患及处置方法。

（2）每日到岗后及下班前检查本岗位工作场地的用电、用火、用气以及涉及的易燃易爆危险物品和消防相关风险源等，发现隐患或异常时，立即向消防安全归口管理部门报告，能自行排除的可在保证安全的前提下自行排除。

（3）在责任范围内协助本部门负责人开展消防安全管理标准化工作。

（六）微型消防站、志愿消防队成员消防安全职责

（1）遵守博物馆消防安全管理制度和工作规程；熟悉本岗位和责任区域涉及的消防

相关设施、器材等的位置并掌握其基本使用方法，参加单位组织的各项应急预案的准备与演练。

（2）主动接受博物馆和部门组织的消防安全教育培训，熟悉本岗位涉及的火灾和消防相关风险与隐患，会报火警，会扑救初起火灾，会自救和组织疏散逃生。

（3）响应突发事件应急预案，实施救援灭火。

三、保障落实

（1）落实资金、薪资福利，确保消防安全管理组织机构人员无流动变化。

（2）定期组织成员提升执业技能。

（3）组织消防安全工作考评，对有突出贡献的部门或个人予以精神和物质奖励。

培训单元3　编制微型消防站组织保障方案

【培训重点】

（1）了解微型消防站组织保障方案的内容。

（2）掌握微型消防站组织保障方案的编制要点。

【知识要求】

单位应建立志愿消防队与微型消防站管理制度，明确各岗位人员职责，确保快速处置初起火灾，提升单位火灾自我防范能力；并在应急救援部门指导下，协同建立灭火救援联勤联动体系，参与周边区域灭火和应急救援处置工作。微型消防站以“救早、灭小”为目标，按照“有人员、有器材、有战斗力”标准建设，达到“1 分钟响应启动、3 分钟到场扑救、5 分钟协同作战”的要求。

一、建设要求

单位微型消防站选址应遵循“便于出动、全面覆盖”的原则，选择便于人员车辆出动、3 分钟可到达单位任意地点的场地。微型消防站应设置明显标志，张贴（悬挂）“单位微型消防站”标牌。

单位微型消防站应设置必要的办公设施，满足值班需求，并将组织架构、在岗人员、应急处置程序等张贴上墙。

（一）岗位设置

微型消防站应设站长、值班员、消防员等岗位，配有消防车辆的单位微型消防站应设驾驶员岗位。可根据单位微型消防站的规模设置班（组）长等岗位。

（二）人员配备

（1）微型消防站人员配备不少于 6 人。

（2）微型消防站应设站长、副站长、消防员、控制室值班员等岗位，配有消防车辆的微型消防站应设驾驶员岗位。

（3）站长应由单位消防安全管理人兼任，消防员负责防火巡查和初起火灾扑救工作。

（4）微型消防站人员应当接受岗前培训。培训内容包括扑救初起火灾业务技能、防火巡查基本知识等。

（三）站房器材

（1）微型消防站应设置人员值守、器材存放等用房，可与消防控制室合用；有条件的，可单独设置。

（2）微型消防站应根据扑救初起火灾需要，配备一定数量的灭火器、水枪、水带等灭火器材；配置外线电话、手持对讲机等通信器材；有条件的站点可选配消防头盔、灭火防护服、防护靴、破拆工具等器材。

（3）微型消防站应在建筑物内部和避难层设置消防器材存放点，可根据需要在建筑之间分区域设置消防器材存放点。

（4）有条件的微型消防站可根据实际选配消防车辆。

二、工作任务

微型消防站应积极参与单位日常消防安全检查巡查、灭火应急演练、消防知识宣传，达到消防安全巡查队、灭火救援先遣队、消防知识宣传队“三队合一”的要求。

（一）平时日常消防工作

在平时，单位微型消防站开展日常消防安全工作。

（二）应急快速救援职责

应以“1分钟响应启动、3分钟到场扑救、5分钟协同作战”为原则，响应分级预案。

“1分钟响应”程序要求：单位微型消防站值班员接到火灾报警后，应立即启动应急响应程序。携带简易灭火装备，会同火灾现场工作人员共同形成1分钟应急处置力量。

“3分钟处置”程序要求：单位微型消防站力量应满足3分钟到场灭火处置的要求，确有困难的，可将保安员、巡逻员等纳入微型消防站。在接到火警报告或调派指令后，微型消防站队员应立即就近取用灭火救援和防护装备，在3分钟内到达起火地点，按应急处置程序，开展人员疏散、火灾扑救等工作。

“5分钟联动”程序要求：加入消防区域联防协作的单位微型消防站，在周边单位发生火灾后，应根据调派指令，在5分钟联动，携带灭火救援和防护装备赶赴起火地点协同作战。国家消防救援队到场后，单位微型消防站应服从其统一指挥，协助处置。

三、运行管理

（1）单位微型消防站应按照相关制度，加强日常管理，定期开展体技能和技战术训练。

（2）微型消防站应按有关规定建成后或人员、装备有调整时，应及时向主管部门备案。

（3）微型消防站应加强档案资料建设，有关建设情况、活动记录应及时存档。

（4）微型消防站应实行24 h值班（备勤），分班编组，合理安排执勤力量，确保战斗力；应确保值班电话畅通，值班电话不得用于与灭火救援无关的活动。

（5）微型消防站应制定完善灭火救援调度指挥和通信联络程序，接受消防救援部门的统一调度，实施单位的消防应急处置或协助周边单位。

四、岗位职责

（一）微型消防站站长职责

（1）组织指挥初起火灾扑救和应急救援。

（2）组织制定执勤、管理制度，掌握人员和装备情况，组织开展灭火救援业务训练。

（3）熟悉本单位消防设施器材位置、疏散通道和安全出口、建筑布局和消防水源等基本情况。

（4）组织制定灭火救援预案，掌握常见火灾及其他灾害事故的种类、特点及处置对策。

（5）建立微型消防站相关业务资料档案。

（6）组织开展防火巡查、消防宣传教育。

（7）及时向本单位负责人报告工作中的重要情况。

（二）微型消防站班（组）长职责

（1）组织指挥本班（组）开展初起火灾扑救和应急救援。

（2）掌握本单位的道路、水源、单位情况和常见火灾以及其他灾害事故的处置程序及行动要求，熟悉灭火救援预案。

（3）熟悉装备性能和操作使用方法，落实维护、保养。

（4）组织开展防火巡查和消防宣传教育。

（5）管理本班（组）人员，确定任务分工。

（三）微型消防站通信员职责

（1）按照消防救援机构或组织的指令，及时发出出动信号，及时将事故现场信息向消防监督管理部门反馈。

（2）熟练使用和维护通信装备，及时发现故障并报修。

（3）熟悉本单位消防设施器材位置、疏散通道和安全出口、建筑布局和功能、道路水源等基本情况，熟记通信用语和有关单位、部门的联系方法。

（4）及时整理灭火与应急救援工作档案。

（5）及时向值班站长报告工作中的重要情况。

（四）微型消防站队员职责

（1）负责本单位初起火灾扑救和应急救援任务，参与周边单位初起火灾处置工作。

（2）熟悉本单位消防设施器材位置、疏散通道和安全出口、建筑布局和消防水源等情况。

（3）保持个人的防护装备和负责保养的装备完整好用，掌握消防器材装备性能和操作使用方法。

（4）负责防火巡查和消防宣传教育。

（五）微型消防站驾驶员职责

（1）熟悉本单位情况及道路、水源情况，熟悉灭火救援预案。

（2）熟练掌握车辆构造及车载固定装备的技术性能和操作使用方法，能够及时排除一般故障。

（3）负责车辆和车载固定灭火救援装备的维护保养，及时补充消防车辆的油、水、电、气和灭火剂。

五、微型消防站组织保障方案的编制要点

（1）保障方案中应明确人员组成、数量、责任分工和职责。

（2）制定相应的微型消防站管理制度，明确培训计划及能力提升方案。

（3）明确微型消防站资金投入支出方式。

（4）器材、设备的维护保养周期和计划。

（5）微型消防站成员职责落实的保障措施。

实例 3-2-3　某酒店微型消防站组织保障方案

某五星级酒店位于市中心，地理位置优越，建筑面积 110000 m^2，地上 36 层，地下 2 层。该酒店设置有中餐楼层、报告会议厅、娱乐休闲区。为切实做好该酒店的消防安全管理工作，特制定该方案。

一、组织措施

（一）人员配置

微型消防站设站长 1 人，由酒店消防安全工作归口管理部门经理（安保部经理）××× 担任；设置副站长 1 人，由安保部大队长×××担任；消防员 12 人，分别为白班 6 人和夜班 6 人，负责防火巡查和初起火灾扑救工作。

（二）微型消防站器材配备

微型消防站器材配备见表 3-2-1。

表 3-2-1　微型消防站器材配备表

序号	名　称	配备数量		
		消防员/每人	战斗班/每班	库存
1	消防头盔	1 顶		3/每车
2	消防手套	1 付		1∶1
3	消防员灭火防护服（战斗服）	1 套		1∶1
4	消防员灭火防护靴	1 双		1∶1
5	消防安全腰带	1 条		1∶1
6	消防安全钩	1 只		3 只/每车
7	消防腰斧	1 把		3 把/每车
8	个人导向绳	1 根		3 根/每车
9	保险绳	1 只		3 只/每车
10	训练服	1 套		

表 3-2-1（续）

序号	名　称	配备数量		
		消防员/每人	战斗班/每班	库存
11	安全绳		2 根	1 根/每车
12	正压式消防空气呼吸器		4 具	1：1 备用钢瓶
13	消防呼救器		4 个	1：1
14	隔热服		2 套	
15	轻型防火服		2（选配）	
16	防化服		3（选配）	
17	防爆手电筒		4 只	1 只/每车
18	对讲机	1 个		
19	通信电台	1 套		
说明	1. 化工生产和储存企业专职消防队空气呼吸器每名战斗员 1 具，防护服必须配备。 2. 个人装备防护标准必须按标准执行			

（三）岗位职责

（1）站长负责微型消防站日常管理，组织制定各项管理制度和灭火应急预案，开展防火巡查、消防宣传教育和灭火训练；指挥初起火灾扑救和人员疏散。

（2）消防员负责扑救初起火灾；熟悉建筑消防设施情况和灭火应急预案，熟练掌握器材性能和操作使用方法，并落实器材维护保养；参加日常防火巡查和消防宣传教育。

（3）控制室值班员应熟悉灭火应急处置程序，熟练掌握自动消防设施操作方法，接到火情信息后启动预案。

二、保障方案

（1）对微型消防站人员定期举行消防安全培训，包括灭火技能培训及防火巡查检查能力培训。

（2）对微型消防站配备的器材定期进行检验，维修、保养和更换。

（3）定期组织预案演练，强化微型消防站人员现场实际操作能力。

（4）组织微型消防站成员参加由消防救援机构举办的消防活动。

（5）建立值守制度，确保值守人员 24 h 在岗在位，做好应急准备。

（6）接到火警信息后，控制室值班员应迅速核实火情，启动灭火处置程序。消防员应按照“3 分钟到场”要求赶赴现场处置。

（7）微型消防站纳入当地灭火救援联勤联动体系，参与周边区域灭火处置工作。

（8）重点单位向辖区消防救援机构备案。

（9）微型消防站制定并落实岗位培训、队伍管理、防火巡查、值守联动、考核评价等管理制度。

（10）组织开展日常业务训练，不断提高扑救初起火灾的能力。训练内容包括体能训练、灭火器材和个人防护器材的使用等。

培训模块四

防火巡查检查

培训项目1　防　火　检　查

防火检查是指单位内部结合自身情况，适时组织的督促、查看、了解本单位内部消防安全工作情况以及存在的问题和隐患的一项消防安全管理活动。单位消防安全检查是依据《消防法》和《机关、团体、企业、事业单位消防安全管理规定》等有关法律法规对单位提出的具体要求，并作为一项制度确定下来的，有利于及时发现火灾隐患、防范火灾的发生。

培训单元1　检查火灾隐患整改情况及防范措施落实情况

【培训重点】

（1）了解火灾隐患的认定方法及整改要求。

（2）掌握火灾隐患整改情况检查方法及内容。

（3）掌握火灾隐患消除前的安全防范措施。

【知识要求】

火灾隐患通常是指单位、场所、设备以及人们的行为违反消防法律、法规，有引起火灾或爆炸事故、危及生命财产安全、阻碍火灾扑救等潜在的危险因素和条件。通过消防安全检查，对本单位消防安全制度、安全操作规程的落实和遵守情况进行检查，以督促规章制度、措施的贯彻落实；对单位存在的火灾隐患采取相应的处理措施，及时消除火灾隐患，纠正违法行为。

一、火灾隐患的认定方法及整改要求

（一）火灾隐患认定方法

具有下列情形之一的，应当确定为火灾隐患：

（1）影响人员安全疏散或者灭火救援行动，不能立即改正的。

（2）消防设施未保持完好有效，影响防火灭火功能的。

（3）擅自改变防火分区，容易导致火势蔓延、扩大的。

（4）在人员密集场所违反消防安全规定，使用、储存易燃易爆危险品，不能立即改正的。

（5）不符合城市消防安全布局要求，影响公共安全的。

（6）其他可能增加火灾实质危险性或者危害性的情形。

【知识导图】

- 防火检查
  - 检查火灾隐患整改情况及防范措施落实情况
    - 火灾隐患的认定方法及整改要求
    - 火灾隐患整改检查内容
    - 火灾隐患消除前的安全防范措施
  - 检查安全疏散通道、疏散指示标志、应急照明和安全出口情况
    - 疏散出口设置要求
    - 疏散走道设置要求
    - 疏散楼梯间设置要求
    - 消防应急灯具设置要求
  - 检查消防车道、消防水源情况
    - 消防车道的设置要求
    - 消防水源的设置要求
  - 检查灭火器材配置及有效情况
    - 灭火器的配置安装要求
    - 检查和判断灭火器的有效性
  - 检查用火、用电有无违章情况
    - 用电作业安全操作规程
    - 用火作业安全操作规程
  - 检查重点工种人员及其他员工消防知识掌握情况
    - 与消防安全管理人相关的消防知识
    - 与消防安全管理员相关的消防知识
    - 与自动消防设施操作人员相关的消防知识
    - 与其他员工相关的消防知识
  - 检查消防安全重点部位管理情况
    - 管理制度
    - 立牌管理
    - 教育管理
    - 档案管理
    - 日常管理
    - 应急备战管理
  - 检查易燃易爆危险物品和场所的防火防爆措施
    - 建筑防爆原则
    - 建筑防爆措施
    - 电气防爆原理与措施
    - 其他重要物资防火安全措施
  - 检查消防控制室值班情况和设施运行、记录情况
    - 消防控制室的设备配置
    - 消防控制设备的监控要求
    - 消防控制室台账档案建立
    - 消防控制室的管理要求
  - 检查防火巡查开展情况
    - 防火巡查的概念
    - 防火巡查的工作内容
    - 防火巡查工作开展情况的检查方法
  - 检查消防安全标志的设置、完好有效情况
    - 消防安全标志产品分类
    - 消防安全标志的设置场所
    - 消防安全标志的设置原则
    - 消防安全标志的设置要求
  - 检查建筑消防设施完好有效和维修保养情况
    - 建筑消防设施的分类
    - 建筑消防设施的管理
  - 检查自动消防设施全面检查测试及检测报告出具和存档情况
    - 消防设施维护管理人员及装备要求
    - 建筑消防设施维护管理检查方法
    - 建筑消防设施维护管理检查内容
  - 检查灭火器定期维护保养、维修检查及档案资料建立情况
    - 灭火器日常维护管理
    - 灭火器维修及报废
  - 填写防火检查记录
    - 单位消防安全检查的形式
    - 单位防火检查的内容

（二）火灾隐患整改要求

1. 火灾隐患当场改正

对下列违反消防安全规定的行为，单位应当责成有关人员当场改正并督促落实：

（1）违章进入生产、储存易燃易爆危险物品场所的。

（2）违章使用明火作业或者在具有火灾、爆炸危险的场所吸烟、使用明火等违反禁令的行为的。

（3）将安全出口上锁、遮挡，或者占用、堆放物品影响疏散通道畅通的。

（4）消火栓、灭火器材被遮挡影响使用或者被挪作他用的。

（5）常闭式防火门处于开启状态，防火卷帘下堆放物品影响使用的。

（6）消防设施管理、值班人员和防火巡查人员脱岗的。

（7）违章关闭消防设施、切断消防电源的。

（8）其他可以当场改正的行为。

违反上述规定的情况以及改正情况应当有记录并存档备查。

2. 火灾隐患限期整改

对不能当场改正的火灾隐患，消防工作归口管理职能部门或者专兼职消防管理人员应根据本单位的管理分工，及时将存在的火灾隐患向单位的消防安全管理人或者消防安全责任人报告，提出整改方案。消防安全管理人或者消防安全责任人应当确定整改的措施、期限以及负责整改的部门、人员，并落实整改资金。在火灾隐患未消除之前，单位应当落实防范措施，保障消防安全。不能确保消防安全，随时可能引发火灾或者一旦发生火灾将严重危及人身安全的，应当将危险部位停产停业整改。

火灾隐患整改完毕，负责整改的部门或者人员应当将整改情况记录报送消防安全责任人或者消防安全管理人，签字确认后存档备查。对于涉及城市规划布局而不能自身解决的重大火灾隐患，以及机关、团体、事业单位确无能力解决的重大火灾隐患，单位应当提出解决方案并及时向其上级主管部门或者当地人民政府报告。对消防机构责令限期改正的火灾隐患，单位应当在规定的期限内改正，并写出火灾隐患整改复函，报送消防机构。

二、火灾隐患整改检查内容

（1）检查消防法律、法规、规章、制度的贯彻执行情况。

（2）检查消防安全责任制、消防安全制度、消防安全操作规程建立及落实情况。

（3）检查单位员工消防安全教育培训情况。

（4）检查灭火和应急疏散预案制定及演练情况。

（5）检查建筑之间防火间距、消防通道、建筑安全出口、疏散通道、防火分区设置情况。

（6）检查消火栓、火灾自动报警、自动灭火和防烟排烟系统等自动消防设施运行情况，灭火器材配置情况等。

（7）检查电气线路敷设以及电气设备运行情况。

（8）检查建筑室内装修装饰材料防火性能情况。

（9）检查生产、储存、经营易燃易爆危险化学品的单位场所设置位置情况。

（10）检查消防产品质量情况。

三、火灾隐患消除前的安全防范措施

火灾隐患整改完毕前，单位需做好安全防范工作以防发生火灾事故。火灾隐患消除前的安全防范措施主要包括危险区域防火、加强人员监控、等效替代消防设施。

（一）危险区域防火

（1）控制可燃物。主要包括：清除危险区域的可燃材料或者采用不燃或难燃材料代替可燃材料；移除危险区域的可燃物品或限制其储存量；将可燃物与化学性质相抵触的其他物品隔离分开保存；加强通风以降低可燃气体、蒸气和粉尘等可燃物质在空气中的浓度。

（2）隔绝助燃物。主要包括：对有爆炸危险物品的容器、设备等充装惰性气体保护；密闭有可燃介质的容器、设备；采用隔绝空气等特殊方法储存某些易燃易爆危险物品；隔离与酸、碱、氧化剂等接触能够燃烧爆炸的可燃物和还原剂。

（3）控制和消除引火源。主要包括：消除和控制明火源；防止撞击火星和控制摩擦生热，设置火星熄灭装置和静电消除装置；电暖器、炉火等取暖设施与可燃物之间采取防火隔热措施。

（二）加强人员监控

火灾隐患整改期间需加强防火巡查工作，规定巡查的部位、内容、频次及人员，建立巡查记录。防火巡查人员应当及时纠正违章行为，妥善处置火灾危险，无法当场处置的，应当立即报告。发现初起火灾应当及时扑救并立即报警。

（三）等效替代消防设施

火灾隐患整改期间，消防设施、器材因故障不能正常使用的，需使用相同性质、同等级别的消防产品予以替代，时刻保障建筑的消防安全。

技能操作

技能 4-1-1　检查火灾隐患整改及防范措施落实情况

一、操作准备

（1）灭火器、消火栓、自动化消防设施、消防档案等。

（2）碳素笔、防火检查记录表等。

二、操作步骤

步骤 1　检查危险区域防范措施

检查关于可燃物、助燃物、引火源的控制措施是否合格，能否有效防止火灾发生。

步骤 2　检查防火巡查工作

检查防火巡查规定部位是否是重点部位、巡查内容是否齐全、巡查频次是否合格、巡查人员是否为消防值班人员，是否建立巡查记录等。

步骤3　检查消防设施的替代措施

检查暂时停用的消防设施、器材是否采取了替代措施，替代产品的性质是否与原产品一致，替代产品的效能是否不低于原产品。

步骤4　填写防火检查记录表

防火检查相关要求详见本书模块四项目1培训单元15中表4-1-6所列内容。

培训单元2　检查安全疏散通道、疏散指示标志、应急照明和安全出口情况

【培训重点】

（1）掌握安全疏散设施设置要求。

（2）掌握安全疏散设施防火检查方法。

【知识要求】

应根据建筑高度、规模、使用功能和耐火等级等因素合理设置安全疏散和避难设施。

一、疏散出口设置要求

疏散出口包括疏散门和安全出口。

疏散门是直接通向疏散走道的房间门、直接开向疏散楼梯间的门或室外的门，不包括套间内的隔间门或住宅套内的房间门。除另有规定外，公共建筑内各房间疏散门的数量应计算确定且不应少于2个，疏散门的净宽度不应小于0.9 m，每个房间相邻2个疏散门最近边缘之间的水平距离不应小于5.0 m；民用建筑及厂房的疏散门应采用平开门，向疏散方向开启，不应采用推拉门、卷帘门、吊门、转门和折叠门。

安全出口是指供人员安全疏散用的楼梯间和室外楼梯的出入口或直通室内外安全区域的出口。公共建筑内的每个防火分区或一个防火分区的每个楼层，其安全出口数量应经计算确定，且不应少于2个，安全出口最近边缘之间的水平距离不应小于5.0 m，安全出口的净宽度不应小于1.1 m。

民用建筑疏散出口的一般设置要求如下：

（1）建筑内的安全出口和疏散门应分散布置，且建筑内每个防火分区或一个防火分区的每个楼层、每个住宅单元每层相邻两个安全出口以及每个房间相邻两个疏散门最近边缘之间的水平距离不应小于5 m。

（2）建筑的楼梯间宜通至屋面，通向屋面的门或窗应向外开启。

（3）自动扶梯和电梯不应计作安全疏散设施。

（4）除人员密集场所外，建筑面积不大于500 m^2、使用人数不超过30人且埋深不大于10 m的地下或半地下建筑（室），当需要设置2个安全出口时，其中一个安全出口可利用直通室外的金属竖向梯。

（5）除歌舞娱乐放映游艺场所外，防火分区建筑面积不大于200 m^2 的地下或半地下

设备间、防火分区建筑面积不大于 50 m^2 且经常停留人数不超过 15 人的其他地下或半地下建筑（室），可设置 1 个安全出口或 1 部疏散楼梯。

（6）除规范另有规定外，建筑面积不大于 200 m^2 的地下或半地下设备间、建筑面积不大于 50 m^2 且经常停留人数不超过 15 人的其他地下或半地下房间，可设置 1 个疏散门。

（7）直通建筑内附设汽车库的电梯，应在汽车库部分设置电梯候梯厅，并应采用耐火极限不低于 2.0 h 的防火隔墙和乙级防火门与汽车库分隔。

（8）高层建筑直通室外的安全出口上方，应设置挑出宽度不小于 1.0 m 的防护挑檐。

二、疏散走道设置要求

疏散走道是指发生火灾时，建筑内人员从火灾现场逃往安全场所的通道。其设置要求如下：

（1）疏散走道的宽度一般需要根据其通过人数和疏散净宽度指标经计算确定，并应符合下列要求：

①厂房内疏散走道的净宽度不宜小于 1.4 m。

②单、多层公共建筑疏散走道的净宽度不应小于 1.10 m；高层医疗建筑单面布房疏散走道净宽度不应小于 1.40 m，双面布房疏散走道净宽度不应小于 1.50 m；其他高层公共建筑单面布房疏散走道净宽度不应小于 1.30 m，双面布房疏散走道净宽度不应小于 1.40 m。

③住宅疏散走道净宽度不应小于 1.10 m。

④剧院、电影院、礼堂、体育馆等人员密集场所，观众厅内疏散走道净宽度不应小于 1.0 m，边走道的净宽度不宜小于 0.8 m；人员密集公共场所的室外疏散通道的净宽度不应小于 3.0 m，并应直接通向宽敞地带。

（2）疏散走道的布置应简明直接，尽量避免曲折；疏散走道内不应设置阶梯、门槛、门垛、管道等影响人员疏散的凸出物、障碍物。

（3）疏散走道两侧应采用一定耐火极限的隔墙与其他部位分隔，隔墙必须砌至梁、板底部且不应留有缝隙。疏散走道两侧隔墙的耐火极限，一、二级耐火等级的建筑不应低于 1.0 h，三级耐火等级的建筑不应低于 0.50 h，四级耐火等级的建筑不应低于 0.25 h。

（4）地上建筑的水平疏散走道，其顶棚装饰材料应采用 A 级装修材料，其他部位应采用不低于 B1 级的装修材料。地下民用建筑的疏散走道，其顶棚、墙面和地面的装修材料均应采用 A 级装修材料。

三、疏散楼梯间设置要求

疏散楼梯间是建筑中主要竖向交通设施，是安全疏散的重要通道。疏散楼梯间分为敞开楼梯间、封闭楼梯间、防烟楼梯间和室外疏散楼梯四种形式。疏散楼梯间设置要求如下：

（1）一般要求：

①楼梯间一般靠外墙设置，能天然采光和自然通风。

②楼梯间内不应设置烧水间、可燃材料储藏室、垃圾道。

③楼梯间内不应有影响疏散的凸出物或其他障碍物。

④封闭楼梯间、防烟楼梯间及其前室，不应设置卷帘。

⑤楼梯间内不应敷设甲、乙、丙类液体管道。公共建筑的楼梯间内不应敷设或穿越可燃气体管道。居住建筑的楼梯间内不宜敷设或穿越可燃气体管道，不宜设置可燃气体计量表。当必须设置时，应采用金属管和设置切断气源的阀门。

（2）楼梯间应在标准层或防火分区的两端布置，便于双向疏散，并应满足安全疏散距离的要求。

（3）除通向避难层错位的疏散楼梯外，建筑内的疏散楼梯间在各层的平面位置不应改变。

（4）疏散楼梯的净宽度应符合下列要求：

①一般公共建筑疏散楼梯的净宽度不应小于1.10 m；高层医疗建筑疏散楼梯的净宽度不应小于1.30 m；其他高层公共建筑疏散楼梯的净宽度不应小于1.20 m。

②住宅建筑疏散楼梯的净宽度不应小于1.1 m；当住宅建筑高度不大于18 m且疏散楼梯一边设置栏杆时，其疏散楼梯的净宽度不应小于1.0 m。

③厂房、汽车库、修车库的疏散楼梯的最小净宽度不应小于1.10 m。

④人防工程中商场、公共娱乐场所，健身体育场所疏散楼梯的净宽度不应小于1.4 m；医院疏散楼梯的净宽度不应小于1.30 m；其他建筑疏散楼梯的净宽度不应小于1.10 m。

四、消防应急灯具设置要求

消防应急灯具是为人员疏散、消防作业提供照明和指示标志的各类灯具，包括消防应急照明灯具和消防应急标志灯具。

（一）一般要求

（1）消防应急灯具与供电线路之间不能使用插头连接。

（2）消防应急灯具安装后不能对人员正常通行产生影响，消防应急标志灯具周围要保证无遮挡物。

（3）带有疏散方向指示箭头的消防应急标志灯具在安装时，应保证箭头指示的疏散方向与实际疏散方向相同。

（4）指示出口的消防应急标志灯具应固定在坚固的墙上或顶棚下，可以明装，也可以嵌墙安装。

（5）消防应急灯具在安装时应保证灯具上的各种状态指示灯易于观察，试验按钮（开关）能被手动或遥控操作。

（6）消防应急照明灯具安装时，在正面迎向人员疏散方向，应有防止造成眩光的措施。

（7）消防应急灯具安装时宜使用金属吊管，吊管上端应固定在建筑基体或构件上。

（8）作为辅助指示的蓄光型标志牌只能安装在与标志灯具指示方向相同的路线上，但不能代替标志灯具。

（9）消防应急灯具宜装在不燃烧墙体和不燃烧装修材料上。

（二）消防应急标志灯具的安装要求

（1）在顶部安装时，尽量不要吸顶安装，灯具上边与顶棚距离宜大于 200 mm；吊装时，应采用金属吊杆或吊链，吊杆或吊链上端应固定在建筑结构件上。

（2）低位安装在疏散走道及其转角处时，应安装在距地面（楼面）1 m 以下的墙上，标志表面应与墙面平行，凸出墙面的部分不应有尖锐角及伸出的固定件；灯光疏散指示标志的间距不应大于 20 m；对于袋形走道不应大于 10 m；在走道转角区不应大于 1 m。

（3）安装在地面上时，灯具的所有金属构件应采用耐腐蚀构件或做防腐处理，电源连接和控制线连接应采用密封胶密封，标志灯具表面应与地面平行，与地面高度差不宜大于 3 mm，与地面接触边缘不宜大于 1 mm。

（4）在人员密集的大型室内公共场所的疏散走道和主要疏散线路上，安装保持视觉连续的消防应急标志灯具时，箭头指示方向或导向光流流动方向应与实际疏散方向一致。

（三）消防应急照明灯具的安装要求

（1）消防应急照明灯具应均匀布置，最好安装在顶棚或距楼地面 2 m 以上的侧面墙上。

（2）在侧面墙上顶部安装时，其底部距地面距离不得低于 2 m；在距地面 1 m 以下侧面墙上安装时，应采用嵌入式安装，其凸出墙面最大水平距离不应超过 20 mm，且应保证光线照射在安装灯具的水平线以下；不得安装在地面或距地面 1~2 m 之间的侧面墙上。

（3）吊装时，要采用金属吊杆或吊链，吊杆或吊链上端应固定在建筑结构件上。

（四）消防应急疏散照明的照度要求

（1）建筑内疏散照明的地面最低水平照度应符合下列规定：①对于疏散走道，不应低于 1.0 lx；②对于人员密集场所、避难层（间），不应低于 3.0 lx；③对于老年人照料设施、病房楼或手术部的避难间，不应低于 10.0 lx；④对于楼梯间、前室或合用前室、避难走道，不应低于 5.0 lx；⑤对于人员密集场所、老年人照料设施、病房楼或手术部内的楼梯间、前室或合用前室、避难走道，不应低于 10.0 lx。

（2）消防控制室、消防水泵房、防烟排烟机房、配电室和自备发电机房、电话总机房以及发生火灾时仍需坚持工作的其他房间的应急照明，仍应保证正常照明的照度。

技能操作

技能 4-1-2　检查消防安全疏散设施

一、操作准备

（1）疏散出口（疏散门和安全出口）、疏散走道、疏散楼梯间、消防应急灯具等。

（2）碳素笔、测距仪、照度仪、防火检查记录表等。

二、操作步骤

步骤 1　检查疏散出口

（1）是否有可燃物、易燃物堆放堵塞。

（2）是否有障碍物堆放、堵塞通道，影响疏散。

(3) 疏散门和安全出口是否被锁闭。
(4) 疏散门和安全出口是否分散布置，且符合双向疏散的要求。
(5) 疏散门和安全出口的数量、净宽度是否符合要求。
(6) 疏散门是否采用平开门且向疏散方向开启。

步骤2 检查疏散走道

(1) 是否有可燃物、易燃物堆放堵塞。
(2) 是否设置阶梯、门槛、门垛、管道等凸出物。
(3) 是否设置疏散指示标志和诱导灯。
(4) 疏散走道的结构和装修是否符合其耐火性能的要求。
(5) 疏散走道的净宽度是否符合要求。

步骤3 检查疏散楼梯间

(1) 是否有可燃物、易燃物堆放堵塞。
(2) 是否有障碍物堆放、堵塞通道，影响疏散。
(3) 是否能天然采光和自然通风。
(4) 是否满足双向疏散的要求。
(5) 是否满足安全疏散距离的要求。
(6) 疏散楼梯间在各层的平面位置是否改变。

步骤4 检查消防应急灯具

(1) 是否固定安装在不燃性墙体或不燃性装修材料上。
(2) 外观是否完好无损，是否被悬挂物遮挡。
(3) 灯具安装位置、高度是否符合要求。
(4) 灯具供电线路是否完好无损。
(5) 灯具是否能够应急点亮，充电电池电量是否充足。
(6) 灯具照度是否符合规范要求。
(7) 疏散指示标志指示方向是否正确无误。
(8) 疏散指示标志安装间距是否符合要求。

培训单元3 检查消防车道、消防水源情况

【培训重点】

(1) 掌握消防车道、消防水源的设置要求。
(2) 掌握消防车道、消防水源的检查方法。

【知识要求】

一、消防车道的设置要求

消防车道是供消防车灭火时通行的道路。设置消防车道的目的就在于一旦发生火灾，

能使消防车顺利到达火场，消防人员迅速开展灭火战斗、及时扑灭火灾，最大限度地减少人员伤亡和火灾损失。其设置要求如下：

（1）街区内的道路应考虑消防车的通行，道路中心线间的距离不宜大于 160 m。当建筑物沿街道部分的长度大于 150 m 或总长度大于 220 m 时，应设置穿过建筑物的消防车道。确有困难时，应设置环形消防车道。

（2）高层民用建筑，超过 3000 个座位的体育馆，超过 2000 个座位的会堂，占地面积大于 3000 m^2 的商店建筑、展览建筑等单、多层公共建筑应设置环形消防车道，确有困难时，可沿建筑的两个长边设置消防车道；对于高层住宅建筑和山坡地或河道边临空建造的高层民用建筑，可沿建筑的一个长边设置消防车道，但该长边所在建筑立面应为消防车登高操作面。

（3）工厂、仓库区内应设置消防车道。高层厂房，占地面积大于 3000 m^2 的甲、乙、丙类厂房和占地面积大于 1500 m^2 的乙、丙类仓库，应设置环形消防车道，确有困难时，应沿建筑物的两个长边设置消防车道。

（4）有封闭内院或天井的建筑物，当内院或天井的短边长度大于 24 m 时，宜设置进入内院或天井的消防车道；当该建筑物沿街时，应设置连通街道和内院的人行通道（可利用楼梯间），其间距不宜大于 80 m。

（5）在穿过建筑物或进入建筑物内院的消防车道两侧，不应设置影响消防车通行或人员安全疏散的设施。

（6）可燃材料露天堆场区，液化石油气储罐区，甲、乙、丙类液体储罐区和可燃气体储罐区，应设置消防车道。消防车道的设置应符合下列规定：

①储量大于表 4-1-1 规定的堆场、储罐区，宜设置环形消防车道。

②占地面积大于 30000 m^2 的可燃材料堆场，应设置与环形消防车道相通的中间消防车道，消防车道的间距不宜大于 150 m。液化石油气储罐区，甲、乙、丙类液体储罐区和可燃气体储罐区内的环形消防车道之间宜设置连通的消防车道。

③消防车道的边缘距离可燃材料堆垛不应小于 5 m。

表 4-1-1 堆场或储罐区的容量

名称	棉、麻、毛、化纤/t	秸秆、芦苇/t	木材/t	甲、乙、丙类液体储罐/m^3	液化石油气储罐/m^3	可燃气体储罐/m^3
储量	1000	5000	5000	1500	500	30000

（7）供消防车取水的天然水源和消防水池应设置消防车道。消防车道的边缘距离取水点不宜大于 2 m。

（8）消防车道应符合下列要求：①消防车道的净宽度和净空高度均不应小于 4.0 m；②转弯半径应满足消防车转弯的要求；③消防车道与建筑之间不应设置妨碍消防车操作的树木、架空管线等障碍物；④消防车道靠建筑外墙一侧的边缘距离建筑外墙不宜小于 5 m；⑤消防车道的坡度不宜大于 8%。

（9）环形消防车道至少应有两处与其他车道连通。尽头式消防车道应设置回车道或回车场，回车场的面积不应小于12 m×12 m；对于高层建筑，不宜小于15 m×15 m；供重型消防车使用时，不宜小于18 m×18 m。

消防车道的路面、救援操作场地、消防车道和救援操作场地下面的管道和暗沟等，应能承受重型消防车的压力。

消防车道可利用城乡、厂区道路等，但该道路应满足消防车通行、转弯和停靠的要求。

（10）消防车道不宜与铁路正线平交，确需平交时，应设置备用车道，且两车道的间距不应小于一列火车的长度。

二、消防水源的设置要求

消防水源是向水灭火设施、车载或手抬等移动消防水泵、固定消防水泵、消防水池等提供消防用水的给水设施或天然水源。消防水源是消防给水系统的重要组成部分，也是系统灭火的基础保障。

消防给水系统的水源应无污染、无腐蚀、无悬浮物，水的pH应为6.0~9.0。给水的水质不应堵塞消火栓、报警阀、喷头等消防设施，且不影响其运行。通常，消防给水系统的水质基本上要达到生活水质的要求，消防水源的水量应充足、可靠。

具体可用作消防水源的有市政给水管网、消防水池、天然水源和其他水源。消防水源的选择要因地制宜，考查系统安装所在地具备及适合什么样的水源条件，选择符合要求的水源，条件如下。

（一）市政给水管网作为消防水源的条件

（1）市政给水管网可以连续供水。

（2）用作两路消防供水的市政给水管网应符合下列规定：

①市政给水厂至少有两条输水干管向市政给水管网输水。

②市政给水管网布置成环状管网。

③有不同市政给水干管上不少于两条引入管向消防给水系统供水。当其中一条发生故障时，其余引入管应仍能保证全部消防用水量。

若达不到以上描述的市政两路消防供水条件时，则应视为一路消防供水。

（二）消防水池作为消防水源的条件

（1）消防水池有足够的有效容积。只有在能可靠供水的情况下（两路进水），才可减去持续灭火时间内的补水容积。

（2）供消防车取水的消防水池应设取水口（井）。

（3）在与生活或其他用水合用时，消防水池应有确保消防用水不被挪作他用的技术措施。

（4）严寒、寒冷等结冰地区的消防水池还应采取相应的防冻措施。

（5）取水设施应有相应的保护措施。

（三）天然水源作为消防水源的条件

（1）利用江河湖海、水库等天然水源作为消防水源时，其设计枯水流量保证率宜为90%~97%。看是否有条件采取防止冰凌、漂浮物、悬浮物等堵塞消防设施的技术措施。

（2）天然水源应当具备在枯水位也能确保消防车、固定和移动消防水泵取水的技术条件；若要求消防车能够到达取水口，则还需要设置满足消防车到达取水口的消防车道和回车场或回车道。

（3）井水作为消防水源，直接向水灭火系统供水时，水井不应少于两眼，且当每眼井的深井泵均采用一级供电负荷时才可视为两路消防供水；若不满足，则视为一路消防供水。

（四）其他水源作为消防水源的条件

雨水清水池、中水清水池、水景和游泳池等，一般只作为备用消防水源。但当以上所列的水源必须作为消防水源时，应有保证在任何情况下都能满足消防给水系统所需的水量和水质的技术措施。

技能操作

技能 4-1-3　检查消防车道、消防水源

一、操作准备

（1）消防车道、消防水源（消防水池、消防水箱、天然水源）等。

（2）碳素笔、卷尺、计算器、防火检查记录表等。

二、操作步骤

步骤 1　检查消防车道

（1）消防车道是否堆放物品、被锁闭、停放车辆等，影响畅通。

（2）消防车道是否有挖坑、刨沟等行为，影响消防车辆通行。

（3）消防车道上是否有搭建临时建筑的行为等。

（4）消防车道的净宽度和净空高度是否符合要求。

（5）消防车道的转弯半径是否符合要求。

（6）消防车道与建筑之间是否设置障碍物。

（7）消防车道靠建筑外墙一侧的边缘至建筑外墙的距离是否符合要求。

（8）消防车道的坡度是否符合要求。

（9）供消防车取水的天然水源和消防水池是否设置消防车道。

（10）尽头式消防车道是否设置回车道或回车场。

步骤 2　检查消防水源

（1）水源是否无污染、无腐蚀、无悬浮物。

（2）水的 pH 是否符合要求。

（3）市政给水管网是否可以连续供水。

（4）市政给水管网是否布置成环状管网。

（5）消防水池有效容积是否符合要求。

（6）供消防车取水的消防水池是否设置取水口（井）。

(7) 消防用水合用时，消防水池是否设置不被挪作他用的技术措施。

(8) 严寒、寒冷等结冰地区的消防水池是否设置防冻措施。

(9) 取水设施是否设置相应的保护措施。

(10) 天然水源枯水流量保证率是否符合要求。

(11) 天然水源是否采取防止冰凌、漂浮物、悬浮物等堵塞消防设施的技术措施。

(12) 天然水源是否设置供消防车到达取水口的消防车道和回车场或回车道。

培训单元4 检查灭火器材配置及有效情况

【培训重点】

(1) 掌握灭火器的配置安装要求。

(2) 掌握检查和判断灭火器有效性的方法。

【知识要求】

目前灭火器主要按移动方式、驱动灭火剂的形式和充装的灭火剂种类等进行分类。按移动方式可分为手提式和推车式；按驱动灭火剂的形式分为贮压式和贮气瓶式；按充装的灭火剂不同分为水基型灭火器、干粉型灭火器、二氧化碳灭火器和洁净气体灭火器四大类。

一、灭火器的配置安装要求

一般建筑场所配置灭火器，应依据《建筑灭火器配置设计规范》(GB 50140) 进行设计，并在工程设计图上用灭火器图例和文字标明灭火器的型号、数量与设置位置。

灭火器的配置安装需满足下列原则：

(1) 应按灭火器配置设计图安置就位。

(2) 灭火器的配置安装应便于取用，且不得影响安全疏散。

(3) 设置在灭火器箱内或挂钩、托架或地面上的灭火器应稳固，铭牌应朝外，灭火器的器头宜向上，灭火器不应被拴系。

(4) 灭火器箱不应被遮挡、上锁，箱门开启应方便灵活。

(5) 挂钩、托架不应出现松动、脱落、断裂和明显变形。

(6) 设有夹持带的挂钩、托架，夹持带的打开方式应从正面可以看到，且打开时灭火器不应掉落。

(7) 推车式灭火器宜设置在平坦的场地上，在无外力作用下不得自行滑动；若安置处设置有防滑措施，当需使用时应不影响正常行驶移动。

(8) 灭火器设置点的环境温度不得超出灭火器的使用温度范围。

(9) 设置在室外的灭火器应采用防湿、防寒、防晒等保护措施。

(10) 设置在潮湿性或腐蚀性场所的灭火器应采取防湿或防腐蚀措施。

二、检查和判断灭火器的有效性

灭火器的有效性应根据灭火器的分类、灭火器的外部基本结构及灭火器配置安装要求等有关知识进行检查和判断。

（一）检查灭火器

通常用目测或手感等检查方法，迅速判断灭火器是否可有效使用。灭火器的有效性检查可分为外观检查和配置安装检查。根据各种类型灭火器的特征，经归纳分别将灭火器外观检查内容、灭火器配置安装检查内容列于表4-1-2、表4-1-3。通过检查查找是否存在当需要使用灭火器时有影响其有效使用的缺陷。

表4-1-2 灭火器外观检查内容

<table>
<tr><th colspan="2" rowspan="2">灭火器类型</th><th colspan="3">外观检查内容</th></tr>
<tr><th>共性内容</th><th colspan="2">个性内容</th></tr>
<tr><td rowspan="4">手提贮压式灭火器</td><td>水基型灭火器</td><td rowspan="4">灭火器标识（已经过维修的产品则应包括维修合格证标识）是否完好，标识的信息是否清晰；
提把和压把是否无变形；保险装置和封记是否无损坏或遗失；
瓶体外表是否无明显的损伤（如磕伤、划伤、锈蚀等）；
喷嘴是否无堵塞、脱落、连接松动和损伤等现象；
喷射软管是否完好，无明显变形、龟裂、脱落和连接松动等现象（配置时）；
是否达到维修期限或报废期限等缺陷</td><td rowspan="3">压力指示器指示区域是否清晰，外表无明显变形和损伤；
压力指示器是否指示在绿区范围内；
超压保护装置是否无明显损伤（配置时）；瓶底和焊缝是否无明显锈蚀</td><td>可拆卸式喷嘴内部部件是否无缺损</td></tr>
<tr><td>干粉型灭火器</td><td>喷嘴内是否无干粉残留物</td></tr>
<tr><td>洁净气体灭火器</td><td></td></tr>
<tr><td>二氧化碳灭火器</td><td></td><td>超压保护装置泄压孔是否无堵塞；
灭火器总质量是否无明显减轻；
刚性喷射管是否能旋转，可固定锁住喷射喇叭筒的喷射角度；
喷射喇叭筒是否无明显损伤；
防静电手柄是否完好</td></tr>
</table>

表 4-1-2（续）

<table>
<tr><th colspan="2" rowspan="2">灭火器类型</th><th colspan="3">外观检查内容</th></tr>
<tr><th>共性内容</th><th colspan="2">个性内容</th></tr>
<tr><td rowspan="4">推车贮压式灭火器</td><td>水基型灭火器</td><td rowspan="4">灭火器标识（已经过维修的产品则应包括维修合格证标识）是否完好，标识的信息是否清晰；
保险装置和封记是否无损坏或遗失；
阀门操作机构是否无损坏（开启杠杆或旋转手柄、手轮）；
瓶体外表是否无明显的损伤（如磕伤、划伤、锈蚀等）；
喷嘴是否无堵塞、松动或损伤现象；
喷射软管是否完好，无明显变形、龟裂、脱落和连接松动等现象；
车轮和车架是否无明显损伤，是否推（拉）自如；
灭火器筒体（或瓶体）与车架连接是否无松动；
是否存在达到维修期限或报废期限等缺陷</td><td rowspan="3">压力指示器指示区域是否清晰，外表无明显变形和损伤；
压力指示器是否指示在绿区范围内；
超压保护装置是否无明显损伤（配置时）；
喷射枪开关是否灵活，连接是否无松动</td><td>可拆卸式喷嘴内部部件是否无缺损</td></tr>
<tr><td>干粉型灭火器</td><td>喷嘴内是否无干粉残留物</td></tr>
<tr><td>洁净气体灭火器</td><td></td></tr>
<tr><td>二氧化碳灭火器</td><td></td><td>超压保护装置泄压孔是否无堵塞；
灭火器总质量是否无明显减轻；
喇叭筒是否无明显损伤；
防静电手柄是否完好</td></tr>
</table>

表 4-1-3 灭火器配置安装检查内容

序号	检 查 内 容
1	灭火器是否放置在指定的位置
2	灭火器的铭牌是否朝外且显而易见
3	灭火器周围是否存在障碍物、遮挡、拴系等影响取用的现象
4	灭火器的箱门是否开启灵活，无零部件损坏，箱内干燥、清洁，取拿灭火器方便
5	安装手提式灭火器的挂钩或挂架是否牢固，取拿灭火器方便
6	灭火器放置场所是否有防雨、防晒等保护措施，是否符合灭火器的使用温度，特殊场所中灭火器的保护措施是否完好
7	灭火器类型、灭火器级别和数量是否符合配置要求
8	灭火器配置场所的使用性质（包括可燃物的种类和物态等）是否未发生变化

（二）判断灭火器的有效性

若以上外观检查和配置安装检查全部获得“符合”的结论，则认为该灭火器处在有效的工作状态。若以上检查中出现 1 项或多项存在“不符合”的结论，则不能认为该灭火器处在有效的工作状态，需要进行分析，再行处置。对于外观检中发现的缺陷，若自己不能纠正，则应及时记录上报，送生产企业维修部门或其授权的维修机构进行维修。在配置安装检查中发现项目 1 至项目 6 中任何一项存在“不符合”要求的情况，应及时做好自我纠正；发现项目 7 或项目 8 存在“不符合”要求的情况，则应及时记录上报，安排设计单位或施工安装单位进行解决。

技能操作

技能 4-1-4　检查灭火器材配置及有效情况

一、操作准备

（1）准备各种类型的灭火器，如手提贮压式水基型灭火器、手提贮压式干粉灭火器、手提贮压式洁净气体灭火器和手提贮压式二氧化碳灭火器，推车贮压式水基型灭火器、推车贮压式干粉灭火器、推车贮压式洁净气体灭火器和推车贮压式二氧化碳灭火器。选择完好或存在几项缺陷的灭火器产品。

（2）将灭火器按配置场景进行布置。

（3）灭火器配置文件（或工程竣工图）。

（4）建筑消防设施检查记录表和签字笔。

二、操作步骤

步骤 1　检查灭火器的配置安装情况

（1）灭火器是否放置在指定的位置。

（2）灭火器的铭牌是否朝外且显而易见。

（3）灭火器周围是否存在障碍物、遮挡、拴系等影响取用的现象。

（4）灭火器的箱门是否开启灵活，无零部件损坏，箱内干燥、清洁，取拿灭火器方便。

（5）安装手提式灭火器的挂钩或挂架是否牢固，取拿灭火器方便。

（6）灭火器放置场所是否有防雨、防晒等保护措施，是否符合灭火器的使用温度，特殊场所中灭火器的保护措施是否完好。

（7）灭火器类型、灭火器级别和数量是否符合配置要求。

（8）灭火器配置场所的使用性质（包括可燃物的种类和物态等）是否未发生变化。

步骤 2　检查灭火器的有效性

（1）灭火器标识（已经过维修的产品则应包括维修合格证标识）是否完好，标识的信息是否清晰。

（2）提把和压把是否无变形，保险装置和封记是否无损坏或遗失。

（3）瓶体外表是否无明显的损伤（如磕伤、划伤、锈蚀等）。

（4）喷嘴是否无堵塞、脱落、连接松动和损伤等现象。

（5）喷射软管是否完好，无明显变形、龟裂、脱落和连接松动等现象。

（6）是否存在达到维修期限或报废期限等缺陷。

培训单元5 检查用火、用电有无违章情况

【培训重点】

（1）掌握用电作业安全操作规程。

（2）掌握用火作业安全操作规程。

【知识要求】

一、用电作业安全操作规程

电力在生活和生产中发挥着越来越重要的作用，给人们的生活带来了极大的便利，成为主要的能源供给方式之一，但由供用电设备引起的火灾也成为火灾发生的主要原因。电气火灾通常是因为电气设备的绝缘老化、接头松动、过载或短路等因素导致过热而引起的，尤其是易燃易爆场所，电气线路隐患危害更大。为防止电气火灾事故的发生，必须采取相应的防火措施。因此，对电气设备的安装、使用和维修工作必须严格管理。

（一）工业企业生产场所

1. 电气线路和电气设备

（1）电气线路、电气设备应选用具有生产许可证或CCC证书的电气产品，并与生产场所的火灾危险性相适应。

（2）生产场所的电气线路、配电柜（箱）、生产设备的电气箱应保持完整、干净和状态良好。

（3）配电柜（箱）的选型、设置、安装应与使用场所的环境条件相适应，采用不燃材料制作。

（4）配电柜（箱）内电源开关、断路器等应采取防止火花飞溅的防护措施并保持完好，箱内各接线端子导线压接应规范、牢固，出线端接线数量及连接方式应符合要求。

（5）电气线路的敷设方式应规范、保护设施完好，导线绝缘层无破损、腐蚀、老化现象。

（6）敷设在可燃物上方或有可燃物的闷顶、吊顶内的电气线路，应采取穿金属管、密封槽盒等防火保护措施。

（7）电气线路不能与可燃液体、气体管道和热力管道敷设在同一管沟内。

（8）电气线路不能穿越通风管道，并避开高温潮湿部位。穿越楼板、墙体时应进行防火封堵。

（9）灯具的选型应与使用场所的环境条件相适应。

（10）开关、插座和照明灯具靠近可燃物时应采取隔热、散热等防火措施。

（11）电炉、电动机等用电设备应与周围可燃物保持安全距离。

（12）防雷、防静电设施应定期检查，接地电阻检测结果应符合规定。

（13）更换或新增电气设备时，应根据实际负荷重新校核、布置电气线路并有保护措施。

2. 电气安全管理

（1）电气线路敷设、电气设备安装和维修人员应具备相应职业资格证书。

（2）企业应定期维护保养、检测电气线路和电气产品，并记录存档。

（3）企业应建立电气安全操作规程并组织员工培训，制定电气火灾应急处置预案并组织定期演练。

（二）物流仓储场所

1. 电气线路和电气设备

（1）电气线路、电气设备应选用具有生产许可证或 CCC 证书的电气产品，并与物流仓储场所的火灾危险性相适应。

（2）库区的每个库房应当在库房外单独安装电气开关箱，工作人员离开库房应拉闸断电。

（3）电表箱、配电盘（柜）应采用不燃材料制作，设置的短路、漏电等保护装置应完好有效，应定期测试保护功能。

（4）配电箱内各接线端子导线压接应规范、牢固，接线端子接入导线数量不应超过 2 根。导线端部无变色、老化现象，金属裸露部分保护设施完好有效，箱内不应堆放杂物。

（5）电气线路的敷设方式应规范、保护设施完好，不应在导线上悬挂其他物品，导线绝缘层无破损、老化现象。

（6）开关、插座和照明灯具靠近可燃物时应采取隔热、散热等防火措施。

（7）库房内不应设置移动式照明灯具，灯具下方不应堆放物品，其垂直下方与储存物品的水平距离不应小于 0.5 m。

（8）电动升降、卷扬设备及其操作开关、供电线路保护设施应完好。

（9）锂电池产品应存储在独立的防火分区库房内。

（10）防雷、防静电设施应定期检查，接地电阻检测结果应符合规定。

2. 电气安全管理

（1）库房内不应使用电炉、电烙铁、电熨斗、电加热器等电热器具和电视机、电冰箱等家用电器。

（2）库房内不应为以蓄电池为动力的作业设备、电动车、手机、充电宝等移动用电设备充电。

（3）库房内不应擅自拉接临时电线，不应停放电动车。

（4）电气线路敷设人员、电气设备安装和维修人员应具备相应的职业资格证书。

（5）应定期维护保养、检测电气线路和电气产品，并记录存档。

（6）应制定电气安全操作规程并组织员工培训，制定电气火灾应急处置预案并组织定期演练。

（三）小经营加工场所

1. 电气线路和电气设备

（1）电气线路、电气设备应选用具有生产许可证或CCC证书的电气产品，并与经营、生产场所的火灾危险性相适应。

（2）电缆、绝缘导线的材质、导体截面积应符合有关标准规范和场所用电需求。

（3）电表箱、配电盘（柜）的短路、过负荷、漏电等保护装置应保持完好有效，并应定期测试保护功能。

（4）配电箱内各接线端子导线压接应规范、牢固，接线端子接入导线数量不应超过2根。导线端部无变色、老化现象，金属裸露部分保护设施完好有效，箱内不应堆放杂物。

（5）电气线路的敷设方式应规范、保护设施保持完好，不应在导线上悬挂其他物品，导线绝缘层无破损、老化现象。敷设在可燃物上方或有可燃物的闷顶、吊顶内的电气线路，应采取穿金属管、密封槽盒等防火保护措施。

（6）开关、插座和照明灯具靠近可燃物时应采取隔热、散热等防火措施。

（7）电热器具（设备）及大功率电器应与可燃物品保持安全距离，不应被可燃物覆盖。

（8）更换或新增电气设备时，应根据实际负荷重新校核、布置电气线路并有保护措施。

（9）使用移动插座取电时，用电负荷应与既有电气线路安全负荷相匹配，不应违规使用大功率电气设备，不应随意拉接临时电线。

2. 电气安全管理

（1）不应在场所内停放电动车或给电动车充电。

（2）营业、生产结束时，应切断非必要电源。

（3）电气线路敷设人员、电气设备安装和维修人员应具备相应的职业资格证书。

（4）应定期维护保养、检测电气线路和电气产品，并记录存档。

（5）从业人员应掌握基本的安全用电常识和电气火灾扑救方法。

二、用火作业安全操作规程

动火作业是指在禁火区进行焊接与切割作业以及在易燃易爆场所使用明火、爆破、焊接、气割或采用酒精炉、煤油炉、喷灯、砂轮、电钻等工具进行可能产生火焰、火花和赤热表面的临时性作业。

（1）凡在生产、储存、输送可燃物料的设备、容器及管道上用火，应首先切断物料来源并加好盲板；经彻底吹扫、清洗、置换后，打开人孔，通风换气，打开人孔时，应自上而下依次打开，并经分析合格，方可用火；若间隔时间超过1 h继续用火，应再次进行用火分析，或在管线、容器中充满水后，方可用火。

（2）在正常运行生产区域内，凡可用可不用的用火一律不用火，凡能拆下来的设备、管线都应拆下来移到安全地方用火，严格控制一级用火。

（3）各级用火审批人应亲临现场检查，督促用火单位落实防火措施后，方可审签“用火作业许可证”。

（4）一张用火作业许可证只限一处用火，实行一处（一个用火地点）、一证（用火作业许可证）、一人（用火监护人），不能用一张“用火作业许可证”进行多处用火。

（5）“用火作业许可证”有效时间为一个作业周期，但最多不超过5天；若中断作业超过1 h继续用火，监护人、用火人和现场负责人应重新确认。

（6）用火分析。凡需要用火的罐、容器等设备和管线，应进行内部和环境气体化验分析，应有分析数据，并填入“用火作业许可证”中，分析单附在“用火作业许可证”的存根上，以备查和落实防火措施。当可燃气体爆炸下限大于等于4%时，分析检测数据小于0.5%为合格；可燃气体爆炸下限小于4%时，分析检测数据小于0.2%为合格。

（7）施工单位（承包商）应做好施工前的各项准备工作，气库应尽可能为用火作业创造条件。

（8）装置停工吹扫期间，严禁一切明火作业。在用火作业过程中，当作业内容或环境条件发生变化时，应立即停止作业，“用火作业许可证”同时废止。

（9）在用火前应清除现场一切可燃物，并准备好消防器材。用火期间，距用火点30 m内严禁排放各类可燃气体，15 m内严禁排放各类可燃液体。在同一动火区域不应同时进行可燃溶剂清洗和喷漆等作业。

（10）新建项目需要用火时，施工单位（承包商）提出用火申请，由用火地点所辖区域单位负责办理“用火作业许可证”，并指派用火监护人。

（11）施工用火作业涉及其他管辖区域时，由所在管辖区域单位领导审查会签，并由双方单位共同落实安全措施，各派1名用火监护人按用火级别进行审批后，方可用火。

（12）用火作业过程的安全监督。用火作业实行“三不用火”，即没有经批准的“用火作业许可证”不用火、用火监护人不在现场不用火、防火措施不落实不用火。发现违反用火管理制度的用火作业或危险用火作业时，有权收回“用火作业许可证”，停止用火。

（13）在受限空间内用火，除遵守上述安全措施外，还要执行以下规定：①在受限空间内进行用火作业、临时用电作业时，不允许同时进行刷漆、喷漆作业或使用可燃溶剂清洗等其他可能散发易燃气体、易燃液体的作业；②在受限空间内进行刷漆、喷漆作业或使用可燃溶剂清洗等其他可能散发易燃气体、易燃液体的作业时，使用的电气设备、照明等，必须符合防爆要求，同时必须进行强制通风，监护人佩带便携式可燃气体报警仪，随时进行监测，当可燃气体报警仪报警时，必须立即组织作业人员撤离。

技能操作

技能4-1-5　检查动火作业

一、操作准备

（1）电焊、气焊等动火设备设施等。

（2）碳素笔、防火检查记录表等。

二、操作步骤

步骤1　对动火设备、设施及环境的检查

（1）检查是否有专人监火。

（2）检查是否清除动火现场及周围的易燃物品，或采取其他有效的安全防火措施。

（3）检查是否配备足够适用的消防器材。

（4）检查是否对动火作业设施进行有效清洗、置换、隔离，达到动火作业要求。

（5）检查拆除管线的动火作业，是否根据管内的介质采用氮气、蒸汽或水实施置换，并制定相应的安全防火措施。

（6）检查高处作业时是否采取了必要的遮挡措施，以防火星四溅。

（7）检查五级风以上（含五级风）天气，是否开展露天动火作业。

步骤2 对动火作业现场易燃、可燃物的清理和处置情况检查

（1）检查处于易燃场所的甲、乙类区域的动火作业，是否清理动火点15 m以内的易燃、可燃物品或采取防火隔离措施。

（2）检查动火期间距动火点30 m内是否排放各类可燃气体，距动火点15 m内是否排放各类可燃液体。

步骤3 动火器具的安全标准检查

（1）检查动火作业前，电焊、气焊、手持电动工具等是否可靠接地。

（2）电焊机线路连接是否达到安全规范要求，电焊机绝缘是否在安全系数范围内。

（3）手持电动工具是否安装漏电保护器。

（4）使用气焊、气割动火作业时，乙炔瓶是否直立放置，氧气瓶与乙炔气瓶间距是否不小于5 m，二者与动火作业地点间距是否不小于10 m，是否存在烈日下曝晒或存放在高温区域的现象。

（5）在气瓶运往气焊、气割地点时，氧气瓶、乙炔气瓶是否有同车运输现象。

步骤4 动火作业人员检查

（1）检查动火作业人员是否持有相应资格证书。

（2）检查动火作业前是否办理“用火作业许可证”。

技能4-1-6 检查安全用电

一、操作准备

（1）各类电气设施、供配电线路等。

（2）碳素笔、防火检查记录表等。

二、操作步骤

步骤1 检查电工岗位责任制、用电安全管理制度是否建立，电工是否持有效特种作业证上岗作业。

步骤2 检查各类电气设备是否为现行的国家“3C”强制安全标准认证目录公布的合格厂家产品，是否按规定采取了绝缘、接地、接零的保护措施，是否安装了漏电保护装置，配电箱柜的装置容量是否与实际负荷相匹配等。

步骤3 检查电气线路是否外露、破损或老化，线路绝缘是否良好，电气设备是否按

规定进行定期维护保养和测试检验并进行登记记录。

步骤 4 检查是否存在违规使用电器设备、用电线路私拉乱接等不安全行为。

步骤 5 检查电工防护用具和作业工具配备是否齐全并经过定期检测。

步骤 6 检查是否按规定配备电气灭火设施、器材。

步骤 7 检查安全标志等安全设施是否齐全规范等。

培训单元 6 检查重点工种人员及其他员工消防知识掌握情况

【培训重点】

(1) 了解消防安全管理人相关消防知识。

(2) 掌握消防安全管理员职责。

(3) 掌握自动消防设施操作人员相关消防知识。

(4) 掌握其他员工相关消防知识。

【知识要求】

消防安全重点工种是指从事具有较大火灾危险性和容易引发火灾的岗位操作人员，以及发生火灾后可能由于自身未履行职责或操作不当造成火灾损失加大的操作人员。消防安全重点工种人员包括消防安全管理人、消防安全管理员、电气焊工、电工、烘烤工、熬炼工、油漆工、清洗工、木工、仓库保管员、值班员（含消防控制室人员）等。加强对重点工种人员的岗位消防知识检查，是预防火灾的重要措施。

法人单位的法定代表人或者非法人单位的主要负责人是依照法律或者组织章程行使职权的第一责任人，处于决策者、指挥者的重要地位。为了确保消防安全管理落到实处，必须明确单位的法人代表或者主要负责人是消防安全责任人，对单位的消防安全工作全面负责，在履行单位消防安全管理职责、承担单位因消防违法行为和火灾事故所产生的行政或者刑事责任等方面，承担“第一责任人”的责任。

一、与消防安全管理人相关的消防知识

消防安全重点单位一般规模较大，而多数单位的法定代表人或者主要负责人不可能事必躬亲。为了确保消防安全重点单位消防安全管理工作切实有人抓，需要依法确定消防安全管理人来具体组织、实施本单位的消防安全管理工作。消防安全管理人是指单位中担任一定领导职务或者具有一定管理权限的人员，受单位消防安全责任人委托，具体负责组织实施单位消防安全管理工作，并对单位消防安全责任人负责。

与消防安全管理人相关的消防知识包括：

(1) 拟订年度消防工作计划，组织日常消防安全管理工作。

(2) 组织制定消防安全制度和保障消防安全的操作规程并检查督促其落实。

(3) 拟订消防安全工作的资金投入和组织保障方案。

(4) 组织实施防火检查和火灾隐患整改工作。

(5) 组织实施对本单位消防设施、灭火器材和消防安全标志的维修保养，确保其完好有效，确保疏散通道和安全出口畅通。

(6) 组织管理专职消防队和志愿消防队。

(7) 在员工中组织开展消防知识、技能的宣传教育和培训，组织灭火和应急疏散预案的实施和演练。

(8) 单位消防安全责任人委托的其他消防安全管理工作。

消防安全管理人应定期向消防安全责任人报告消防安全情况，及时报告涉及消防安全的重大问题。

二、与消防安全管理员相关的消防知识

消防安全管理员是做好消防安全的重要力量，在消防安全责任人和消防安全管理人的领导下开展消防安全管理工作。

与消防安全管理员相关的消防知识包括：

(1) 掌握消防法律法规，了解本单位消防安全状况，及时向上级报告。

(2) 提请确定消防安全重点部位，提出落实消防安全管理措施的建议。

(3) 实施日常防火检查、巡查，及时发现火灾隐患，落实火灾隐患整改措施。

(4) 管理、维护消防设施、灭火器材和消防安全标志。

(5) 组织开展消防宣传，对全体员工进行教育培训。

(6) 编制灭火和应急疏散预案，组织演练。

(7) 记录有关消防安全管理工作开展情况，完善消防档案。

(8) 完成其他消防安全管理工作。

三、与自动消防设施操作人员相关的消防知识

自动消防设施操作人员包括单位消防控制室值班操作人员以及自动消防设施维护管理人员等。

(一) 与消防控制室值班操作人员相关的消防知识

(1) 熟悉和掌握消防控制室设备的功能及操作规程，持证上岗；按照规定测试自动消防设施的功能，保障消防控制室设备的正常运行。

(2) 核实、确认火警信息，火灾确认后，立即报火警并向消防主管人员报告，随即启动灭火和应急疏散预案。

(3) 及时确认故障报警信息，排除消防设施故障，不能排除的立即向部门主管人员或者消防安全管理人报告。

(4) 不间断值守岗位，做好消防控制室的火警、故障和值班记录。

(二) 与自动消防设施维护管理人员相关的消防知识

(1) 熟悉和掌握消防设施的功能和操作规程。

(2) 按照管理制度和操作规程等对消防设施进行检查、维护和保养，保证消防设施和消防电源处于正常运行状态，确保有关阀门处于正确位置。

（3）发现故障及时排除，不能排除的及时向上级主管人员报告。

（4）做好运行、操作和故障记录。

四、与其他员工相关的消防知识

其他员工应按照工作岗位分工，掌握本岗位的相关消防知识，做好各自岗位的消防安全管理工作：

（1）明确各自消防安全责任，认真执行本单位的消防安全制度和消防安全操作规程，维护消防安全，预防火灾。

（2）保护消防设施和器材，保障消防通道畅通。

（3）发现火灾，及时报警。

（4）参加有组织的灭火工作。

（5）发生火灾后，公共场所的现场工作人员应立即组织、引导在场人员安全疏散。

（6）接受单位组织的消防安全培训，做到懂火灾的危险性、懂预防火灾的措施、懂扑救火灾的方法、懂火灾现场逃生方法（四懂）；做到会报火警、会使用灭火器材、会扑救初起火灾、会组织疏散逃生（四会）。

技能操作

技能 4-1-7　检查消防控制室值班操作人员消防知识掌握情况

一、操作准备

（1）火灾报警控制器、消防联动控制器、消防控制室图形显示装置、消防电话等。

（2）碳素笔、消防控制室值班记录表、建筑消防设施故障维修记录表等。

二、操作步骤

步骤 1　检查值班操作人员是否熟悉和掌握消防控制室设备的功能及操作规程。

步骤 2　检查值班操作人员是否能够按照相关规定测试自动消防设施的功能，保障消防控制室设备的正常运行。

步骤 3　检查值班操作人员是否会填写消防控制室的火警、故障和值班记录。

步骤 4　检查值班操作人员是否掌握火灾报警的处置流程，火灾报警处置流程如图 4-1-1 所示。

三、注意事项

消防控制室是设有火灾自动报警设备和消防设施控制设备，用于接收、显示、处理火灾报警信号，控制相关消防设施的专门处所，是利用固定消防设施扑救火灾的信息指挥中心，是建筑内消防设施控制中心的枢纽。消防控制室值班操作人员必须持有规定等级的消防设施操作员证书，方能上岗。

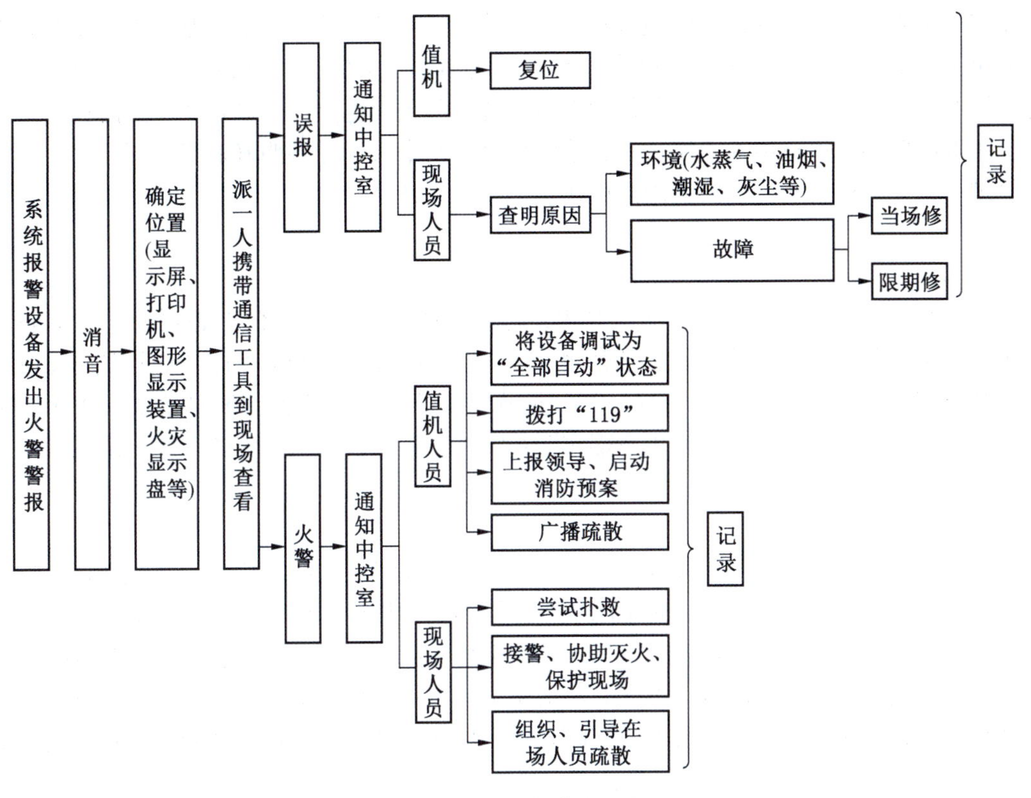

图 4-1-1 火灾报警处置流程

培训单元 7 检查消防安全重点部位管理情况

【培训重点】

掌握消防安全重点部位的管理措施。

【知识要求】

对于一栋建筑来说，并不是建筑的每个部位都容易引发火灾，或者导致火灾迅速蔓延。火灾往往发生在人群稠密和物资集中的地方，或者是发生在性质重要或者遇明火发生爆炸的危险部位。这些部位往往一发生火灾就会造成重大的财产损失，甚至人员伤亡。因此，必须加强对消防安全重点部位的管理，采取有针对性的保护措施，只有这样，才能有效避免火灾的发生，限制火灾蔓延的范围，避免重大伤亡事故的发生。

消防安全重点部位确定以后，应从管理的民主性、系统性、科学性着手做好六个方面的管理，以保障单位的消防安全。

一、制度管理

防火安全制度是为了满足企业消防安全的客观需要，是职工在生产、经营、技术活动中做好防火安全工作必须遵守的规范和准则。首先，在单位的防火安全制度中，要明确消防安全重点部位，使职工都能了解消防安全重点部位的火灾危险性以及应遵守的有关规定。同时，根据各消防安全重点部位的性质、特点和火灾危险性，制定相应的防火安全制度，采取必要的防火措施并上墙公布，落实到班组及个人，做到明确职责、层层落实、加强管理、各司其职，实行消防管理制度化。

二、立牌管理

为了突出重点，明确责任，严格管理，每个消防安全重点部位都必须设立“消防安全重点部位”指示牌、禁止烟火警告牌和消防安全管理牌，做到“消防安全重点部位明确、禁止烟火明确”（即“两明确”）和“防火负责人落实、志愿消防员落实、防火安全制度落实、消防器材落实、灭火预案落实”（即“五落实”），实行消防工作规范化。

三、教育管理

首先，从制度中明确消防安全重点部位职工为消防安全重点工种人员。然后，本着“抓重点、顾一般”的原则，加强对消防安全重点部位职工的消防教育，提高其自防自救的能力。开展教育，可采取新工人入厂、重点工种上岗前的必训教育；厂报、黑板报、播放录像、订阅资料的常规教育；举办志愿消防员、重点工种人员消防培训班，进行应知应会教育；举办消防运动会，进行实战演练教育等形式。最后，通过一系列的教育，使消防安全重点部位职工达到“三懂四会”，实行消防知识群众化。

四、档案管理

建立和完善防火档案，是实行防火管理的一项重要基础工作，也是一项重要的业务建设。防火档案的建立必须在进行调查、统计、核实的基础上加以认真填写，并不断加以完善。消防安全重点部位的档案管理要做到“四个一”：一制度，即消防安全重点部位防火安全制度；一表，即消防安全重点部位工作人员登记表；一图，即消防安全重点部位基本情况照片成册图；一计划，即消防安全重点部位灭火施救计划。

五、日常管理

开展防火检查是消防安全重点部位日常管理的一个重要环节，其目的在于发现和消除不安全因素和火灾隐患，把火灾事故消灭在萌芽状态，做到防患于未然。同时，防火检查也是贯彻落实有关消防法规、技术规范的重要措施，起到监督、检查或考查的作用。防火检查可采取“六查、六结合”的方法，以收到较好的效果。“六查”：单位组织每月查；所属部门每周查；班组每天查；专职消防员巡回查；部门之间互抽查；节日期间重点查。“六结合”：检查与宣传相结合；检查与整改相结合；检查与复查相结合；检查与记录相结合；检查与考核相结合；检查与奖惩相结合。

六、应急备战管理

应急备战管理是贯彻“防消结合”方针的一个具体内容，也是及时扑救初起火灾、减少火灾损失的一个重要手段。单位可根据各消防安全重点部位生产、储存、使用物品的性质、火灾特点及危险程度，配置相应的消防设施，落实专人负责，确保随时可用。同时，各重点部位应制定灭火预案，组织管理人员及志愿消防员结合实际开展灭火演练，做到“四熟练”（会熟练使用灭火器材，会熟练报告火警，会熟练疏散群众，会熟练扑灭初起火灾）。

技能操作

技能 4-1-8 检查消防安全重点部位管理情况

一、操作准备

各类消防安全标志、灭火器、消火栓、呼吸器、消防安全重点部位消防档案及应急预案等。

二、操作步骤

步骤 1 检查是否确定消防安全重点部位并立牌管理。

步骤 2 检查消防安全重点部位的防火安全工作是否由专人负责，并制定了行之有效的防火安全制度。

步骤 3 检查是否根据消防安全重点部位的不同性质、规模配备了相应的消防器材和安全设施。

步骤 4 检查消防安全重点部位的工作人员是否严格执行考核、录用、管理的规定并持证上岗，是否定期参加消防培训。

步骤 5 检查消防安全重点部位的防火责任人是否经常性地进行安全自查自纠工作。

步骤 6 检查防火安全职能部门是否对消防安全重点部位所属部门开展防火安全检查和督导工作。

步骤 7 检查消防安全重点部位是否制定了应急预案，并组织灭火和疏散逃生演练。

步骤 8 检查消防安全重点部位是否建立消防档案，档案是否完善。

培训单元 8 检查易燃易爆危险物品和场所的防火防爆措施

【培训重点】

（1）了解建筑防爆原则。

（2）掌握建筑防爆措施。

（3）掌握电气防爆原理与措施。

（4）掌握其他重要物资防火安全措施。

【知识要求】

容易燃烧爆炸的危险品即为易燃易爆危险品。具体是指《危险货物分类和品名编号》（GB 6944）和《危险货物品名表》（GB 12268）中的爆炸品、易燃气体、易燃液体、易燃固体、易于自燃的物质和遇水放出易燃气体的物质、氧化性物质和有机过氧化物等。

按易燃易爆危险品场所中存在物质的物态不同，分为爆炸性气体环境和爆炸性粉尘环境。根据爆炸性混合物出现的频繁程度和持续时间的不同，又将爆炸性危险区域分成6个不同危险程度的区域。爆炸危险区域类别及其分区见表4-1-4。

表4-1-4　爆炸危险区域类别及其分区

类别	分区	
爆炸性气体环境危险区域	0区	连续出现或长期出现爆炸性气体混合物的环境
	1区	在正常运行时，可能出现爆炸性气体混合物的环境
	2区	在正常运行时，不可能出现爆炸性气体混合物的环境，即使出现也仅是短时间存在的爆炸性气体混合物的环境
爆炸性粉尘环境危险区域	20区	连续出现或长期出现爆炸性粉尘混合物的环境
	21区	在正常运行时，可能出现爆炸性粉尘混合物的环境
	22区	在正常运行时，不可能出现爆炸性粉尘混合物的环境，即使出现也仅是短时间存在的爆炸性粉尘混合物的环境

对于在有爆炸危险性的场所以及爆炸性环境中使用的电气设备，通过采取必要的防爆措施，可以防止和减少爆炸事故的发生或当爆炸事故发生时，最大限度地减轻其危害。

一、建筑防爆原则

根据物质燃烧、爆炸原理，防止发生火灾爆炸事故的基本原则是：控制可燃物和助燃物浓度、温度、压力及混触条件，避免物料处于燃爆的危险状态；消除一切足以引起起火爆炸的点火源；采取各种阻隔手段，阻止火灾爆炸事故的扩大。

二、建筑防爆措施

（一）预防性技术措施

1. 排除能引起爆炸的各类可燃物质

（1）在生产过程中尽量不用或少用具有爆炸危险的各类可燃物质。

（2）生产设备应尽可能保持密闭状态，防止“跑、冒、滴、漏”。

（3）加强通风除尘。

（4）预防可燃气体或易挥发性液体泄漏，设置可燃气体浓度报警装置。

（5）利用惰性介质进行保护。

（6）防止可燃性粉尘、可燃气体积聚。

2. 消除或控制能引起爆炸的各种火源

（1）防止撞击、摩擦产生火花。

（2）防止高温表面成为点火源。

（3）防止日光照射。

（4）防止电气故障。

（5）消除静电火花。

（6）防止雷电火花。

（7）防止明火。

（二）减轻性技术措施

1. 采取泄压措施

在建筑围护结构设计中设置一些泄压口或泄压面，当爆炸发生时，这些泄压口或泄压面首先被破坏，使高温高压气体得以泄放，从而降低爆炸压力，使主要承重或受力结构不发生破坏。

2. 采用抗爆性能良好的建筑结构

加强建筑结构主体的强度和刚度，使其在爆炸中足以抵抗爆炸冲击而不倒塌。

3. 采取合理的建筑布置

在建筑设计时，根据建筑生产、储存的爆炸危险性，在总平面布局和平面布置上合理设计，尽量减小爆炸的作用范围。

三、电气防爆原理与措施

（一）电气防爆基本原理

电气设备引燃爆炸性混合物有两方面原因：一是电气设备产生的火花、电弧，二是电气设备表面（即与爆炸性混合物相接触的表面）发热。电气防爆就是将设备在正常运行时产生电弧、火花的部件放在隔爆外壳内，或采取浇封型、充砂型、油浸型或正压型等其他防爆形式以达到防爆目的；对在正常运行时不会产生电弧、火花和危险高温的设备，如果在其结构上再采取一些保护措施（增安型电气设备），使设备在正常运行或认可的过载条件下不发生电弧、火花或过热现象，这种设备在正常运行时就没有引燃源，设备的安全性和可靠性就可进一步提高，同样可用于爆炸危险环境。

（二）电气防爆基本措施

（1）宜将正常运行时产生火花、电弧和危险温度的电气设备和线路，布置在爆炸危险性较小或没有爆炸危险的环境内。电气线路的设计、施工应根据爆炸危险环境物质特性，选择相应的敷设方式、导线材质、配线技术、连接方式和密封隔断措施等。

（2）采用防爆的电气设备。在满足工艺生产及安全的前提下，应减少防爆电气设备的数量。如无特殊需要，不宜采用携带式电气设备。

（3）按有关电力设备接地设计技术规程规定的一般情况不需要接地的部分，在爆炸危险区域内仍应接地，电气设备的金属外壳应可靠接地。

（4）设置漏电火灾报警和紧急断电装置。在电气设备可能出现故障之前，采取相应补救措施或自动切断爆炸危险区域的电源。

（5）安全使用防爆电气设备。正确地划分爆炸危险环境类别，正确地选型、安装防爆电气设备，正确地维护、检修防爆电气设备。

（6）散发较空气重的可燃气体、可燃蒸气的甲类厂房以及有粉尘、纤维爆炸危险的厂房，应采用不发火花的地面。采用绝缘材料作整体面层时，应采取防静电措施。散发可燃性粉尘、纤维的厂房内表面应平整、光滑，并易于清扫。

四、其他重要物资防火安全措施

（1）露天存放物品应当分类、分堆、分组和分垛，根据火灾危险程度留出相应的防火间距。

（2）甲、乙类桶装液体，不宜露天存放，必须露天存放时，在炎热季节必须采取降温措施。

（3）库存物品应当分类、分垛储存，每垛占地面积不宜大于 100 m^2，垛与垛间距不小于 1.0 m，垛与墙间距不小于 0.5 m，垛与梁、柱的间距不小于 0.3 m，主要通道的宽度不小于 2.0 m。

（4）甲、乙类物品和一般物品以及容易相互发生化学反应或者灭火方法不同的物品，必须分间、分库储存，并在醒目处标明储存物品的名称、性质和灭火方法。

（5）易自燃或遇水分解的物品，必须在温度较低、通风良好和空气干燥的场所储存，并安装专用仪器定时检测，严格控制湿度与温度。

（6）物品入库前应当有专人负责检查，确定无火种等隐患后，方准入库。

（7）甲、乙类物品的包装容器应当牢固、密封，发现破损、残缺、变形和物品变质、分解等情况时，应当及时进行安全处理，严防“跑、冒、滴、漏”。

（8）库房内因物品防冻必须采暖时，应当采用水暖，其散热器、供暖管道与储存物品的距离不小于 0.3 m。

（9）甲、乙类物品库房内不准设办公室、休息室。其他库房必须设办公室时，可以贴邻库房一角设置无孔洞的一、二级耐火等级的建筑，其门窗直通库外。

（10）装卸甲、乙类物品时，操作人员不得穿戴易产生静电的工作服、帽子和使用易产生火花的工具，严防震动、撞击、重压、摩擦和倒置。对易产生静电的装卸设备要采取消除静电的措施。

（11）储存丙类固体物品的库房，不准使用碘钨灯和超过 60 W 的白炽灯等高温照明灯具。当使用日光灯等低温照明灯具和其他防燃型照明灯具时，应当对镇流器采取隔热、散热等防火隔热保护措施，确保安全。

（12）照明灯具下方不准堆放物品，其垂直下方与储存物品水平间距不得小于 0.5 m。库房内不准设置移动式照明灯具。

（13）库房内敷设的配电线路，需穿金属管或用非燃硬塑料管保护。

（14）库区的每个库房应当在库房外单独安装开关箱，保管人员离库时，必须拉闸断电。禁止使用不合格的保险装置。

（15）库房内不准使用电炉、电热器等电热器具和电视机、电冰箱等家用电器。库房内不准使用火炉取暖。

（16）仓库应当设置醒目的防火标志。进入甲、乙类物品库区的人员，必须登记，并交出携带的火种。

(17) 仓库内严禁使用明火。库房外动用明火作业时，必须办理动火证，经仓库或单位防火负责人批准，并采取严格的安全措施。动火证应当注明动火地点、时间、动火人、现场监护人、批准人和防火措施等内容，并严格执行。

(18) 库区以及周围 50 m 内，严禁燃放烟花爆竹。

(19) 仓库应当按照国家有关消防技术规范，设置、配备消防设施和器材，并应当由专人管理，负责检查、维修、保养、更换和添置，保证完好有效，严禁圈占、埋压和挪用。

(20) 消防器材应当设置在明显和便于取用的地点，周围不准堆放物品和杂物。

技能操作

技能 4-1-9 检查易燃易爆危险品场所防火防爆措施

一、操作准备

电气线路及设备、灭火器材，消防安全操作规程及消防安全管理制度等。

二、操作步骤

步骤 1 检查建筑选址和建筑防火措施。必须符合《中华人民共和国城乡规划法》、《建筑设计防火规范》(GB 50016) 以及相关的专业防火技术规范的要求。

步骤 2 检查电气防火措施。应按标准要求安设防雷保护设施，电气设备必须符合国家现行有关易燃易爆危险品场所的电气安全规定。不准设置移动照明灯具，敷设的配电线路必须穿金属管或难燃塑料管保护，防爆场所必须用防爆电器。易产生静电的生产设备和装置，必须按规定设置导除静电的设施，并定期检查。

步骤 3 检查安全设施设置情况。必须按国家有关规定设置安全阀、阻火器、水封、自动报警等消防安全设施，配备必要的灭火器材，并定期保养与校验，保证完好有效。

步骤 4 检查防火安全制度情况。要建立健全并严格执行安全规章制度，易燃易爆场所严禁烟火并应设置明显的“禁火”标志。未装有火花熄灭器的机动车辆不准进入易燃易爆场所。严禁在易燃易爆场所内或附近燃放烟花爆竹。

步骤 5 检查易燃易爆危险品的储存情况。易燃易爆危险品要有专用仓库、货场或其他专用储存设施，并根据化学性质或不同的灭火方法等，分类、分项、分库储存，在醒目处标明储存物品的名称、性质和灭火方法。严禁混存和超期超量储存。

步骤 6 检查工作人员执行安全操作规程情况。严禁违章操作，严禁在易燃易爆场所内或附近进行试分装、打包等可能引起火灾的任何不安全操作。改装或割焊修理必须符合安全要求，易燃易爆危险品操作人员不得穿戴易产生静电的工作服、工作帽和使用易产生火花的铁质工具，严防震动、撞击、重压、摩擦和倒置。对遗留或弥散的危险物品或粉尘要及时清扫和处理。

步骤 7 检查员工教育培训情况。要加强员工的安全教育培训。从事易燃易爆危险品生产、储存的作业人员和使用易燃易爆危险品的人员，应当经过上岗前的消防安全培训，熟练掌握安全操作规程，严格执行消防安全管理制度。

培训单元9　检查消防控制室值班情况和设施运行、记录情况

【培训重点】

(1) 了解消防控制室的设备配置。
(2) 了解消防控制室设备的监控要求。
(3) 掌握消防控制室台账档案的建立。
(4) 掌握消防控制室的管理要求。

【知识要求】

消防控制室设有火灾自动报警控制设备和消防控制设备，用于接收、显示、处理火灾报警信号，控制相关消防设施，是指挥火灾扑救、引导人员安全疏散的信息、指挥中心，是消防全管理的核心场所。

一、消防控制室的设备配置

为确保消防控制室实现接收火灾报警、处置火灾信息、指挥火灾扑救、引导人员安全疏散等消防安全目标，消防控制室配备的监控设备要能够准确、规范地实施消防监控与管理等各项功能。

消防控制室内设置的消防设备包括火灾报警控制器、消防联动控制器、消防控制室图形显示装置、消防电话总机、消防应急广播控制装置、消防应急照明和疏散指示系统控制装置、消防电源监控器等设备，或者设置具有相应功能的组合设备。

二、消防控制室设备的监控要求

消防控制室配备的消防设备需要具备下列监控功能：

(1) 消防控制室设置的消防设备能够监控并显示消防设施运行状态信息，并能够向城市消防远程监控中心传输相应信息。

(2) 根据建筑（单位）规模及其火灾危险性特点，消防控制室内需要保存必要的文字、电子资料，存储相关的消防安全管理信息，并能够及时向城市消防远程监控中心传输消防安全管理信息。

(3) 大型建筑群要根据其不同建筑功能需求、火灾危险性特点和消防安全监控需要，设置2个及2个以上的消防控制室，并确定主消防控制室、分消防控制室，以实现分散与集中相结合的消防安全监控模式。

(4) 主消防控制室的消防设备能够对系统内共用消防设备进行控制，显示其状态信息，并能够显示各个分消防控制室内消防设备的状态信息，具备对消防控制室内消防设备及其所控制的消防系统、设备的控制功能。

(5) 各个分消防控制室的消防设备之间，可以相互传输、显示状态信息，不能互相

控制消防设备。

三、消防控制室台账档案的建立

消防控制室是建筑使用管理单位消防安全管理与消防设施监控的核心场所，需要保存能够反映建筑特征及其消防设施施工质量、运行情况的纸质台账档案和电子资料。消防控制室内至少保存有下列纸质台账档案和电子资料：

（1）建（构）筑物竣工后的总平面布局图、消防设施平面布置图和系统图以及安全出口布置图、重点部位位置图等。

（2）消防安全管理规章制度、应急灭火预案、应急疏散预案等。

（3）消防安全组织结构图，包括消防安全责任人、管理人、专（兼）职和志愿消防人员等内容。

（4）消防安全培训记录、灭火和应急疏散预案的演练记录。

（5）值班情况、消防安全检查情况及巡查情况等记录。

（6）消防设施一览表，包括消防设施的类型、数量、状态等内容。

（7）消防联动系统控制逻辑关系说明、设备使用说明书、系统操作规程、系统以及设备的维护保养制度和技术规程等。

（8）设备运行状况、接报警记录、火灾处理情况、设备检修检测报告等资料。

四、消防控制室的管理要求

规范、统一的消防控制室管理和消防设施操作监控，是建筑火灾发生时能够及时发现火灾、确认火灾，准确报警并启动应急预案，有效组织初起火灾扑救，引导人员安全疏散的根本保证。

（一）消防控制室值班要求

建筑使用管理单位应按照下列要求，安排合理数量的、符合从业资格条件的人员负责消防控制室的管理与值班：

（1）实行每日24 h专人值班制度，每班不少于2人，值班人员持有规定的消防专业技能鉴定证书。

（2）消防设施日常维护管理符合《建筑消防设施的维护管理》（GB 25201）的相关规定。

（3）确保火灾自动报警系统、固定灭火系统和其他联动控制设备处于正常工作状态，不得将应处于自动控制状态的设备设置在手动控制状态。

（4）确保高位消防水箱、消防水池、气压水罐等消防储水设施水量充足，确保消防泵出水管阀门、自动喷水区域内管道上的阀门常开；确保消防水泵、防烟排烟风机、防火卷帘等消防用电设备的配电控制装置处于自动控制位置（或者通电状态）。

（二）消防控制室应急处置程序

火灾发生时，消防控制室的值班人员应按照下列应急程序处置火灾：

（1）接到火灾警报后，值班人员立即以最快方式确认火灾。

（2）火灾确认后，值班人员立即确认火灾报警联动控制开关处于自动控制状态，同时拨打“119”报警电话准确报警。报警时需要说明着火单位地点、起火部位、着火物种类、火势大小、报警人姓名和联系电话等。

（3）值班人员立即启动单位应急疏散预案和初起火灾扑救预案，同时报告单位消防安全负责人。

（三）消防控制室控制、显示要求

消防控制室内的图形显示装置、火灾报警控制器、消防联动控制设备，其功能既相互独立，又相互关联，准确把控其功能是充分发挥消防控制室监控与管理作用的关键。

1. 图形显示装置

采用中文标注和中文界面的消防控制室图形显示装置，其界面对角线长度不得小于 430 mm。消防控制室图形显示装置按照下列要求显示相关信息：

（1）能够显示符合规定的消防安全管理信息。

（2）能够用同一界面显示建（构）筑物周边消防车道、消防登高车操作场地、消防水源位置，以及相邻建筑的防火间距、建筑面积、建筑高度、使用性质等情况。

（3）能够显示消防系统及设备的名称、位置和火灾报警控制器、消防联动控制设备（含消防电话、消防应急广播、消防应急照明和疏散指示系统、消防电源等控制装置）的动态信息。

（4）有火灾报警信号、监管报警信号、反馈信号、屏蔽信号、故障信号输入时，具有相应状态的专用总指示，在总平面布局图中应显示输入信号所在的建（构）筑物的位置，在建筑平面图上应显示输入信号所在的位置和名称，并记录时间、信号类别和部位等信息。

（5）10 s 内能够显示输入的火灾报警信号和反馈信号的状态信息，100 s 内能够显示其他输入信号的状态信息。

（6）能够显示可燃气体探测报警系统、电气火灾监控系统的报警信息，故障信息和相关联动反馈信息。

2. 火灾报警控制器

火灾报警控制器能够显示火灾探测器、火灾显示盘、手动火灾报警按钮的正常工作状态、火灾报警状态、屏蔽状态及故障状态等相关信息，能够控制火灾声光警报器的启动和停止。

3. 消防联动控制设备

消防联动控制设备能够将各类消防设施及其设备的状态信息传输到图形显示装置；能够控制和显示各类消防设施的电源工作状态、各类设备及其组件的启/停等运行状态和故障状态，显示具有控制功能、信号反馈功能的阀门、监控装置的正常工作状态和动作状态；能够控制具有自动控制、远程控制功能的消防设备的启/停，并接收其反馈信号。

技能操作

技能 4-1-10　检查消防控制室值班情况和设施运行、记录情况

一、操作准备

（1）火灾报警控制器、消防联动控制器、图形显示装置、消防应急广播、消防电话等。

（2）碳素笔，消防控制室值班记录表、建筑消防设施故障维修记录表等消防档案。

二、操作步骤

步骤1 检查值守人员

（1）是否执行每日 24 h 专人值班，且每班不少于 2 人。

（2）值班人员是否持有规定的消防行业职业技能鉴定证书。

（3）值班人员消防知识掌握情况。

（4）值班时是否存在脱岗、睡岗和酒后上岗的行为。

步骤2 检查消防档案

（1）消防安全基本情况档案是否齐全。

（2）消防安全管理情况档案是否齐全。

步骤3 检查消防控制室配置设备的功能

（1）图形显示装置功能是否正常。

（2）火灾报警控制器功能是否正常。

（3）消防联动控制设备功能是否正常。

（4）消防控制设备是否处于正常开机状态。

培训单元10 检查防火巡查开展情况

【培训重点】

（1）了解防火巡查的概念。

（2）掌握防火巡查的工作内容。

（3）掌握防火巡查工作开展情况的检查方法。

【知识要求】

防火巡查是消防安全工作的重要内容。通过巡视检查，可以及时发现、消除火灾隐患，纠正、制止违章行为，避免和减少火灾的发生，最大限度地保护国家和人民生命财产的安全。

一、防火巡查的概念

单位消防值班人员对单位内部的日常防火巡查，是指应用最简单、直接的方法，在辖区内巡视、检查发现消防违章行为，劝阻、制止违反消防规章制度的人和事，妥善处理安全隐患并及时处置紧急事件的活动。

二、防火巡查的工作内容

按照《机关、团体、企业、事业单位消防安全管理规定》的要求，消防安全重点单位消防巡查的内容应当包括：

（1）用火、用电有无违章情况。
（2）安全出口、疏散通道是否畅通，安全疏散指示标志、应急照明是否完好。
（3）消防设施、器材和消防安全标志是否在位、完整。
（4）常闭式防火门是否处于关闭状态，防火卷帘下是否堆放物品影响使用。
（5）消防安全重点部位的人员在岗情况。
（6）其他消防安全情况。

三、防火巡查工作开展情况的检查方法

（一）检查负责防火巡查的人员

单位的防火巡查一般由消防值班人员负责。

（二）检查防火巡查的部位

防火巡查的部位一般是单位依据有关消防法规确定的重点部位，例如配电室、厨房、员工宿舍、锅炉房、计算机房、消防控制室等。

（三）检查防火巡查的频次

防火巡查的频次由单位根据自身的特点确定。《机关、团体、企业、事业单位消防安全管理规定》要求，消防安全重点单位应当进行每日防火巡查，公众聚集场所在营业期间应每两小时巡查一次，营业结束时应当对营业现场进行检查，消除遗留火种。医院、养老院、寄宿制的学校、托儿所、幼儿园应当加强夜间防火巡查，其他消防安全重点单位可以结合实际组织夜间防火巡查。其他单位可根据实际情况自行确定。

（四）检查防火巡查人员的工作任务

防火巡查人员应当及时纠正违章行为，妥善处置火灾危险，无法当场处置的，应当立即报告。发现初起火灾应当及时扑救并立即报警。

（五）检查防火巡查记录

防火巡查时应当填写巡查记录，巡查人员及其主管人员应当在巡查记录上签名。

技能操作

技能 4-1-11　检查防火巡查开展情况

一、操作准备

（1）火灾自动报警系统、自动喷水灭火系统、应急照明和疏散指示系统、防排烟系统等。
（2）碳素笔、防火检查记录表等。

二、操作步骤

步骤 1　检查负责防火巡查的人员是否由消防值班人员负责。

步骤 2　检查防火巡查的部位：①防火巡查的部位是否属于消防法规确定的重点部位；②防火巡查的部位是否齐全，有无遗漏。

步骤 3　检查防火巡查的频次：①消防安全重点单位是否每日开展防火巡查；②公众

聚集场所在营业期间是否每两小时巡查一次；③医院、养老院、寄宿制的学校、托儿所、幼儿园是否开展夜间防火巡查。

步骤4 检查防火巡查人员的工作情况：①巡查过程中是否及时纠正违章行为，妥善处置火灾危险；无法当场处置的，是否立即报告并填写建筑消防设施故障维修记录表；②发现初起火灾是否及时扑救并立即报警。

步骤5 检查防火巡查记录表：①巡查过程中是否实时、如实填写巡查记录表；②巡查人员及其主管人员是否在巡查记录表上签名。

培训单元11 检查消防安全标志的设置、完好有效情况

【培训重点】

（1）掌握消防安全标志的分类。

（2）了解消防安全标志的设置场所。

（3）熟知消防安全标志的设置原则、设置要求。

【知识要求】

消防安全标志是由安全色、边框、以图像为主要特征的图形符号或文字构成的标志，用以表达与消防有关的安全信息。

一、消防安全标志产品分类

按照使用材料的不同分为电光源型消防安全标志、蓄光型消防安全标志、逆向发射消防安全标志、荧光消防安全标志、搪瓷消防安全标志等几种。按照使用功能分为火灾报警装置标志、紧急疏散逃生标志、灭火设备标志、禁止和警告标志、方向辅助标志和文字辅助标志六类。

二、消防安全标志设置场所

下列场所需要根据相关要求设置消防安全标志：

（1）旅游景点、露天娱乐场、市区街道、广场、停车场和集贸市场等。

（2）车站、机场、港口、码头、桥梁、隧道、加油站、交通工具和地下工程等。

（3）林区、矿区、油田和海上钻井平台等。

（4）《建筑设计防火规范（2018年版）》（GB 50016—2014）规定的场所：①封闭楼梯间、防烟楼梯间及其前室、消防电梯间的前室或合用前室、避难走道、避难层（间）；②观众厅、展览厅、多功能厅和建筑面积大于200 m^2 的营业厅、餐厅、演播室等人员密集的场所；③建筑面积大于100 m^2 的地下或半地下公共活动场所；④公共建筑内的疏散走道；⑤人员密集的厂房内的生产场所及疏散走道；⑥消防控制室、消防水泵房、自备发电机房、配电室、防排烟机房、老年人照料设施、病房楼或手术部的避难间。

（5）其他需要设置消防安全标志的场所。

三、消防安全标志的设置原则

依据《消防安全标志设置要求》(GB 15630）的规定，消防安全标志设置原则如下：

（1）商场（店）、影剧院、娱乐厅、体育馆、医院、饭店、旅馆、高层公寓和候车（船、机）室大厅等人员密集的公共场所的紧急出口、疏散通道处、层间异位的楼梯间（如避难层的楼梯间）大型公共建筑常用的光电感应自动门或360°旋转门旁设置的平开疏散门，必须相应地设置“紧急出口”标志。在远离紧急出口的地方，应将“紧急出口”标志与“疏散通道方向”标志联合设置，箭头必须指向通往紧急出口的方向。

（2）紧急出口或疏散通道中的单向门必须在门上设置“推开”标志，在其反面应设置“拉开”标志。

（3）紧急出口或疏散通道中的门上应设置“禁止锁闭”标志。

（4）疏散通道或消防车道的醒目处应设置“禁止阻塞”标志。

（5）滑动门上应设置“滑动开门”标志，标志中的箭头方向必须与门的开启方向一致。

（6）需要击碎玻璃面板才能拿到钥匙或开门工具的地方或疏散中需要打开板面才能制造一个出口的地方必须设置“击碎板面”标志。

（7）各类建筑中的隐蔽式消防设备存放地点应相应地设置“灭火设备”“灭火器”和“消防水带”等标志。室外消防梯和自行保管的消防梯存放点应设置“消防梯”标志。远离消防设备存放地点的地方应将灭火设备标志与方向辅助标志联合设置。

（8）手动火灾报警按钮和固定灭火系统的手动启动器等装置附近必须设置“消防手动启动器”标志。在远离该装置的地方，应与方向辅助标志联合设置。

（9）设有火灾报警器或火灾事故广播喇叭的地方应相应地设置“发声警报器”标志。

（10）设有火灾报警电话的地方应设置“火警电话”标志。对于设有公用电话的地方（如电话亭），也可设置“火警电话”标志。

（11）设有地下消火栓、消防水泵接合器和不易被看到的地上消火栓等消防器具的地方，应设置“地下消火栓”“地上消火栓”和“消防水泵接合器”等标志。

（12）在下列区域应相应地设置“禁止烟火”“禁止吸烟”“禁止放易燃物”“禁止带火种”“禁止燃放鞭炮”“当心火灾——易燃物”“当心火灾——氧化物”和“当心爆炸——爆炸性物质”等标志：①具有甲、乙、丙类火灾危险的生产厂区、厂房等的入口处或防火区内；②具有甲、乙、丙类火灾危险的仓库的入口处或防火区内；③具有甲、乙、丙类液体储罐、堆场等的防火区内；④可燃、助燃气体储罐或罐区与建筑物、堆场的防火区内；⑤民用建筑中燃油、燃气锅炉房，油浸变压器室，存放、使用化学易燃、易爆物品的商店、作坊、储藏间内及其附近；⑥甲、乙、丙类液体及其他化学危险物品的运输工具上；⑦森林和矿山等防火区内。

（13）存放遇水爆炸的物质或用水灭火会对周围环境产生危险的地方，应设置“禁止用水灭火”标志。

（14）在旅馆、饭店、商场（店）、影剧院、医院、图书馆、档案馆（室）、候车（船、机）室大厅、车、船、飞机和其他公共场所，有关部门规定禁止吸烟，应设置“禁止吸烟”等标志。

（15）其他有必要设置消防安全标志的地方。

四、消防安全标志的设置要求

（1）消防安全标志应设在与消防安全有关的醒目的位置，标志的正面或其邻近处不得有妨碍公共视读的障碍物。

（2）除必须外，标志一般不应设置在门、窗、架等可移动的物体上，也不应设置在经常被其他物体遮挡的地方。

（3）设置消防安全标志时，应避免出现标志内容相互矛盾、重复的现象，尽量用最少的标志把必需的信息表达清楚。

（4）方向辅助标志应设置在公众选择方向的通道处，并按通向目标的最短路线设置。

（5）设置的消防安全标志，应使大多数观察者的观察角接近90°。

（6）消防安全标志的尺寸由最大观察距离确定。

（7）标志的偏移距离应尽量缩小。对于最大观察距离的观察者，偏移角一般不宜大于5°，最大不应大于15°。如果受条件限制，无法满足该要求，应适当加大标志的尺寸以满足醒目度的要求。

（8）在所有有关照明下，标志的颜色应保持不变。

（9）消防安全标志牌的制作材料应用不燃材料制作，否则应在其外面加设玻璃或其他不燃透明材料制成的保护罩。其他用途的标志牌其制作材料的燃烧性能应符合使用场所的防火要求。室内所用的非疏散标志牌，其制作材料的氧指数不得低于32。

（10）室内及其出入口的消防安全标志设置要求：

①疏散标志的设置要求。疏散通道中，“紧急出口”标志宜设置在通道两侧及拐弯处的墙面上，标志牌的上边缘距地面不应大于1 m。也可以把标志直接设置在地面上，上面加盖不燃透明且牢固的保护板。标志的间距不应大于20 m，袋形走道的尽头离标志的距离不应大于10 m。疏散通道出口处，“紧急出口”标志应设置在门框边缘或门的上部。标志牌的上边缘距天花板高不应小于0.5 m。标志牌下边缘距地面的高度不应小于2.0 m。如果天花板的高度较小，设置标志时，标志的中心点距地面高度应在1.3~1.5 m之间。悬挂在室内大厅处的疏散标志牌的下边缘距地面的高度不应小于2.0 m。

②附着在室内墙面等地方的其他标志牌，其中心点距地面高度应在1.3~1.5 m之间。

③悬挂在室内大厅处的其他标志牌下边缘距地面高度不应小于2.0 m。

④在室内及其出入口处，消防安全标志应设置在明亮的地方。消防安全标志中的禁止标志（圆环加斜线）和警告标志（三角形）在日常情况下其表面的最低平均照度不应小于5 lx，最低照度和平均照度之比（照度均匀度）不应小于0.7。

提示标志（正方形）及其辅助标志应满足以下要求：

a）需要外部照明的提示标志及其辅助标志，日常情况下其表面的最低平均照度和照度均匀度也应满足上述要求。当发生火灾，正常照明电源中断的情况下，应在5 s内自动切换成应急照明电源，由应急照明灯具照明，标志表面的最低平均照度和照度均匀度仍应满足上述要求。

b）具有内部照明的提示标志及其辅助标志，当标志表面外部照明的照度小于5 lx

时，应能在 5 s 内自动启动内部照明灯具进行照明。当发生火灾，内部照明灯具的正常照明电源中断的情况下，应在 5 s 内自动切换成应急照明电源。无论在哪种电源供电进行内部照明的情况下，标志表面的平均亮度宜为 17~34 cd/m^2，但任何小区域内的最大亮度不应大于 80 cd/m^2，最小亮度不应小于 15 cd/m^2，最大亮度和最小亮度之比不应大于 5∶1。

c）用自发光材料制成的提示标志牌及其辅助标志牌，其表面任一发光面积的亮度不应小于 0.51 cd/m^2。文字辅助标志牌表面的最大亮度和最小亮度之比不应超过 3∶2，图形标志的最大亮度和最小亮度之比不应超过 5∶2。

（11）室外设置的消防安全标志应满足以下要求：

①室外附着在建筑物上的标志牌，其中心点距地面的高度不应小于 1.3 m。

②室外用标志杆固定的标志牌的下边缘距地面高度应大于 1.2 m。

③消防安全标志牌应设置在室外明亮的环境中。日常情况下使用的各种标志牌的表面最低平均照度不应小于 5 lx，照度均匀度不应小于 0.7。夜间或较暗环境下使用的消防安全标志牌应采用灯光照明以满足其最低平均照度要求，也可采取自发光材料制作。设置在道路边缘供车辆使用的消防安全标志牌也可采用逆向反射材料制作。

④设置在道路边缘的标志牌，其内边缘距路面（或路肩）边缘不应小于 0.25 m，标志牌下边缘距路面的高度应在 1.8~2.5 m 之间。

⑤设置在道路边缘的标志牌，在装设时，标志牌所在平面应与行驶方向垂直或成 80°~90°角。

（12）对于地下工程，“紧急出口”标志宜设置在通道的两侧部及拐弯处的墙面上，标志的中心点距地面高度应在 1.0~1.2 m 之间，也可设置在地面上。标志的间距不应大于 10 m。

（13）给标志提供应急照明的电源，其连续供电时间应满足所处环境的相应标准或规范要求，但不应小于 20 min。

技能操作

技能 4-1-12　检查消防安全标志的设置、完好有效情况

一、操作准备

（1）消防应急照明灯具、疏散标志灯具等各类消防安全标志灯具。

（2）碳素笔、卷尺、照度计、秒表、防火检查记录表等。

二、操作步骤

步骤 1　消防安全标志通用要求检查

（1）核实消防安全标志配备是否正确，并查看设置方式和位置是否正确。

（2）现场检查消防安全标志外观、工作状态指示灯显示情况，设置点是否无遮挡，指示标志清晰、防护措施情况。

（3）沿着消防安全标志指示方向行走，检查指示方向的正确性。

（4）采取的粘贴、钉挂或悬挂方式是否牢固，安装的高度及间距、角度是否正确。

（5）检查多个标志在一起设置时，设置顺序是否正确。

（6）综合检查同一建筑范围内的各建筑物、场所，或同一建筑物内的各场所、区域，标志牌的设置高度是否一致。

（7）测量消防安全标志灯具照度是否符合设计要求。

步骤2　消防安全标志配置检查

（1）人员密集的公共场所、疏散通道、安全出口、消防控制室、消防水泵房、自备发电机房、配电室、防排烟机房、老年人照料设施、病房楼或手术部的避难间等是否配置指示牌。

（2）标志牌的设置位置、类型、规格、配置数量是否符合设计要求。

（3）标志牌的附着式、悬挂式或柱式等设置方式是否符合配置要求。

（4）标志牌是否设置在固定位置、周围是否有障碍物、被遮挡等影响查看的情况。

（5）检查标志牌配置场所是否发生了变化。

（6）室外标志牌是否有防雨、防晒等保护措施。

（7）方向辅助标志是否设置在公众选择方向的通道处，并按通向目标的最短路线设置，观察角接近90°。

（8）在所有有关照明下，标志的颜色是否保持不变。

（9）消防安全标志牌的制作材料疏散标志牌是否采用不燃材料制作。

步骤3　消防安全标志外观检查

（1）消防安全标志是否损坏和丢失。

（2）消防安全标志标识是否清晰。

（3）消防安全标志灯具指示灯的工作状态是否正常。

（4）消防安全标志灯具的线路是否有损坏。

（5）消防安全标志指示方向是否正确。

步骤4　功能检查

检查应急照明灯具的照度及工作时间是否符合国家要求。

培训单元12　检查建筑消防设施完好有效和维修保养情况

【培训重点】

（1）了解建筑消防设施的分类。

（2）掌握建筑消防设施的管理方法。

【知识要求】

建筑消防设施是指依照国家、行业或者地方消防技术标准的要求，在建筑物、构筑物和堆场中设置的用于火灾报警、灭火、人员疏散、防火分隔、灭火救援行动等防范和扑救建筑火灾的设备设施的总称。

一、建筑消防设施的分类

不同建筑根据其使用性质、体积、高度、耐火极限和火灾危险性的大小，需要有相应类别、功能的建筑消防设施作为保障。建筑消防设施的主要作用是及时发现和扑救火灾，限制火灾蔓延的范围，为有效地扑救火灾和人员疏散创造有利条件，从而减少由火灾造成的财产损失和人员伤亡。

现代建筑消防设施种类多、功能全，使用普遍。按其使用功能不同进行划分，常用的建筑消防设施可分为以下几类。

（一）建筑防火分隔设施

建筑防火分隔设施是指能在一定时间内把火势控制在一定空间内，有效阻止其蔓延扩大的一系列分隔设施。各类防火分隔设施一般在耐火稳定性、完整性和隔热性等方面具有不同要求。常用的防火分隔设施有防火墙，防火隔墙，防火门、窗，防火卷帘，防火阀，阻火圈和防火玻璃墙等。

（二）安全疏散设施

常用的安全疏散设施包括安全出口、疏散门、疏散楼梯、疏散（避难）走道、消防电梯、屋顶直升机停机坪、消防应急照明和安全疏散指示标志等。

（三）消防给水设施

消防给水设施是建筑消防给水系统的重要组成部分，其主要功能是为建筑消防给水系统储存并提供足够的消防水量和水压，确保消防给水系统的供水安全可靠。消防给水设施通常包括消防供水管道、消防水池、消防水箱、消防水泵、稳压泵、消防水泵接合器等。

（四）防烟与排烟设施

建筑的防烟设施分为机械加压送风的防烟设施和可开启外窗等设施。建筑的排烟设施分为机械排烟设施和可开启外窗的自然排烟设施。建筑机械防烟排烟设施由送排风管道、管井、防火阀、门开关设备、送排风机等组件组成。

（五）消防供配电设施

消防供配电设施是建筑电力系统的重要组成部分，消防供配电系统主要包括消防电源、消防配电箱、线路等。消防配电箱是从消防电源到消防用电设备的中间环节。

（六）火灾自动报警系统

火灾自动报警系统包括火灾探测报警系统、消防联动控制系统、可燃气体探测报警系统及电气火灾监控系统。火灾探测报警系统由火灾探测触发装置、火灾报警装置、火灾警报装置以及具有其他辅助功能的装置组成。此系统能在火灾初期将燃烧产生的烟雾、热量、火焰等物理量，通过火灾探测器变成电信号，传输到火灾报警控制器，并同时显示出火灾发生的部位、时间等，使人们能够及时发现火灾并采取有效措施。火灾自动报警系统按应用范围可分为区域报警系统、集中报警系统和控制中心报警系统三类。

（七）自动喷水灭火系统

自动喷水灭火系统是由洒水喷头、报警阀组、水流报警装置（水流指示器、压力开关）等组件以及管道、供水设施组成的，能在火灾发生时做出响应并实施喷水的自动灭火系统。此系统依照采用的喷头分为两类：采用闭式洒水喷头的为闭式系统，包括湿式系统、干式系统、预作用系统、冷却防护系统、简易自动喷水系统等；采用开式洒水喷头的为开式系统，包括雨淋系统、水幕系统和冷却防护系统等。

（八）水喷雾灭火系统

水喷雾灭火系统是利用专门设计的水雾喷头，在水雾喷头的工作压力下将水流分解成粒径不超过 1 mm 的细小水滴进行灭火或防护冷却的一种固定灭火系统。其主要灭火机理为表面冷却、窒息、乳化和稀释作用，具有较高的电气绝缘性能和良好的灭火性能。该系统按启动方式可分为电动启动和传动管启动两种类型；按应用方式可分为固定式水喷雾灭火系统、自动喷水-水喷雾混合配置系统、泡沫-水喷雾联用系统三种类型。

（九）细水雾灭火系统

细水雾灭火系统是由供水装置、过滤装置、控制阀、细水雾喷头等组件和供水管道组成的，能自动和手动启动并喷放细水雾进行灭火或控火的固定灭火系统。该系统的灭火机理主要是表面冷却、窒息、辐射热阻隔和浸湿以及乳化作用，在灭火过程中，几种作用往往同时发生，从而实现有效灭火。该系统按工作压力可分为低压系统、中压系统和高压系统；按应用方式可分为全淹没系统和局部应用系统；按动作方式可分为开式系统和闭式系统；按雾化介质可分为单流体系统和双流体系统；按供水方式可分为泵组式系统、瓶组式系统、瓶组与泵组结合式系统。

（十）泡沫灭火系统

泡沫灭火系统由消防水泵、泡沫储罐、比例混合器、泡沫产生装置、阀门及管道、电气控制装置组成。该系统按泡沫液发泡倍数的不同可分为低倍数泡沫灭火系统、中倍数泡沫灭火系统和高倍数泡沫灭火系统；按设备安装使用方式可分为固定式泡沫灭火系统、半固定式泡沫灭火系统和移动式泡沫灭火系统。

（十一）气体灭火系统

气体灭火系统是指平时灭火剂以液体、液化气体或气体状态存储于压力容器内，灭火时以气体（包括蒸气、气雾）状态喷射灭火介质的灭火系统。该系统能在防护区空间内形成各方向均一的气体浓度，而且至少能保持该灭火浓度达到规范规定的浸渍时间，从而扑灭该防护区的火灾。气体灭火系统按其结构特点可分为管网灭火系统（工程系统）和无管网灭火系统（预制系统）；按防护区的特征和灭火方式可分为全淹没灭火系统和局部应用灭火系统；按一套灭火剂储存装置保护的防护区的多少，可分为单元独立系统和组合分配系统。

（十二）干粉灭火系统

干粉灭火系统由启动装置、氮气瓶组、减压阀、干粉罐、干粉喷头、干粉枪、干粉炮、电控柜、阀门和管系等零部件组成，一般为火灾自动探测系统与干粉灭火系统联动。此系统氮气瓶组内的高压氮气经减压阀减压后进入干粉罐，其中一部分氮气被送到干粉罐的底部，起到松散干粉灭火剂的作用。随着罐内压力的升高，部分干粉灭火剂随氮气进入出粉管，并被送到干粉固定喷嘴或干粉枪、干粉炮的出口阀门处，当干粉固定喷嘴或干粉枪、干粉炮出口阀门处的压力达到一定值后，阀门打开（或者定压爆破膜片自动爆破），压力能迅速转化为动能，高速的气粉流便从固定喷嘴或干粉枪、干粉炮的喷嘴中喷出，射向火源，切割火焰，破坏燃烧链，起到迅速扑灭或抑制火灾的作用。

（十三）消防通信设施

消防通信设施是指专门用于消防检查、演练、火灾报警、接警、安全疏散、消防救援力量调度以及与医疗、消防等防灾部门之间进行联络的系统设施。其主要包括火灾事故广播系统、消防专用电话系统、消防电话插孔以及无线通信设备等。

（十四）移动式灭火器材

移动式灭火器材是相对固定式灭火设施而言的，即可以人为移动的各类灭火器具，如灭火器、灭火毯、消防梯、消防钩、消防斧、安全锤、消防桶等。

除此以外，一些其他器材和工具也能够起到灭火和辅助逃生等作用，如防毒面具、消防手电、消防绳、消防沙、蓄水缸等。

二、建筑消防设施的管理

建筑消防设施的产权单位或者受其委托管理的单位应当履行日常管理责任。当建筑使用权全部或局部转让、租赁时，应明确建筑消防设施的日常管理责任。两个或者两个以上产权人共用建筑消防设施的，建筑消防设施产权人应当共同协商，订立协议，明确各方的建筑消防设施管理责任，确定责任人或者委托一个管理单位进行统一管理，并将协议报送当地消防救援机构备案。建筑消防设施的使用、管理单位应当依法履行下列管理职责：

（1）贯彻执行国家有关建筑消防设施使用、维护保养的法律、法规、技术标准和地方规章。

（2）明确专门部门和专人负责建筑消防设施的操作、检查和维护保养工作。

（3）制定建筑消防设施的管理制度和操作规程。

（4）落实建筑消防设施的日常维护保养制度，及时整改设置与运行中存在的问题。

（5）定期组织对建筑消防设施进行检查测试。

（6）建立建筑消防设施配置、运行等情况的管理档案。

（7）对员工进行建筑消防设施使用常识教育，定期组织消防演练。

（8）履行法律、法规、规章规定的其他责任。

技能操作

技能 4-1-13 建筑消防设施完好有效和维修保养情况检查

一、操作准备

（1）建筑防火分隔设施、安全疏散设施、消防给水设施、消防供配电设施、防烟与排烟设施、火灾自动报警系统、自动喷水灭火系统、消防通信设施等。

（2）碳素笔、防火检查记录表等。

二、操作步骤

步骤 1 检查消防设施设置场所周围环境是否符合要求。

步骤 2 检查消防设施设备外观是否存在缺陷。

步骤3 检查消防设施设备的设计安装是否符合要求。

步骤4 检查灭火器材、自动灭火系统与建筑的火灾危险性是否相适应。

步骤5 检查消防设施设备的使用功能是否正常。

步骤6 检查消防电气设备的供电情况是否正常。

步骤7 检查建筑消防系统的联动功能是否正常。

步骤8 检查建筑消防设施档案是否齐全。

培训单元13 检查自动消防设施全面检查测试及检测报告出具和存档情况

【培训重点】

(1) 了解消防设施维护管理的要求。

(2) 掌握建筑消防设施维护管理各环节的工作要求。

【知识要求】

消防设施维护管理由建筑物的产权单位或者受其委托的建筑物业管理单位（以下简称建筑使用管理单位）依法自行管理或者委托具有相应资质的消防技术服务机构实施管理。消防设施维护管理包括值班、巡查、检测、维修、保养、建档等工作。为确保建筑消防设施正常运行，建筑使用管理单位需要对其消防设施的维护管理明确归口管理部门、管理人员及其工作职责，建立消防设施值班、巡查、检测、维修、保养、建档等管理制度。

一、消防设施维护管理人员及装备要求

消防设施操作管理以及值班、巡查、检测、维修、保养的从业人员，需要具备符合下列规定的从业资格：

(1) 从事消防设施维护保养检测的消防技术服务机构：注册消防工程师不得少于2人，且企业技术负责人由一级注册消防工程师担任；取得消防设施操作员国家职业资格证书的人员不少于6人，其中中级技能等级以上的不少于2人。

(2) 从事消防安全评估服务的消防技术服务机构：注册消防工程师不得少于2人，且企业技术负责人由一级注册消防工程师担任。

(3) 从事消防设施操作、值班、巡查的人员，经消防行业特有工种职业技能鉴定合格，持有相应等级的职资格证书，能够熟练操作消防设施。

(4) 用于消防设施的巡查、检测、维修、保养的测量用仪器、仪表、量具以及泄压阀、安全阀等，依法需要计量检定的，建筑使用管理单位按照有关规定进行定期校验，并具有有效证明文件。

二、建筑消防设施维护管理检查方法

消防设施维护管理各个环节的工作均关系到消防设施完好有效、正常发挥作用，建筑

管理单位要根据各个环节工作特点，组织实施维护管理。

（一）值班

建筑使用管理单位根据工作、生产、经营特点，建立值班制度。在消防控制室、具有配电功能的配电室、消防水泵房、防烟排烟机房等重要设备用房，合理安排符合从业资格的专业人员对消防设施实施值守、监控，负责消防设施操作控制，确保火灾情况下能够按照操作技术规程，及时、准确地操作建筑消防设施。

（二）巡查

巡查是指建筑使用管理单位对建筑消防设施直观属性的检查。根据《建筑消防设施的维护管理》(GB 25201）的规定，消防设施巡查内容主要包括消防设施设置场所（防护区域）的环境状况，消防设施及其组件、材料等外观以及消防设施运行状态，消防水源状况及固定灭火设施灭火剂储存量等。

1. 巡查要求

建筑使用管理单位按照下列要求组织巡查：

（1）明确各类消防设施的巡查频次、内容和部位。

（2）巡查时，准确填写建筑消防设施巡查记录表。

（3）巡查发现故障或者存在问题的，按照规定程序进行故障处置，消除存在问题。

2. 巡查频次

建筑使用管理单位按照下列频次组织巡查：

（1）公共娱乐场所营业期间，每两小时组织一次综合巡查。其间将部分或者全部消防设施巡查纳入综合巡查内容，并保证每日至少对全部建筑消防设施巡查一遍。

（2）消防安全重点单位每日至少对建筑消防设施巡查一次。

（3）其他社会单位每周至少对消防设施巡查一次。

（4）举办具有火灾危险性的大型群众性活动的，承办单位根据活动现场实际需要确定巡查频次。

（三）检测

根据《建筑消防设施的维护管理》(GB 25201）的规定，消防设施检测主要是对国家标准规定的各类消防设施的功能性要求进行的检查、测试。

消防设施每年至少检测一次。重大节日或者重大活动，根据要求安排消防设施检测。设有自动消防设施的宾馆、饭店、商场、市场、公共娱乐场所等人员密集场所、易燃易爆单位以及其他一类高层公共建筑等消防安全重点单位，自消防设施投入运行后的每年年底将年度检测记录报当地消防机构备案。

（四）维修

对在值班、巡查、检测、灭火演练中发现的消防设施存在问题和故障的，相关人员按照规定填写建筑消防设施故障维修记录表，向建筑使用管理单位消防安全管理人报告；消防安全管理人对相关人员上报的消防设施存在的问题和故障，要立即通知维修人员或者委托具有资质的消防设施维修保养单位进行维修。

维修期间，建筑使用管理单位要采取确保消防安全的有效措施；故障排除后，消防安全管理人组织相关人员进行相应功能试验，检查确认，并将检查确认合格的消防设施恢复至正常工作状态，维修情况在建筑消防设施故障维修记录表中全面、准确记录。

（五）保养

建筑使用管理单位根据建筑规模、消防设施使用周期等，制定消防设施保养计划，载明消防设施的名称、保养内容和周期；储备一定数量的消防设施易损件或者与有关消防产品厂家供应商签订相关合同，以保证维修保养供应。实施消防设施的维护保养时，维护保养单位相关技术人员填写建筑消防设施维护保养记录表，并进行相应功能试验。

（六）档案建立与管理

消防设施档案是建筑消防设施施工质量、维护管理的历史记录，具有延续性和可追溯性，是消防设施施工调试、操作使用、维护管理等状况的真实记录。

1. 档案内容

建筑消防设施档案至少包含下列内容：

（1）消防设施基本情况。主要包括消防设施的验收文件和产品、系统使用说明书、系统调试记录、消防设施平面布置图和系统图等原始技术资料。

（2）消防设施动态管理情况。主要包括消防设施的值班记录、巡查记录、检测记录、故障维修记录以及维护保养计划表、维护保养记录、自动消防控制室人员基本情况档案及培训记录等。

2. 保存期限

消防设施施工安装、竣工验收以及验收技术检测等原始技术资料长期保存；消防控制室值班记录表和建筑消防设施巡查记录表的存档时间不少于1年；建筑消防设施检测记录表、建筑消防设施故障维修记录表、建筑消防设施维护保养计划表的存档时间不少于5年。

三、建筑消防设施维护管理检查内容

（一）检查消防设施维护管理职责分工情况

同一建筑物有2个及2个以上产权、使用单位的，明确消防设施的维护管理责任，实行统一管理，以合同方式约定各自的权利与义务；委托物业管理单位、消防技术服务机构等实施统一管理的，物业管理单位、消防技术服务机构等严格按照合同约定，履行消防设施维护管理职责，确保管理区域内的消防设施正常运行。

（二）检查消防设施维护管理制度和维修管理技术规程

建筑消防设施投入使用后，建立建筑使用管理单位制度并落实巡查、检测、报修、保养等各项维护管理制度和技术规程，及时发现问题，适时维修保养，确保消防设施处于正常工作状态，并且完好有效。

（三）检查管理责任落实情况

建筑使用管理单位自身具备维修、保养能力的，明确维修、保养职能部门和人员；不具备维修保养能力的，与消防设备生产厂家、消防设施施工安装单位等有维修、保养能力的单位签订消防设施维修、保养合同。

（四）检查消防设施标识化管理情况

消防设施的电源控制柜、水源以及灭火剂等控制阀门，处于正常运行位置，具有明显的开（闭）状态标识；需要保持常开或者常闭的阀门，采取铅封标识等限位措施，保证其处于正常位置；具有信号反馈功能的阀门，其状态信号能够按照预定程序及时反馈到消防控制室；消防设施及其相关设备电气控制柜具有控制方式转换装置的，除现场具有控制方式及其转换标识外，其控制信号能够反馈至消防控制室。

（五）检查消防设施故障消除及报修情况

值班、巡查、检测时发现消防设施故障的，按照单位规定程序，及时组织修复；单位没有维修、保养能力的，按照合同约定报修；消防设施因故障维修等原因需要暂时停用的，经单位消防安全责任人批准，报消防机构备案，采取消防安全措施后，方可停用检修。

（六）检查消防设施维护管理档案

定期整理消防设施维护管理技术资料，按照规定期限和程序保存、销毁相关文件档案。

（七）检查消防远程监控系统管理情况

城市消防远程监控系统联网用户，按照规定协议向城市监控中心发送建筑消防设施运行状态、消防安全管理等信息。

实例 4-1-1　检查消防档案存档情况

消防档案是消防安全重点单位的“户口簿”，它记载着单位的基本情况和有关消防安全管理的各种文献、资料。消防档案的收集、整理、保管，目的是有效利用，为单位的消防安全管理工作服务。检查消防档案存档情况，可参照表 4-1-5 所列内容执行。

表 4-1-5　消防档案目录

序号	名　　称	页码	备注
1	单位基本概况		
2	单位平面布置图		
3	单位建筑消防设计审核或者消防设计备案、消防验收或者竣工验收消防备案及投入使用、开业前消防安全检查情况登记		
4	消防安全管理组织机构		
5	建筑物及消防设施器材登记		
6	消防安全管理制度		
7	重点工种人员登记		
8	重点部位登记		
9	出租房屋管理		
10	易燃易爆危险品管理登记		
11	燃气、电气设备检测记录		
12	灭火和应急疏散预案档案		
13	消防宣传培训档案		
14	其他重大消防事项档案（包括火灾情况记录、消防奖惩情况、新增消防产品、消防经费开支、消防宣传等内容）		

表4-1-5（续）

序号	名　　称	页码	备注
15	本单位与自动消防设施维护保养单位签订的合同		
16	消防设施定期检查记录		
17	建筑消防设施故障处理记录		
18	自动消防设施维护保养记录		
19	自动消防设施检测报告		
20	……		

培训单元14　检查灭火器定期维护保养、维修检查及档案资料建立情况

【培训重点】

（1）了解灭火器日常维护管理要求。

（2）掌握灭火器维修与报废的管理要求。

【知识要求】

建筑灭火器的维护管理包括日常管理、维修与报废、建档等工作。灭火器日常管理、建档工作由建筑使用管理单位的消防技术人员负责实施，灭火器维修由具有法定资质的专业维修机构负责实施。

一、灭火器日常维护管理

建筑灭火器日常管理包括建筑灭火器的巡查和检查，由建筑使用管理单位确定专门的技术人员组织实施。建筑使用管理单位根据生产企业提供的灭火器使用说明书对本单位的灭火器配置情况开展日常管理，对员工进行灭火器操作使用培训。

（一）巡查

建筑灭火器的巡查是在规定周期内对灭火器直观属性的检查，按照《建筑消防设施的维护管理》（GB 25201）的要求组织实施。

1. 巡查内容

灭火器设置点状况，灭火器数量、外观，灭火器压力指示器及维修标识等情况。

2. 巡查周期

重点单位每天至少巡查一次，其他单位每周至少巡查一次。

3. 巡查要求

（1）灭火器设置点符合安装配置图表要求，设置点及其灭火器箱上有符合规定要求的发光指示标志。

（2）灭火器数量符合配置安装要求，灭火器压力指示器指向绿区。

（3）灭火器外观无明显损伤和缺陷，保险装置的铅封、销闩等组件完好无损。

（4）经维修的灭火器，维修标识符合规定。

（二）检查

建筑灭火器的检查是在规定期限内对灭火器配置和外观进行的全面检查，按照《建筑灭火器配置验收及检查规范》（GB 50444）的要求组织实施。委托消防技术服务机构进行年度技术检测时，除配置和外观检查外，还要按照《建筑消防设施的维护管理》（GB 25201）的要求，在相同批次灭火器中随机抽取一定数量的灭火器进行灭火喷射等性能试验。

1. 检查内容

全面检查灭火器配置及外观，检查内容详见技能操作 4-1-14。

2. 检查周期

灭火器的配置、外观等全面检查每月进行一次。候车（机、船）室、歌舞娱乐放映游艺等人员密集的公共场所以及堆场、罐区、石油化工装置区、加油站、锅炉房、地下室等场所配置的灭火器每半个月检查一次。

3. 检查要求

灭火器的配置、外观等检查要求详见技能操作 4-1-14。灭火器检查时应有详细的检查记录并存档。

检查或者维修后的灭火器按照原设置点位置和配置要求放置。巡查、检查中发现灭火器被挪动、缺少零部件、有明显缺陷或者损伤、灭火器配置场所的使用性质发生变化等情况的，及时按照单位规定程序进行处置；符合报修条件、达到维修年限的，及时送修；达到报废条件、报废年限的，及时报废，不得使用，并采用符合要求的灭火器进行等效替代。

二、灭火器维修及报废

灭火器维修是指为确保灭火器安全使用和有效灭火，对灭火器进行的检查、水压试验、灭火剂回收、零部件更换、再充装、报废与回收处置、质量检验等活动。灭火器维修由具备灭火器维修条件，依法获得灭火器维修资质的维修机构，按照灭火器产品生产技术标准和《灭火器维修》（XF 95）的规定组织实施。

（一）灭火器报修

日常管理中，发现灭火器使用达到维修年限，或者灭火器存在机械损伤、明显锈蚀、灭火剂泄漏、被开启使用过、压力指示器指向红区等问题，或者符合其他报修条件的，建筑使用管理单位应按照规定程序予以送修。

使用达到下列规定年限的灭火器，建筑使用管理单位要分批次向灭火器维修企业送修：

（1）手提式、推车式水基型灭火器出厂期满 3 年，首次维修以后每满 1 年。

（2）手提式、推车式干粉灭火器、气体灭火器、二氧化碳灭火器出厂期满 5 年，维修以后每满 2 年。

送修灭火器时，一次送修数量不得超过配置计算单元所配置的灭火器总数量的 1/4。

超出时，需要选择相同类型、相同操作方法的灭火器替代，且其灭火级别不得小于原配置灭火器的灭火级别。

每具灭火器维修后，经维修出厂检验合格后，维修机构在灭火器筒体或者气瓶上粘贴维修标识，即灭火器维修合格证。建筑使用管理单位根据维修合格证的信息对灭火器进行定期送修和报废更换。维修合格证的形状和内容的编排格式由原灭火器生产企业或者维修机构设计。维修合格证采用不加热的方法固定在灭火器的筒体或者气瓶上，不得覆盖灭火器生产企业的铭牌标志。当将其从灭火器的筒体清除时，标识能够自行破损。维修合格证要字体清晰，其尺寸不得小于 30 cm^2。

（二）灭火器报废

灭火器报废分为四种情形：一是列入国家颁布的淘汰目录的灭火器；二是达到报废年限的灭火器；三是使用中出现或者检查中发现存在重大损伤或者重大缺陷的灭火器；四是维修时发现存在严重损伤、重大缺陷的灭火器。

1. 列入国家颁布的淘汰目录的灭火器

下列类型的灭火器，有的因灭火剂具有强腐性、毒性，有的因操作需要倒置使用并对操作人员具有一定的危险性，有的因环保要求，已列入国家颁布的淘汰目录，一经发现予以报废处理：

（1）酸碱型灭火器。

（2）化学泡沫型灭火器。

（3）倒置使用型灭火器。

（4）氯溴甲烷、四氯化碳灭火器。

（5）1211 灭火器、1301 灭火器。

（6）国家政策明令淘汰的其他类型灭火器。

2. 达到报废年限的灭火器

手提式、推车式灭火器出厂时间达到或者超过下列规定期限的，予以报废处理：

（1）水基型灭火器出厂期满 6 年。

（2）干粉灭火器、洁净气体灭火器出厂期满 10 年。

（3）二氧化碳灭火器出厂期满 12 年。

3. 存在严重损伤、重大缺陷的灭火器

灭火器使用、检查、维修过程中，发现存在下列情形之一的，予以报废处理：

（1）永久性标志模糊，无法识别。

（2）筒体或者气瓶被烧过。

（3）筒体或者气瓶严重变形。

（4）筒体或者气瓶外部涂层脱落面积大于筒体或者气瓶总面积的 1/3。

（5）筒体或者气瓶表面、连接部位、底座有腐蚀的凹坑。

（6）筒体或者气瓶有锡焊、铜焊或补缀等修补痕迹。

（7）筒体或者气瓶内部有锈屑或内表面有腐蚀的凹坑。

（8）水基型灭火器筒体内部的防腐层失效。

（9）筒体或者气瓶的连接螺纹有损伤。

（10）筒体或者气瓶水压试验不符合水压试验的要求。

（11）灭火器产品不符合消防产品市场准入制度。

（12）灭火器由不合格的维修机构维修的。

报废灭火器的回收处置按照规定要求由维修机向社会提供回收服务，并做好报废处置记录。经灭火器用户（即送修灭火器的建筑使用管理单位）同意，对报废的灭火器筒体或者气瓶、储气瓶进行消除使用功能处理。在确认报废的灭火器筒体或者气瓶、储气瓶内部无压力的情况下，采用压扁或解体等不可修复的方式消除其使用功能，不得采用钻孔或者破坏瓶口螺纹的方式进行报废处置。灭火器报废处置后，维修机构要将报废处置过程及其相关信息进行记录。

灭火器报废后，建筑使用管理单位按照等效替代的原则对灭火器进行更换。

灭火器维修记录、报废记录与维修前的灭火器信息记录合并建档，保存期限不得低于5年。

技能操作

技能 4-1-14　检查灭火器维护保养及维修情况

一、操作准备

（1）各类型手提式灭火器、推车式灭火器。

（2）碳素笔、防火检查记录表等。

二、操作步骤

步骤1　检查灭火器巡查工作开展情况

（1）检查巡查工作内容是否齐全。包括灭火器设置点状况，灭火器数量、外观，灭火器压力指示器及维修标识等情况。

（2）检查是否依据规定频次开展直观性的巡查工作。重点单位每天至少巡查一次，其他单位每周至少巡查一次。

步骤2　检查灭火器定期全面检查工作开展情况

（1）检查是否对灭火器的配置及外观进行全面检查。

（2）检查是否依据规定频次开展全面检查工作。灭火器的配置、外观等全面检查每月进行一次。候车（机、船）室、歌舞娱乐放映游艺等人员密集的公共场所以及堆场、罐区、石油化工装置区、加油站、锅炉房、地下室等场所配置的灭火器每半个月检查一次。

步骤3　检查灭火器维修工作开展情况

（1）检查是否按规定的频次维修灭火器。水基型灭火器出厂期满3年，首次维修以后每满1年；干粉灭火器、气体灭火器、二氧化碳灭火器出厂期满5年，首次维修以后每满2年。

（2）检查灭火器维修质量情况。

步骤4　检查灭火器报废工作开展情况

（1）检查是否存在列入国家颁布的淘汰目录的灭火器。

（2）检查是否存在达到报废年限的灭火器。

（3）检查是否存在严重损伤、重大缺陷的灭火器。

（4）检查报废灭火器的回收处置工作是否符合规定。

培训单元15　填写防火检查记录

【培训重点】

（1）了解单位消防安全检查的形式。

（2）掌握单位防火检查的内容。

（3）会填写防火检查记录表。

【知识要求】

一、单位消防安全检查的形式

消防安全检查是一项长期的、经常性的工作，在组织形式上应采取经常性检查和定期性检查相结合、重点检查和普遍检查相结合的方式方法。具体检查形式主要有以下几种。

（一）一般日常性检查

这种检查是按照岗位消防责任制的要求，以班组长、安全员、志愿消防员为主，对其所处的岗位和环境的消防安全情况进行检查，通常以班前、班后和交接班时为检查的重点。一般日常性检查能及时发现不安全因素，及时消除安全隐患，是消防安全检查的重要形式之一。

（二）防火巡查

防火巡查是单位保证消防安全的严格管理措施之一，它是消防安全重点单位常用的一种消防检查形式。

（三）定期防火检查

这种检查是按规定的频次进行，或者按照不同的季节特点，或者结合重大节假日进行的检查。通常由单位领导组织，或由有关职能部门组织，除了对所有部位进行检查外，还要对重点部门进行重点检查。

（四）专项检查

根据单位实际情况以及当前主要任务和消防安全薄弱环节开展的检查，如用电检查、用火检查、疏散检查、消防设施检查、危险品储存与使用检查等。专项检查应有专业技术人员参加。

（五）夜间检查

夜间检查是预防夜间发生大火的有效措施，检查主要依靠夜间值班干部、警卫和专、兼职消防管理人员。重点是检查火源电源以及其他异常情况，及时堵塞漏洞，消除隐患。

（六）其他形式的检查

根据需要进行的其他形式的检查，如重大活动前的检查、季节性检查等。

二、单位防火检查的内容

机关、团体、事业单位应当至少每季度进行一次防火检查，其他单位应当至少每月进行一次防火检查。单位防火检查的内容应当包括：

（1）火灾隐患的整改情况以及防范措施的落实情况。

（2）安全疏散通道、疏散指示标志、应急照明和安全出口情况。

（3）消防车道、消防水源情况。

（4）灭火器材配置及有效情况。

（5）用火、用电有无违章情况。

（6）重点工种人员以及其他员工消防知识的掌握情况。

（7）消防安全重点部位的管理情况。

（8）易燃易爆危险物品和场所防火防爆措施的落实情况以及其他重要物资的防火安全情况。

（9）消防（控制室）值班情况和设施运行、记录情况。

（10）防火巡查情况。

（11）消防安全标志的设置情况和完好、有效情况。

（12）其他需要检查的内容。

防火检查应当填写检查记录（表4-1-6），检查人员和被检查部门负责人应当在检查记录上签名。

技能操作

技能4-1-15　填写防火检查记录表

一、操作准备

（1）用火用电用气设备、消防安全疏散设施、火灾自动报警系统、自动灭火系统、消防给水设施、防排烟设备等。

（2）碳素笔、防火检查记录表等。

二、操作步骤

步骤1　检查用火用电用气安全使用情况，有无违章操作行为。

步骤2　检查安全出口、疏散通道是否畅通，检查应急照明、疏散指示标志是否完好，检查应急广播是否完好。

步骤3　检查火灾自动报警系统是否完好。

步骤4　检查自动灭火系统是否完好。

步骤5　检查消防给水设施是否完好。

步骤6　防排烟设施是否完好。

步骤7　检查消防安全重点部位人员在岗情况，是否存在脱岗行为。

步骤8　根据检查结果填写防火检查记录表（表4-1-6）。

表4-1-6　防火检查记录表

检查人：__________　　　　　　　　　　　　　　检查日期：__________

用火用电用气		临时动用明火执行审批：□有审批　□无审批 电器产品的线路定期维护、检测：□有记录　□无记录 燃气用具的管路定期维护、检测：□有记录　□无记录
消防安全疏散		消防车道：□畅通　□不畅通　□净宽、净高均超过4 m 疏散通道：检查部位__________ □畅通　□不畅通：__________ 安全出口：检查部位__________ □畅通　□不畅通：__________ 应急照明：检查部位__________ □完好有效　□未保持完好有效　□不符合标准 疏散指示标志：检查部位__________ □完好有效　□未保持完好有效　□不符合标准 应急广播：检查部位__________ □完好有效　□未保持完好有效　□不符合标准
消防控制室		消防控制室：□有　□无 值班操作人员：□两人以上持证上岗　□值班人员在岗 □熟悉操作规程　□值班记录完整 自动消防设备运行情况：□年度检测合格　□无被隔离器件 □能够显示器件的工作状态 □手动、自动状态能够切换 □能够控制启停消防水泵、喷淋泵、防排烟系统和应急广播 □消防电话通话流畅 □能够切断非消防电源 □能够控制电梯、防火卷帘 消防电话：检查部位__________ □通话清晰　□音量正常　□设置位置便于操作
消防设施器材	火灾自动报警系统	探测报警系统：□有　□无 探测器：检查部位__________ □完好有效　□未保持完好有效 手动报警器：检查部位__________ □可报警　□无损坏　□无遮挡　□有标识　□能够 联动报警系统：□有　□无 消防电梯：□可手动操控　□消防控制室能够联动控制 □轿厢专用电话畅通　□轿厢内无可燃材料

表 4-1-6（续）

<table>
<tr><td rowspan="4">消防设施器材</td><td rowspan="2">自动灭火系统</td><td>自动喷水灭火系统：□有 □无
湿式报警阀：□水压满足要求 □无损坏、无渗漏
□放水实验时压力开关发出动作信号、水力警铃报警
□报警阀进出口处控制阀处于锁定状态
末端试水装置：□设有末端试水装备或试水阀 □便于操作排水畅通
□水压达到 0.05 MPa 以上 □试水阀、压力表、试水接头齐全
□试水时水流指示器、压力开关产生动作信号
喷淋泵：□消防控制室能够远程启泵 □可手动启泵
□可自动启动联动喷淋泵 □配电柜处于自动状态
□主备泵间能够切换 □有渗水、锈蚀现象</td></tr>
<tr><td>气体灭火系统：□有 □无 气瓶：□正常 □不正常
开关装置：□开启正常 □开启不正常</td></tr>
<tr><td>消防给水设施</td><td>消防给水系统：□有 □无
消防水泵：□消防控制室能够远程启泵 □能够手动启泵
□消火栓按钮能够启动消防泵 □配电柜处于自动状态
□主备泵间能够切换 □有渗水、锈蚀现象
室内消火栓：检查部位________________
□水压满足要求 □无损坏 □无渗漏 □无遮挡
□启泵按钮能够正常启泵 □配件齐全
室外消火栓：检查部位________________
□水压满足要求 □无损坏 □无渗漏 □无埋压
□无圈占 □永久性固定标识完好 □配件齐全</td></tr>
<tr><td>防排烟设备</td><td>防排烟设施：□有 □无
通风风机：□可手动启停 □消防控制室可远程启停 □联动状态下风机能够自动启动
□停止运行后消防控制室可接收防火阀信号 □风向正确
防火阀：□消防控制室能够关闭防火阀 □防火阀阀体上的手动测试装置正常
□防火阀关闭后能向消防控制室反馈信号
防（排）烟风机：□可手动启动 □消防控制室可远程启停 □可由感烟探测器联动启动
排烟口开启后联动排烟风机：□风向正确
送风口、排烟口：□可手动启动 □消防控制室可远程启动
□可由感烟探测器联动启动 □无遮挡 □风向正确</td></tr>
<tr><td colspan="2">检查结果及处理意见</td><td></td></tr>
</table>

消防安全管理人：__________ 部门/科室/楼层消防安全责任人：__________

培训项目 2　组织实施整改火灾隐患

【知识导图】

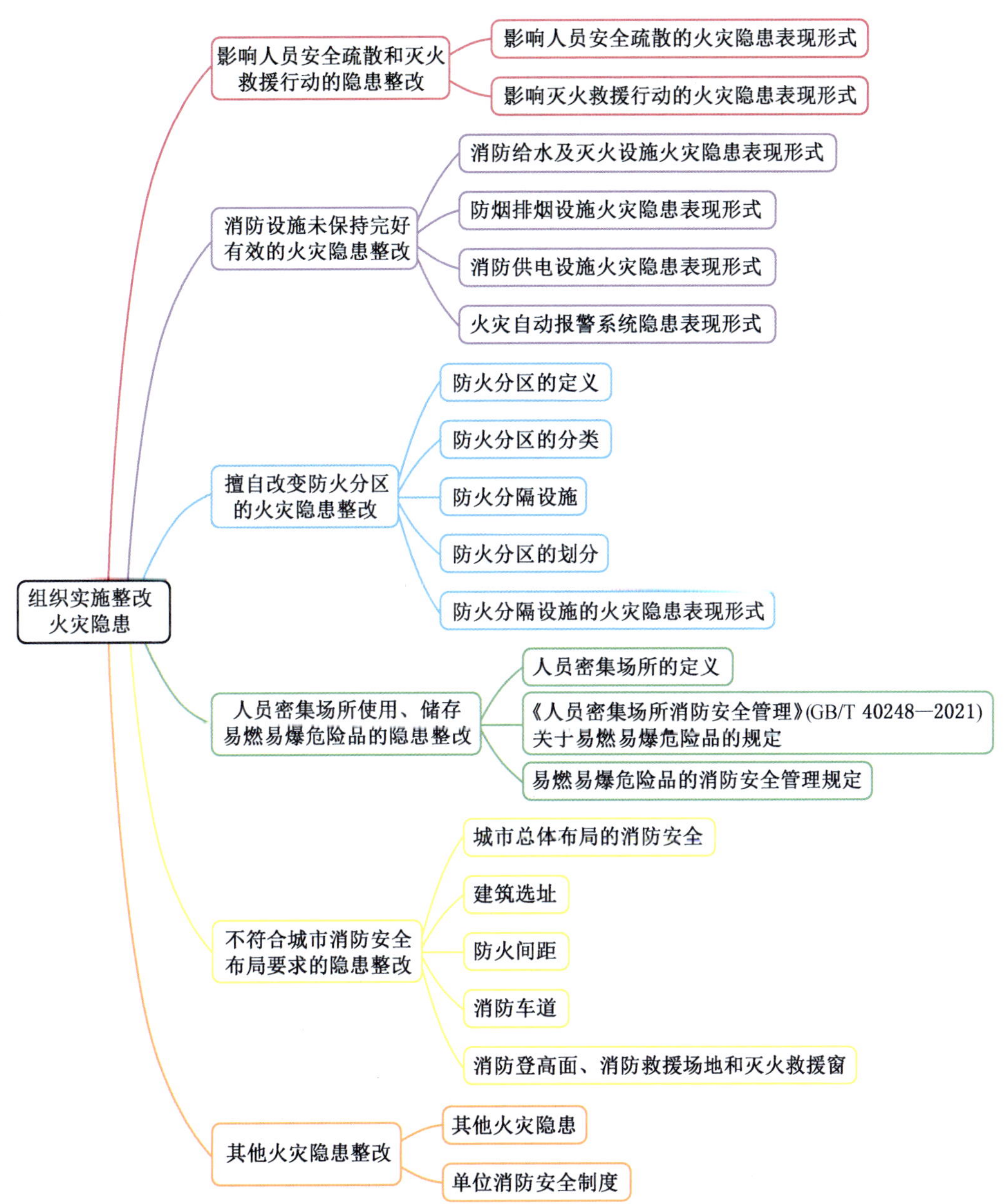

单位对存在的火灾隐患应当及时予以消除。对不能当场改正的火灾隐患，根据本单位的管理分工，及时将存在的火灾隐患向单位的消防安全责任人或者消防安全管理人报告，提出整改方案。消防安全责任人或者消防安全管理人组织相关人员，确定整改的措施、期限以及负责整改的部门、人员，并落实整改资金。在火灾隐患未消除之前，单位采取并落实防范措施，保障消防安全。不能确保消防安全，随时可能引发火灾或者一旦发生火灾将严重危及人身安全的，及时将危险部位停产停业整改。

火灾隐患整改完毕，负责整改的部门或者人员将整改情况记录报送消防安全责任人或者消防安全管理人，签字确认后存档备查。对于涉及城市规划布局而不能自身解决的重大隐患，以及机关、团体、事业单位确无能力解决的重大火灾隐患，单位提出解决方案并及时向其上级主管部门或者当地人民政府报告。对当地消防机构责令限期改正的火灾隐患，单位要在规定的期限内改正，并写出火隐患整改复函，报送消防机构。

培训单元1 影响人员安全疏散和灭火救援行动的隐患整改

【培训重点】

（1）了解影响人员安全疏散和灭火救援行动的火灾隐患表现形式。

（2）掌握安全疏散设施和灭火救援设施的隐患整改方法。

【知识要求】

一、影响人员安全疏散的火灾隐患表现形式

安全疏散是建筑防火设计的一项重要内容，对于确保火灾中人员的生命安全具有重要作用。安全疏散设计应根据建筑物的高度、规模、使用性质、耐火等级和人们在火灾事故时的心理状态与行为特点，确定安全疏散基本参数，合理设置安全疏散和避难设施，如疏散走道、疏散楼梯及楼梯间、避难层（间）、疏散门、疏散指示标志等，为人员的安全疏散创造有利条件。

关于安全疏散设施方面的火灾隐患具体包括下列内容：

（1）建筑内的避难走道、避难间、避难层的设置不符合国家工程建设消防技术标准的规定或者避难走道、避难间、避难层被占用。

（2）疏散楼梯间的设置形式不符合国家工程建设消防技术标准的规定。

（3）建筑的安全出口数量或者宽度不符合国家工程建设消防技术标准的规定，或者既有安全出口被封堵。

（4）按国家工程建设消防技术标准的规定，建筑物应设置独立的安全出口或者疏散楼梯而未设置。

（5）疏散距离大于国家工程建设消防技术标准的规定。

（6）建筑未按国家工程建设消防技术标准的规定设置疏散指示标志、应急照明或者

所设置的设施损坏。

（7）建筑的封闭楼梯间或者防烟楼梯间的门损坏。

（8）建筑的疏散走道、疏散楼梯间及前室的室内装修材料的燃烧性能不符合《建筑内部装修设计防火规范》（GB 50222）的规定。

（9）建筑的疏散走道、楼梯间、疏散门或者安全出口设置栅栏、卷帘门。

（10）人员密集场所的外窗被封堵或者被广告牌等遮挡。

二、影响灭火救援行动的火灾隐患表现形式

建筑灭火救援设施一般包括消防车道、消防登高面、消防救援场地和灭火救援窗、消防电梯、直升机停机坪等，是用于扑救建筑火灾、疏散救援受灾人员的相关设备设施。

关于灭火救援设施方面的火灾隐患主要包括下列内容：

（1）高层建筑的消防车道、救援场地设置不符合要求或者被占用影响火灾扑救。

（2）消防电梯无法正常运行。

实例 4-2-1 影响人员安全疏散和灭火救援行动的隐患整改

某市三甲医院，地上 8 层，地下 2 层，建筑高度为 26 m，每层建筑面积均为 3000 m^2，框架结构，耐火等级为一级。单位聘请消防安全评估机构对医院的消防安全工作开展检查评估，检查中发现：地上八层 1 号安全出口被锁闭，地上六层外窗安装金属防护网，地上五层楼梯间入口设置防火卷帘，地上三层楼梯间内设置开水间，地上二层楼梯间未见应急照明灯具；消防车道净宽、净高均为 4.0 m，消防车道坡度为 10%，距建筑外墙的距离为 4.5 m；未见消防车登高操作场地。

该案例存在的隐患及整改措施：

隐患 1：地上八层 1 号安全出口被锁闭，影响安全疏散。

整改措施：将锁闭的安全出口立即打开。

隐患 2：地上六层外窗安装金属防护网不符合规定。医院属于人员密集场所，外窗不能被封堵，影响疏散逃生。

整改措施：拆除地上六层外窗的金属防护网。

隐患 3：地上五层楼梯间入口设置防火卷帘不符合规定。人员密集场所的疏散走道、楼梯间、疏散门或者安全出口不能设置栅栏或卷帘门，影响安全疏散。

整改措施：拆除防火卷帘，设置防火门。

隐患 4：地上三层楼梯间内设置开水间不符合规定，影响安全疏散。

整改措施：拆除楼梯间开水间。

隐患 5：地上二层楼梯间未见应急照明灯具不符合规定。

整改措施：公共建筑楼梯间内应设置应急照明灯具，火灾时为安全疏散提供照明。

隐患 6：消防车道坡度为 10% 不符合规定。

整改措施：将消防车道坡度调整为不大于 8%。

隐患 7：消防车道距建筑外墙的距离为 4.5 m 不符合规定。

整改措施：将消防车道距建筑外墙的距离调整为不小于 5 m。

隐患 8：未设置消防车登高操作场地。

整改措施：高层建筑应至少沿一条长边或周边长度的 1/4 且不小于一条长边长度的底边连续布置消防车登高操作场地。

培训单元 2 消防设施未保持完好有效的火灾隐患整改

【培训重点】

（1）了解火灾自动报警系统、消防给水及灭火设施、防烟排烟设施和消防供电设施的火灾隐患表现形式。

（2）掌握火灾自动报警系统、消防给水及灭火设施、防烟排烟设施和消防供电设施的火灾隐患整改方法。

【知识要求】

建筑消防设施主要包括用于火灾报警、灭火、人员疏散、防火分隔、灭火救援行动等防范和扑救建筑火灾的设备设施。

一、消防给水及灭火设施火灾隐患表现形式

（1）未按国家工程建设消防技术标准的规定设置消防水源、储存泡沫液等灭火剂。

（2）未按国家工程建设消防技术标准的规定设置室外消防给水系统，或者已设置但不符合标准的规定或者不能正常使用。

（3）未按国家工程建设消防技术标准的规定设置室内消火栓系统，或者已设置但不符合标准的规定或者不能正常使用。

（4）除旅馆、公共娱乐场所、商店、地下人员密集场所外，其他场所未按国家工程建设消防技术标准的规定设置自动喷水灭火系统。

（5）未按国家工程建设消防技术标准的规定设置除自动喷水灭火系统外的其他固定灭火设施。

（6）已设置的自动喷水灭火系统或者其他固定灭火设施不能正常使用或者运行。

二、防烟排烟设施火灾隐患表现形式

人员密集场所、高层建筑和地下建筑未按国家工程建设消防技术标准的规定设置防烟排烟设施或者已设置但不能正常使用或者运行。

三、消防供电设施火灾隐患表现形式

（1）消防用电设备的供电负荷级别不符合国家工程建设消防技术标准的规定。

（2）消防用电设备未按国家工程建设消防技术标准的规定采用专用的供电回路。

（3）未按国家工程建设消防技术标准的规定设置消防用电设备末端自动切换装置，或者已设置但不符合标准的规定或者不能正常自动切换。

四、火灾自动报警系统隐患表现形式

（1）除旅馆、公共娱乐场所、商店、其他地下人员密集场所以外的其他场所，未按国家工程建设消防技术标准的规定设置火灾自动报警系统。

（2）火灾自动报警系统不能正常运行。

（3）防烟排烟系统、消防水泵以及其他自动消防设施不能正常联动控制。

 **实例 4-2-2　消防设施未保持完好有效的火灾隐患整改**

某日，某大型物业公司消防安全管理部门对其管辖的建筑高度为 60 m 的写字楼开展防火检查工作。检查中发现：该写字楼配备柴油发电机组，消防设备末端配电装置处于手动控制状态；消防控制室火灾报警控制器处于关机状态，保安员李某值班期间睡觉；现场部分火灾探测器报警确认灯不巡检；消防水泵控制柜、防排烟风机控制柜处于手动控制状态；自动喷水灭火系统末端试水装置出水压力为 0.04 MPa。

该案例存在的隐患及整改措施：

隐患 1：消防设备末端配电装置处于手动控制状态不符合规定。

整改措施：应调整为自动状态，当主电源故障时才会自动切换到备用电源供电。

隐患 2：消防控制室火灾报警控制器处于关机状态不符合规定。

整改措施：火灾报警控制器保持 24h 开机。

隐患 3：保安员李某不具备从业资格，由其值守消防控制室不符合规定。

整改措施：安排持有相应等级的消防设施操作员职业资格证书的人员在消防控制室值班。

隐患 4：由李某 1 人值守消防控制室不符合规定。

整改措施：消防控制室值班人员不应少于 2 人。

隐患 5：部分火灾探测器报警确认灯不能巡检不符合规定。

整改措施：火灾探测器报警确认灯不巡检是故障的表现，应立即排除故障。

隐患 6：消防水泵控制柜、防排烟风机控制柜处于手动控制状态不符合规定。

整改措施：应调整为自动控制状态，否则火灾时不能自动联动消防泵、防排烟风机的启动。

隐患 7：自动喷水灭火系统末端试水装置出水压力为 0.04 MPa 不符合规定。

整改措施：末端试水装置出水压力不应低于 0.05 MPa，应立即查明原因予以修复。

培训单元 3　擅自改变防火分区的火灾隐患整改

【培训重点】

（1）掌握建筑防火分区的定义、分类及防火分隔设施的种类。

（2）了解不同建筑防火分区最大允许建筑面积。

（3）掌握防火分隔设施的火灾隐患表现形式。

【知识要求】

建筑物内某处失火时，火灾会通过热对流、热辐射和热传导向周围区域传播。建筑物内空间面积大，则发生火灾时燃烧面积大、蔓延扩展快，火灾损失也大。所以，有效地阻止火灾在建筑物的水平及垂直方向蔓延，将火灾限制在一定范围之内是十分必要的。在建筑物内划分防火分区，可有效控制火势的蔓延，有利于人员安全疏散和扑救火灾，从而达到减少火灾损失的目的。

一、防火分区的定义

防火分区是指在建筑内部采用防火墙和楼板及其他防火分隔设施分隔，能在一定时间内阻止火势向同一建筑的其他区域蔓延的防火单元，如图 4-2-1 所示。

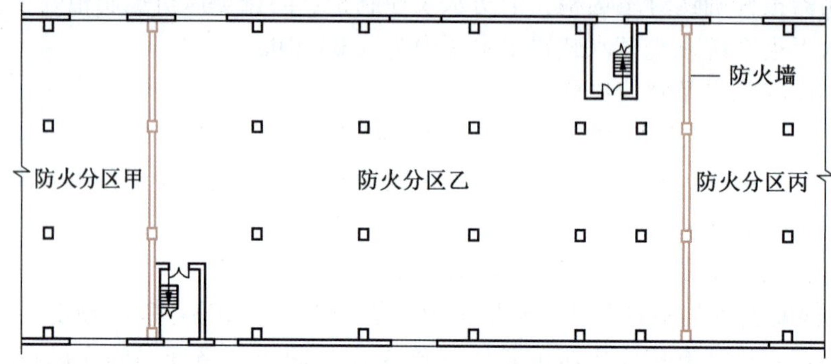

图 4-2-1 防火分区示意图

二、防火分区的分类

建筑防火分区分为水平防火分区和竖向防火分区。

（一）水平防火分区

水平防火分区是指建筑某一楼层内采用具有一定耐火能力的防火分隔物（如防火墙、防火门、防火窗和防火卷帘等），按规定的建筑面积标准分隔的防火单元。

水平防火分区可采用防火墙、防火卷帘进行分隔。对于采用防火墙进行分隔的，防火墙上确需开设门、窗、洞口时应为甲级防火门、窗。对于采用防火卷帘进行分隔的，防火卷帘的设置应满足规范要求，其主要用于大型商场、大型超市、大型展馆、厂房、仓库等。

（二）竖向防火分区

竖向防火分区是指采用具有一定耐火能力的楼板和窗间墙将建筑上下层隔开。对于建筑中庭、自动扶梯、楼梯间、管道井、窗槛墙等上下连通的空间，一般采用防火卷帘、防火门、防火封堵等方式对上下楼层进行防火分隔。

三、防火分隔设施

防火分隔设施是指能在一定时间内阻止火势蔓延，能把建筑内部空间分隔成若干较小防火空间的物体。防火分隔设施分为水平分隔设施和竖向分隔设施，包括防火墙、防火隔墙、楼板、防火卷帘、防火窗、防火阀等。

（一）防火墙

防火墙是防止火灾蔓延至相邻建筑或相邻水平防火分区且耐火极限不低于 3.00 h 的不燃性墙体，是建筑水平防火分区的主要防火分隔物，由不燃烧材料构成。其中，甲、乙类厂房和甲、乙、丙类仓库内的防火墙，其耐火极限不应低于 4.00 h。防火墙上不应开设门、窗、洞口，确需开设时，应设置不可开启或火灾时能自动关闭的甲级防火门、窗。

（二）防火隔墙

防火隔墙是建筑内防止火灾蔓延至相邻区域且耐火极限不低于规定要求的不燃性墙体，是建筑功能区域分隔和设备用房分隔的特殊墙体。如民用建筑内的剧院、电影院、礼堂与其他区域分隔，应采用耐火极限不低于 2.00 h 的防火隔墙；附设在建筑内的消防控制室、灭火设备室、消防水泵房和通风空气调节机房、变配电室等，应采用耐火极限不低于 2.00 h 的防火隔墙；锅炉房、柴油发电机房内设置储油间时，应采用耐火极限不低于 3.00 h 的防火隔墙与储油间分隔。

（三）其他防火分隔设施

其他防火分隔设施，包括防火门、防火卷帘、防火窗、防火阀等，应符合相关规定的要求。

四、防火分区的划分

防火分区的划分不仅应考虑面积大小要求，还应综合考虑建筑的使用性质、火灾危险性及耐火等级、建筑高度、消防扑救能力、建筑投资等因素。《建筑设计防火规范》（GB 50016）及其他相关规范均对建筑的防火分区面积作了明确的规定。

（1）民用建筑根据建筑类型、耐火等级、建筑高度或层数规定了防火分区的最大允许建筑面积，具体见表 4-2-1。

表 4-2-1　民用建筑允许建筑高度或层数、防火分区最大允许建筑面积

<table>
<tr><th>名称</th><th>耐火等级</th><th>防火分区的最大允许建筑面积/m^2</th><th>备　注</th></tr>
<tr><td>高层民用建筑</td><td>一、二级</td><td>1500</td><td rowspan="2">对于体育馆、剧场的观众厅，防火分区的最大允许建筑面积可适当增加</td></tr>
<tr><td rowspan="3">单、多层民用建筑</td><td>一、二级</td><td>2500</td></tr>
<tr><td>三级</td><td>1200</td><td></td></tr>
<tr><td>四级</td><td>600</td><td></td></tr>
<tr><td>地下或半地下建筑（室）</td><td>一级</td><td>500</td><td>设备用房的防火分区最大允许建筑面积不应大于 1000 m^2</td></tr>
</table>

注：1. 表中规定的防火分区最大允许建筑面积，当建筑内设置自动灭火系统时，可按本表的规定增加 1.0 倍；局部设置时，防火分区的增加面积可按该局部面积的 1.0 倍计算。

2. 裙房与高层建筑主体之间设置防火墙时，裙房的防火分区可按单、多层建筑的要求确定。

（2）厂房根据火灾危险性类别、耐火等级、层数规定了防火分区的最大允许建筑面

积，具体见表 4-2-2。

表 4-2-2　厂房的层数和每个防火分区的最大允许建筑面积

厂房的层数和每个防火分区的最大允许建筑面积						
生产的火灾危险性类别	厂房的耐火等级	最多允许层数	每个防火分区的最大允许建筑面积/m²			
			单层厂房	多层厂房	高层厂房	地下或半地下厂房（包括地下或半地下室）
甲	一级	宜采用单层	4000	3000	—	—
	二级		3000	2000	—	—
乙	一级	不限	5000	4000	2000	—
	二级	6	4000	3000	1500	—
丙	一级	不限	不限	6000	3000	500
	二级	不限	8000	4000	2000	500
	三级	2	2000	2000	—	—
丁	一、二级	不限	不限	不限	4000	1000
	三级	3	4000	2000	—	—
	四级	1	1000	—	—	—
戊	一、二级	不限	不限	不限	6000	1000
	三级	3	5000	3000	—	—
	四级	1	1500	—	—	—

注：1. 防火分区之间应采用防火墙分隔。除甲类厂房外的一、二级耐火等级厂房，当其防火分区的建筑面积大于本表规定，且设置防火墙确有困难时，可采用防火卷帘或防火分隔水幕分隔。

2. 厂房内设置自动灭火系统时，每个防火分区的最大允许建筑面积可按表中的规定增加 1.0 倍。当丁、戊类的地上厂房内设置自动灭火系统时，每个防火分区的最大允许建筑面积不限。厂房内局部设置自动灭火系统时，其防火分区的增加面积可按该局部面积的 1.0 倍计算。

（3）仓库根据火灾危险性类别、耐火等级、层数规定了防火分区的最大允许建筑面积，具体见表 4-2-3。

表 4-2-3　仓库的层数和每个防火分区的最大允许建筑面积

储存物品的火灾危险性类别		仓库的耐火等级	最多允许层数	每座仓库的最大允许占地面积和每个防火分区的最大允许建筑面积/m²						
				单层仓库		多层仓库		高层仓库		地下或半地下仓库（包括地下或半地下室）
				每座仓库	防火分区	每座仓库	防火分区	每座仓库	防火分区	防火分区
甲	3、4 项	一级	1	180	60	—	—	—	—	—
	1、2、5、6 项	一、二级	1	750	250	—	—	—	—	—

表 4-2-3（续）

储存物品的火灾危险性类别		仓库的耐火等级	最多允许层数	每座仓库的最大允许占地面积和每个防火分区的最大允许建筑面积/m^2						
				单层仓库		多层仓库		高层仓库		地下或半地下仓库（包括地下或半地下室）
				每座仓库	防火分区	每座仓库	防火分区	每座仓库	防火分区	防火分区
乙	1、3、4 项	一、二级	3	2000	500	900	300	—	—	—
		三级	1	500	250	—	—	—	—	—
	2、5、6 项	一、二级	5	2800	700	1500	500	—	—	—
		三级	1	900	300	—	—	—	—	—
丙	1 项	一、二级	5	4000	1000	2800	700	—	—	150
		三级	1	1200	400	—	—	—	—	—
	2 项	一、二级	不限	6000	1500	4800	1200	4000	1000	300
		三级	3	2100	700	1200	400	—	—	—
丁		一、二级	不限	不限	3000	不限	1500	4800	1200	500
		三级	3	3000	1000	1500	500	—	—	—
		四级	1	2100	700	—	—	—	—	—
戊		一、二级	不限	不限	不限	不限	2000	6000	1500	1000
		三级	3	3000	1000	2100	700	—	—	—
		四级	1	2100	700	—	—	—	—	—

注：仓库内设置自动灭火系统时，除冷库的防火分区外，每座仓库的最大允许占地面积和每个防火分区的最大允许建筑面积可按表中的规定增加 1.0 倍。

五、防火分隔设施的火灾隐患表现形式

（1）原有防火分区被改变并导致实际防火分区的建筑面积大于国家工程建设消防技术标准规定值的 50%。

（2）防火门、防火卷帘等防火分隔设施损坏的数量大于该防火分区相应防火分隔设施总数的 50%。

（3）丙、丁、戊类厂房内有火灾或爆炸危险的部位未采取防火分隔等防火防爆技术措施。

实例 4-2-3　擅自改变防火分区的火灾隐患整改

某大型办公写字楼，地上 10 层，地下 2 层，建筑高度为 33 m，每层建筑面积均为 4000 m^2，框架结构，耐火等级为一级，设置有自动喷水灭火系统。地下一层为商场营业厅，划分为 500 m^2、1500 m^2 和 2000 m^2 的防火分区 3 个；地下二层为设备管理用房，划分为 3000 m^2 和 1000 m^2 的防火分区 2 个；地上一层为接待大厅，划分为 1 个防火分区；

地上二至十层均划分为建筑面积 3000 m^2 和 1000 m^2 的防火分区 2 个。

该案例存在的隐患及整改措施：

隐患 1：地下一层商场营业厅 1500 m^2、2000 m^2 的防火分区设置不符合规定。

整改措施：因为地下建筑防火分区最大允许建筑面积为 500 m^2，设置自动灭火系统时可以增加 1 倍（即 1000m^2）。故地下一层可以调整为建筑面积均为 1000 m^2 的防火分区 4 个。

隐患 2：地下二层设备管理用房 3000 m^2 的防火分区设置不符合规定。

整改措施：因为地下设备管理用房防火分区最大允许建筑面积为 1000 m^2，设置自动灭火系统时可以增加 1 倍（即 2000 m^2）。故地下二层可以调整为建筑面积均为 2000 m^2 的防火分区 2 个。

隐患 3：地上一层接待大厅划分为 1 个防火分区不符合规定。

整改措施：该建筑高 33 m 属于高层建筑，防火分区最大允许建筑面积为 1500 m^2，设置自动灭火系统时可以增加 1 倍（即 3000 m^2）。故地上一层可以调整为建筑面积均为 2000 m^2 的防火分区 2 个。

培训单元 4　人员密集场所使用、储存易燃易爆危险品的隐患整改

【培训重点】

（1）掌握人员密集场所的定义。

（2）掌握人员密集场所使用、储存易燃易爆危险品的消防安全管理规定。

【知识要求】

一、人员密集场所的定义

人员密集场所是指公众聚集场所，医院的门诊楼、病房楼，学校的教学楼、图书馆、食堂和集体宿舍，养老院，福利院，托儿所，幼儿园，公共图书馆的阅览室，公共展览馆，博物馆的展示厅，劳动密集型企业的生产加工车间和员工集体宿舍，旅游、宗教活动场所等。

公众聚集场所是指宾馆、饭店、商场、集贸市场、客运车站候车室、客运码头候船厅、民用机场航站楼、体育场馆、会堂、公共娱乐场所，以及其他与所列场所功能相同或相似的场所。

公共娱乐场所是指具有文化娱乐、健身休闲功能并向公众开放的室内场所，包括影院、录像厅、礼堂等演出、放映场所，舞厅、卡拉 OK 厅等歌舞娱乐场所，具有娱乐功能的夜总会、音乐茶座、酒吧和餐饮场所，游艺、游乐场所，保龄球馆、旱冰场、桑拿等娱乐健身、休闲场所和互联网上网服务营业场所，以及其他与所列场所功能相同或相似的营业性场所。

二、《人员密集场所消防安全管理》(GB/T 40248—2021) 关于易燃易爆危险品的规定

（1）人员密集场所严禁生产或储存易燃易爆化学物品。

（2）人员密集场所应明确易燃易爆化学物品使用管理的责任部门和责任人。

（3）人员密集场所需要使用易燃易爆化学物品时，应根据需求限量使用，存储量不应超过一天的使用量，并应在不使用时予以及时清除，且应由专人管理、登记。

三、易燃易爆危险品的消防安全管理规定

易燃易爆危险品必须储存在专用仓库、专用场地或者专用储存室内，储存方式、方法与储存数量必须符合国家标准，并由专人管理。

危险化学品出入库必须进行核查登记，库存危险化学品应当定期检查，并执行以下七项要求：

（1）严禁场所内部和外部带入明火源。

（2）严禁化学性质相抵触或灭火方法不同的易燃易爆危险物品混存。

（3）严格控制储存场所的温度和湿度。

（4）严禁超期超量储存。

（5）严禁违章操作。

（6）每天至少每两小时进行一次消防安全检查，定期对场所内的电气设备、灭火器材、建筑消防设施进行维护保养和检查。

（7）从事易燃易爆危险物品生产、经营、储存、运输，使用危险化学品或者处置废弃危险化学品活动的人员，必须接受有关法律法规、规章和安全知识、专业技术、职业卫生防护和应急救援知识的培训，并经考核合格，方可上岗作业。

实例 4-2-4　人员密集场所使用、储存易燃易爆危险品的隐患整改

某大型购物商场使用柴油发电机作为备用电源，长期储存两天用量的柴油。发电机房位于地下二层，使用普通 LED 灯具照明，采用普通聚氯乙烯线缆供电；柴油储罐设置在发电机房的角落里，不影响设施操作；每天由专人负责发电机房的消防安全检查，上午、下午各 1 次。

该案例存在的隐患及整改措施：

隐患 1：长期储存两天用量的柴油不符合规定。

整改措施：因为人员密集场所需要使用易燃、易爆化学物品时，应根据需求限量使用，存储量不应超过一天的使用量。

隐患 2：使用普通 LED 灯具照明不符合规定。

整改措施：防爆场所必须使用防爆电器。

隐患 3：采用普通聚氯乙烯线缆供电不符合规定。

整改措施：易燃易爆场所的配电线路必须穿金属管或难燃塑料管保护。

隐患 4：柴油储罐设置在发电机房的角落里不符合规定。

整改措施：须采用耐火极限不低于 3.0 h 的隔墙将储油间与发电机房隔开。

隐患 5：发电机房上午、下午各一次的消防安全检查频次不符合规定。

整改措施：易燃易爆场所应每两小时进行一次消防安全检查。

培训单元 5　不符合城市消防安全布局要求的隐患整改

【培训重点】

（1）了解城市消防安全总体布局、建筑选址及防火间距的相关要求。

（2）掌握消防车道、消防登高面、消防救援场地和灭火救援窗的相关技术要求。

【知识要求】

建筑总平面布局是建筑防火需考虑的一项重要内容，其要满足城市规划和消防安全的要求。通常应根据建筑物的使用性质、生产经营规模、建筑高度、建筑体积及火灾危险性、所处的环境、地形、风向等因素，合理确定其建筑位置、防火间距、消防车道和消防水源等，以消除或减少建筑物之间及周边环境的相互影响和火灾危害。

一、城市总体布局的消防安全

城市总体布局要满足城乡总体规划和城市消防规划的要求，从保障城市消防安全出发，合理布置大型易燃易爆危险品生产、储存场所，汽车加油、加气站，易燃易爆化学品的专用码头、车站，城市消防站等在城市中的位置，实现土地的合理利用和建筑的安全使用。应按照下列要求进行检查：

（1）易燃易爆危险品的工厂、仓库，甲、乙、丙类液体储罐区，液化石油气储罐区，可燃、助燃气体储罐区，可燃材料堆场等，布置在城市（区域）的边缘或者相对独立的安全地带，并布置于城市（区域）全年最小频率风向的上风侧；且与影剧院、会堂、体育馆、大型商场、游乐场等人员密集的公共建筑或场所保持足够的防火安全距离。

（2）甲、乙、丙液体储罐（区）尽量布置在地势较低的地带。当条件受限确需布置在地势较高的地带时，需设置可靠的安全防护设施，如加强防火堤设置，或者增设防护墙等。

（3）散发可燃气体、可燃蒸气和可燃粉尘的工厂和大型液化石油气储存基地，布置在城市全年最小频率风向的上风侧；液化石油气储罐（区）宜布置在地势平坦、开阔不易积存液化石油气的地带，并与居住区、商业区或其他人员集中地区保持足够的防火安全距离。

（4）大中型石油化工企业、石油库、液化石油气储罐站等，沿城市河流布置时，应布置在城市河流的下游，并采取防止液体流入河流的可靠措施。

（5）汽车加油、加气站远离人员集中的场所、重要的公共建筑。一级加油站、一级加气站、一级加油加气合建站和 CNG 加气母站应设置在城市建成区和中心区域以外的区域。输油、输送可燃气体的干管上不得堆放物质或有违法修建的建筑物、构筑物。

（6）地下建筑（包括地铁、城市隧道等）与加油站的埋地油罐及其他用途的埋地可燃液体储罐保持足够的防火安全距离，其出口和风亭等设施与邻近建筑保持足够的防火安全距离。

（7）汽车库、修车库、停车场远离易燃、可燃液体或可燃气体的生产装置区和储存区；汽车库与甲、乙类厂房、仓库分开建造。

（8）装运液化石油气和其他易燃易爆化学品的专用码头、车站布置在城市或港区的独立安全地段。装运液化石油气和其他易燃易爆化学品的专用码头，与装运其他物品的码头之间的距离不小于装运船舶长度的两倍，距主航道的距离不小于最大装运船舶长度的一倍。

（9）城市消防站的布置应结合城市交通状况和各区域的火灾危险性进行合理布局；街区道路布置和市政消火栓的布局能满足灭火救援需要；街区道路中心线间距离一般在 160 m 以内，市政消火栓沿可通行消防车的街区道路布置，间距不得大于 120 m。

二、建筑选址

（一）周围环境选择

各类建筑在规划建设时，要考虑周围环境的相互影响。特别是工厂、仓库选址时，既要考虑本单位的安全，又要考虑邻近的企业和居民的安全。生产、储存和装卸易燃易爆危险物品的工厂、仓库和专用车站、码头，必须设置在城市的边缘或者相对独立的安全地带。易燃易爆气体和液体的充装站、供应站、调压站，应当设置在合理的位置，符合防火防爆要求。

（二）地势条件选择

建筑选址时，还要充分考虑和利用自然地形、地势条件。甲、乙、丙类液体的仓库，宜布置在地势较低的地方，以免火灾对周围环境造成威胁。遇水产生可燃气体容易发生火灾爆炸的企业，严禁布置在可能被水淹没的地方。生产、储存爆炸物品的企业，宜利用地形，选择多面环山、附近没有建筑的地方。

（三）考虑主导风向

散发可燃气体、可燃蒸气和可燃粉尘的车间、装置等，宜布置在明火或散发火花地点的常年主导风向的下风向或侧风向。液化石油气储罐区宜布置在本单位或本地区全年最小频率风向的上风侧，并选择通风良好的地点独立设置。易燃材料的露天堆场宜设置在天然水源充足的地方，并宜布置在本单位或本地区全年最小频率风向的上风侧。

（四）划分功能区

规模较大的企业，要根据实际需要，合理划分生产区、储存区（包括露天储存区）、生产辅助设施区、行政办公和生活福利区等。同一企业内，若有不同火灾危险的生产建筑，则应尽量将火灾危险性相同的或相近的建筑集中布置，以利于采取防火防爆措施，便于安全管理。易燃、易爆的工厂、仓库的生产区、储存区内不得修建办公楼、宿舍等民用建筑。

三、防火间距

（一）防火间距的含义

防止着火建筑的辐射热在一定时间内引燃相邻建筑，且便于消防扑救的间隔距离称为防火间距。为了防止建筑物发生火灾后，因热辐射等作用向相邻建筑物之间相互蔓延，并为消防扑救创造条件，各类建（构）筑物、堆场、储罐、电力设施等之间应保持一定的防火间距。

（二）防火间距的影响因素

影响防火间距的因素较多、条件各异，从火灾蔓延角度看，主要有热辐射、热对流、风向与风速、外墙材料的燃烧性能及其开口面积大小、室内堆放的可燃物种类及数量、相邻建筑物的高度、室内消防设施情况、消防扑救力量等。

（三）防火间距的确定

在综合考虑满足扑救火灾需要、防止火势向邻近建筑蔓延扩大以及节约用地等因素基础上，现行国家标准《建筑设计防火规范》(GB 50016)、《汽车库、修车库、停车场设计防火规范》(GB 50067) 等均对各类建（构）筑物、堆场、储罐、电力设施等之间的防火间距作了具体规定。

四、消防车道

消防车道是供消防车灭火时通行的道路。设置消防车道的目的在于，一旦发生火灾，可确保消防车畅通无阻，迅速到达火场，为及时扑灭火灾创造条件。消防车道可以利用交通道路，但在通行的净高度、净宽度、地面承载力、转弯半径等方面应满足消防车通行与停靠的需求，并保证畅通。街区内的道路应考虑消防车的通行，室外消火栓的保护半径在150 m左右，一般按规定设在城市道路两旁，故将道路中心线间的距离设定为不宜大于160 m。

消防车道的设置应根据当地专业消防力量使用的消防车辆的外形尺寸、载重、转弯半径等消防车技术参数，以及建筑物的体量大小、周围通行条件等因素确定。具体技术要求见本书培训模块四培训项目1培训单元3。

五、消防登高面、消防救援场地和灭火救援窗

（一）消防登高面

登高消防车能够靠近高层主体建筑，便于消防车作业和消防人员进入高层建筑进行抢救人员和扑救火灾的建筑立面称为该建筑的消防登高面，也称建筑的消防扑救面。

对于高层建筑，应根据建筑立面和消防车道等情况，合理确定建筑的消防登高面。根据消防登高车的变幅角的范围以及实地作业，进深不大于4 m的裙房不会影响举高车的操作，因此高层建筑应至少沿一条长边或周边长度的1/4且不小于一条长边长度的底边连续布置消防车登高操作场地，该范围内的裙房进深不应大于4 m。建筑高度不大于50 m的建筑，连续布置消防车登高操作场地有困难时，可间隔布置，但间隔距离不宜大于30 m，且消防车登高操作场地的总长度仍应符合上述规定。

建筑物与消防车登高操作场地相对应的范围内，应设置直通室外的楼梯或直通楼梯间的入口，方便救援人员快速进入建筑展开灭火和救援。

（二）消防救援场地

在高层建筑的消防登高面一侧，地面必须设置消防车道和供消防车停靠并进行灭火救援的作业场地，该场地称为消防救援场地或消防车登高操作场地。

消防登高操作场地应结合消防车道设置，最小操作场地长度和宽度不应小于 15 m×10 m；对于建筑高度大于 50 m 的建筑，操作场地的长度和宽度分别不应小于 20 m×10 m，且场地的坡度不宜大于 3%。登高场地距建筑外墙不宜小于 5 m，且不应大于 10 m。

（三）灭火救援窗

在高层建筑的消防登高面一侧外墙上设置的供消防人员快速进入建筑主体且便于识别的灭火救援窗口称为灭火救援窗或供消防救援人员进入的窗口。

厂房、仓库、公共建筑的外墙应每层设置可供消防救援人员进入的窗口。窗口的净高度和净宽度均不应小于 1.0 m，下沿距室内地面不宜大于 1.2 m，间距不宜大于 20 m，且每个防火分区不应少于 2 个，设置位置应与消防车登高操作场地相对应。窗口玻璃应易于破碎，并应设置可在室外识别的明显标志。

实例 4-2-5　不符合城市消防安全布局要求的隐患整改

某工业园区消防安全部门，在例行防火检查过程中发现如下情况：园区西北角新增设可燃粉尘车间一座（该地区常年刮西北风），东南角液化石油气储罐区种植油松用于美化环境。建筑高度为 33 m 的办公楼周围布置环形消防车道，净高度和净宽度均为 4 m；南侧距建筑外墙 4 m，其余侧面距外墙 5 m，北侧靠近建筑外墙种植有梧桐树；外墙每层均设置灭火救援窗，净高度和净宽度均为 1 m，下沿距室内地面 1 m，三层窗口间距 22 m，其他楼层间距 15 m。

该案例存在的隐患及整改措施：

隐患 1：园区西北角设置可燃粉尘车间一座不符合规定。

整改措施：因为粉尘本身容易飘散，而该地区又常年刮西北风，布置在西北方向（上风口）极易导致粉尘被吹散到下风方向，一旦遇到火源很容易引发火灾。应将可燃粉尘车间设置在该地区全年最小频率风向的上风侧。

隐患 2：东南角液化石油气储罐区种植油松不符合规定。

整改措施：因为液化石油气密度比空气密度大，不易飘散，容易积存在地面处；储罐区种植树木空气不流通，更加导致石油气积存不散，容易引发火灾。应予以移除。

隐患 3：办公楼环形消防车道南侧距建筑外墙 4 m 不符合规定。

整改措施：应调整到不小于 5 m。

隐患 4：办公楼环形消防车道北侧靠近建筑外墙种植有梧桐树不符合规定。

整改措施：梧桐树会影响消防车的操作，应予以移除。

隐患 5：灭火救援窗下沿距室内地面 1 m 不符合规定。

整改措施：应调整到不小于 1.2 m。

隐患 6：三层灭火救援窗窗口间距 22 m 不符合规定。

整改措施：应调整到不大于20 m。

培训单元6　其他火灾隐患整改

【培训重点】

(1) 了解其他可能增加火灾实质危险性或者危害性的隐患。
(2) 掌握单位消防安全制度的内容。

【知识要求】

一、其他火灾隐患

其他可能增加火灾实质危险性或者危害性的隐患包括下列内容：

(1) 生产、储存场所的建筑耐火等级与其生产、储存物品的火灾危险性类别不相匹配，违反国家工程建设消防技术标准的规定。

(2) 生产、储存、装卸和经营易燃易爆危险品的场所或者有粉尘爆炸危险的场所未按规定设置防爆电气设备和泄压设施，或者防爆电气设备和泄压设施失效。

(3) 违反国家工程建设消防技术标准的规定使用燃油、燃气设备，或者燃油、燃气管道敷设和紧急切断装置不符合标准规定。

(4) 违反国家工程建设消防技术标准的规定在可燃材料或者可燃构件上直接敷设电气线路或者安装电气设备，或者采用不符合标准规定的消防配电线缆和其他供配电线缆。

(5) 违反国家工程建设消防技术标准的规定在人员密集场所使用易燃、可燃材料装修装饰。

二、单位消防安全制度

火灾隐患的存在往往是由于单位管理混乱，责任不清，制度不健全，漠视消防法律法规，轻视消防安全工作，缺乏消防安全常识，违反消防安全操作规程等因素造成的。而制定消防安全制度的根本目的是为了及时发现、消除火灾隐患，确保单位的消防安全。单位应按照国家有关规定，结合本单位的特点，建立健全各项消防安全制度。

根据《消防法》和《机关、团体、企业、事业单位消防安全管理规定》的规定，单位的消防安全制度主要包括以下内容：消防安全责任制；消防安全教育、培训；防火巡查、检查；安全疏散设施管理；消防设施器材维护管理；消防（控制室）值班；火灾隐患整改；用火、用电安全管理；灭火和应急疏散预案演练；易燃易爆危险品和场所防火防爆管理；专职（志愿）消防队的组织管理；燃气和电气设备的检查和管理（包括防雷、防静电）；消防安全工作考评和奖惩等制度。

实例4-2-6　单位消防安全制度的落实

国家制定的消防法律法规和消防技术标准，最终都要在每个具体的单位中去落实。提升单位的消防安全管理水平，是实现单位“安全自查、隐患自除、责任自负”，有效控制和减少火灾危害的重要途径。

单位消防安全制度落实途径如下：

（1）确定消防安全责任。

（2）定期开展防火巡查、检查。

（3）组织消防安全知识宣传教育培训。

（4）开展灭火和疏散逃生演练。

（5）建立健全消防档案。

（6）消防安全重点单位实行“三项报告”备案制度。包括消防安全管理人员报告备案、消防设施维护保养报告备案和消防安全自我评估报告备案。

培训模块五

检查设施

培训项目1 检查消防设施

【知识导图】

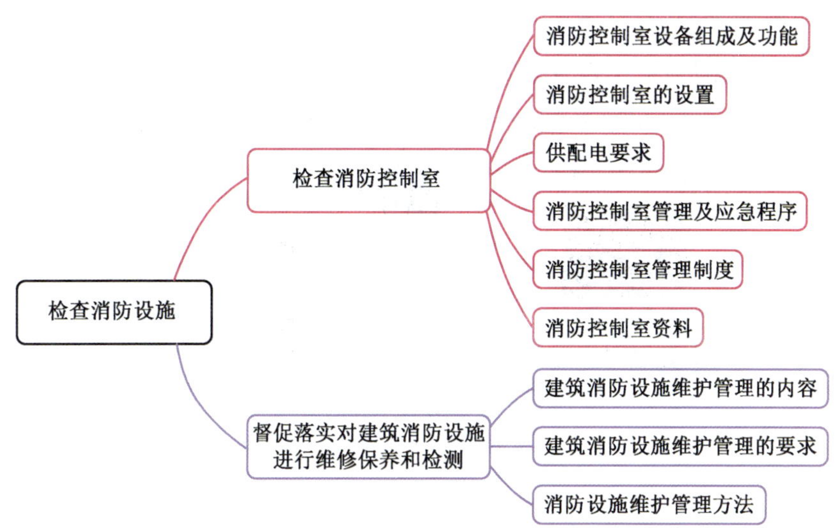

建筑消防设施的主要作用是及时发现和扑救火灾、限制火灾蔓延，为扑救火灾和人员疏散创造有利的条件。如果发生火灾时消防设施不能正常投入使用，将造成人员及财产的巨大损失。因此，规范建筑消防设施的检查，提高建筑消防设施的完好率，将建筑消防设施的功效发挥到最大，对有效控制初起火灾具有至关重要的现实意义。

培训单元1 检查消防控制室

【培训重点】

(1) 了解消防控制室设备组成和功能。
(2) 掌握消防控制室的设置。
(3) 掌握消防控制室管理及应急程序。
(4) 了解供配电要求。
(5) 掌握消防控制室管理制度、资料。

【知识要求】

消防控制室是设有火灾自动报警设备和消防设施控制设备，用于接收、显示、处理火灾报警信号，控制相关消防设施的专门处所；是利用固定消防设施扑救火灾的信息指挥中心；是建筑内消防设施控制中心的枢纽。同时，消防控制室也是单位开展消防安全管理活动的主要场所，内部存放有单位的各类消防管理台账、制度规程、消防设施资料等。

一、消防控制室设备组成及功能

（一）消防控制室设备组成

消防控制室内设置的消防设备应包括集中火灾报警控制器、消防联动控制器、消防控制室图形显示装置、消防电话、火灾应急广播系统、消防应急照明和疏散指示系统控制装置、消防电源监控器等设备，或具有相应功能的组合设备。消防控制室应设有可直接报警的外线电话。部分消防控制室设备组成示意图如图 5-1-1 所示。

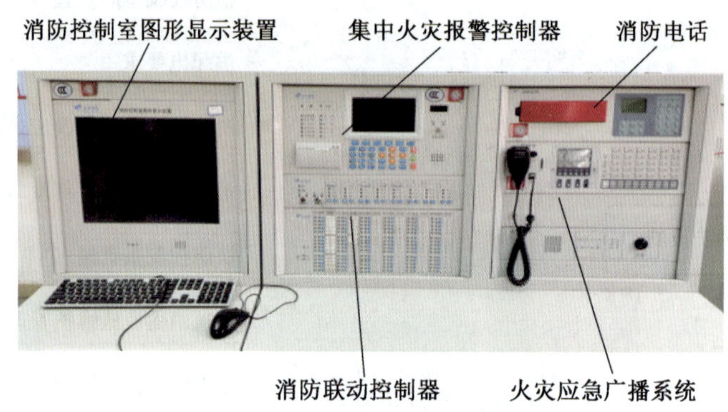

图 5-1-1　部分消防控制室设备组成示意图

（二）消防控制室的功能

消防控制室是火灾自动报警系统信息显示中心和控制枢纽，是建筑消防设施日常管理专用场所，也是火灾时灭火指挥信息和控制中心。在平时，它全天候地监控建筑消防设施的工作状态，通过及时维护保养保证建筑消防设施正常运行。一旦出现火情，它将成为紧急信息汇集、显示、处理的中心，及时、准确地反馈火情的发展过程，正确、迅速地控制各种相关设备，达到疏散和保护人员、控制和扑灭火灾的目的。

消防控制室应具备如下功能：

（1）显示火灾自动报警系统所监控消防设备的火灾报警、故障、联动反馈等工作状态信息。

（2）手动、自动联动控制各类自动灭火系统、防排烟控制系统等人员疏散、灭火系统。

（3）可以采用建筑消防设施平面图等图形显示各种报警信息和传输报警信息。

（4）可向火灾现场指定区域广播应急疏散信息和行动指挥信息。

（5）可与消防泵房、主变配电室、通风排烟机房、电梯机房、区域报警控制器（或楼层显示器）及固定灭火系统操作装置处固定电话分机通话，进行火灾确认和灭火救援指挥。

（6）可向“119”消防部门报警。

具体功能和要求参见《消防控制室通用技术要求》(GB 25506)。

二、消防控制室的设置要求

(1) 消防控制室开向建筑内的门应采用乙级防火门，疏散门应直通室外或安全出口。

(2) 附设在建筑内的消防控制室，宜设置在建筑内首层或地下一层，并宜布置在靠外墙部位。

(3) 消防控制室不应设置在电磁场干扰较强及其他可能影响消防控制设备正常工作的房间附近。

(4) 消防控制室送、回风管在其穿墙处应设防火阀。

(5) 消防控制室等重要房间，其顶棚和墙面应采用A级装修材料，地面及其他装修应采用不低于 B_1 级的装修材料。

(6) 消防控制室、消防水泵房、自备发电机房、配电室、防排烟机房以及发生火灾时仍需正常工作的消防设备房应设置备用照明，其作业面的最低照度不应低于正常照明的照度。

三、供配电要求

(1) 消防控制室、消防水泵房、防烟和排烟风机房的消防用电设备及消防电梯等的供电，应在其配电线路的最末一级配电箱处设置自动切换装置。

(2) 消防控制室图形显示装置、消防通信设备等的电源，宜由UPS电源装置或消防设备应急电源供电。

(3) 消防控制室内的电气和电子设备的金属外壳、机柜、机架和金属管、槽等，应采用等电位连接。

(4) 由消防控制室接地板引至各消防电子设备的专用接地线应选用铜芯绝缘导线，其线芯截面面积不应小于4 mm^2。

(5) 消防控制室接地板与建筑接地体之间，应采用线芯截面面积不小于25 mm^2 的铜芯绝缘导线连接。

(6) 消防控制室内严禁穿过与消防设施无关的电气线路及管路。

四、消防控制室管理及应急程序

(1) 消防控制室管理应符合下列要求：

①实行每日24 h专人值班制度，每班不应少于2人。

②火灾自动报警系统和灭火系统应处于正常工作状态。

③确保高位消防水箱、消防水池、气压水罐等消防储水设施水量充足，消防水泵出水管阀门、自动喷水灭火系统管道上的阀门常开。

④确保消防水泵、防烟排烟风机、防火卷帘等消防用电设备的配电柜开关处于自动位置(通电状态)。

(2) 消防控制室的值班应急程序应符合下列要求：

①接到火灾警报后，值班人员应立即以最快的方式进行确认。

②确认火灾后，值班人员应立即将火灾报警联动控制开关转入自动状态（处于自动状态的除外），同时拨打“119”报警。

③值班人员还应立即启动单位内部灭火和应急疏散预案，同时报告单位负责人。

五、消防控制室管理制度

（1）消防控制室应建立并实施消防控制室管理制度和消防控制室值班制度（图5-1-2），明确消防值班人员责任和工作程序。

（2）消防控制室应根据具体的控制室设备使用要求，制定涉及值班人员操作的详细的火灾报警应急处置程序（图5-1-3）。

（3）消防控制室应建立单位火灾事故应急疏散和灭火预案，作为消防演习和火灾事故处理的行动指导。

（4）消防控制室应建立或委托建筑消防设施维护保养单位建立建筑消防设施巡查方案及计划、建筑消防设施检测方案及计划、建筑消防设施维护保养方案及计划。建筑消防设施巡查记录表的存档时间应不少于1年。建筑消防设施检测记录表、建筑消防设施故障维修记录表、建筑消防设施维护保养计划表、建筑消防设施维护保养记录表的存档时间应不少于5年。

（5）消防控制室应长期妥善保管相应的竣工消防系统设计图纸、安装施工图纸、各分系统控制逻辑关系说明、系统调试记录、建筑消防设施的验收文件、设备使用说明书。

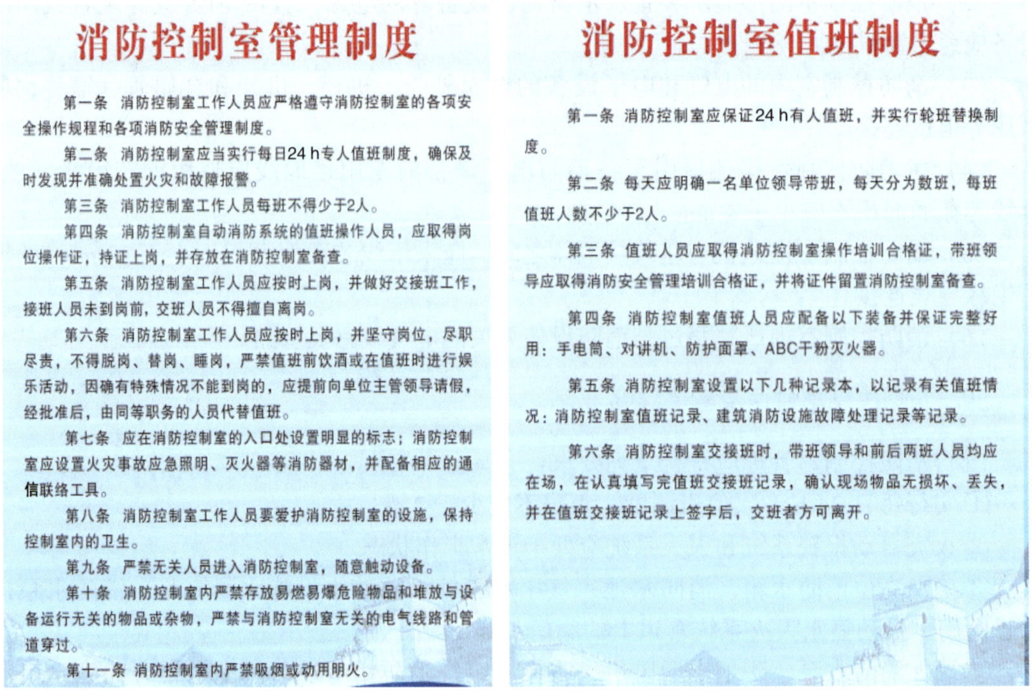

消防控制室管理制度

第一条　消防控制室工作人员应严格遵守消防控制室的各项安全操作规程和各项消防安全管理制度。

第二条　消防控制室应当实行每日24 h专人值班制度，确保及时发现并准确处置火灾和故障报警。

第三条　消防控制室工作人员每班不得少于2人。

第四条　消防控制室自动消防系统的值班操作人员，应取得岗位操作证，持证上岗，并存放在消防控制室备查。

第五条　消防控制室工作人员应按时上岗，并做好交接班工作，接班人员未到岗前，交班人员不得擅自离岗。

第六条　消防控制室工作人员应按时上岗，并坚守岗位，尽职尽责，不得脱岗、替岗、睡岗，严禁值班前饮酒或在值班时进行娱乐活动，因确有特殊情况不能到岗的，应提前向单位主管领导请假，经批准后，由同等职务的人员代替值班。

第七条　应在消防控制室的入口处设置明显的标志；消防控制室应设置火灾事故应急照明、灭火器等消防器材，并配备相应的通信联络工具。

第八条　消防控制室工作人员要爱护消防控制室的设施，保持控制室内的卫生。

第九条　严禁无关人员进入消防控制室，随意触动设备。

第十条　消防控制室内严禁存放易燃易爆危险物品和堆放与设备运行无关的物品或杂物，严禁与消防控制室无关的电气线路和管道穿过。

第十一条　消防控制室内严禁吸烟或动用明火。

消防控制室值班制度

第一条　消防控制室应保证24 h有人值班，并实行轮班替换制度。

第二条　每天应明确一名单位领导带班，每天分为数班，每班值班人数不少于2人。

第三条　值班人员应取得消防控制室操作培训合格证，带班领导应取得消防安全管理培训合格证，并将证件留置消防控制室备查。

第四条　消防控制室值班人员应配备以下装备并保证完整好用：手电筒、对讲机、防护面罩、ABC干粉灭火器。

第五条　消防控制室设置以下几种记录本，以记录有关值班情况：消防控制室值班记录、建筑消防设施故障处理记录等记录。

第六条　消防控制室交接班时，带班领导和前后两班人员均应在场，在认真填写完值班交接班记录，确认现场物品无损坏、丢失，并在值班交接班记录上签字后，交班者方可离开。

图5-1-2　消防控制室管理制度和消防控制室值班制度

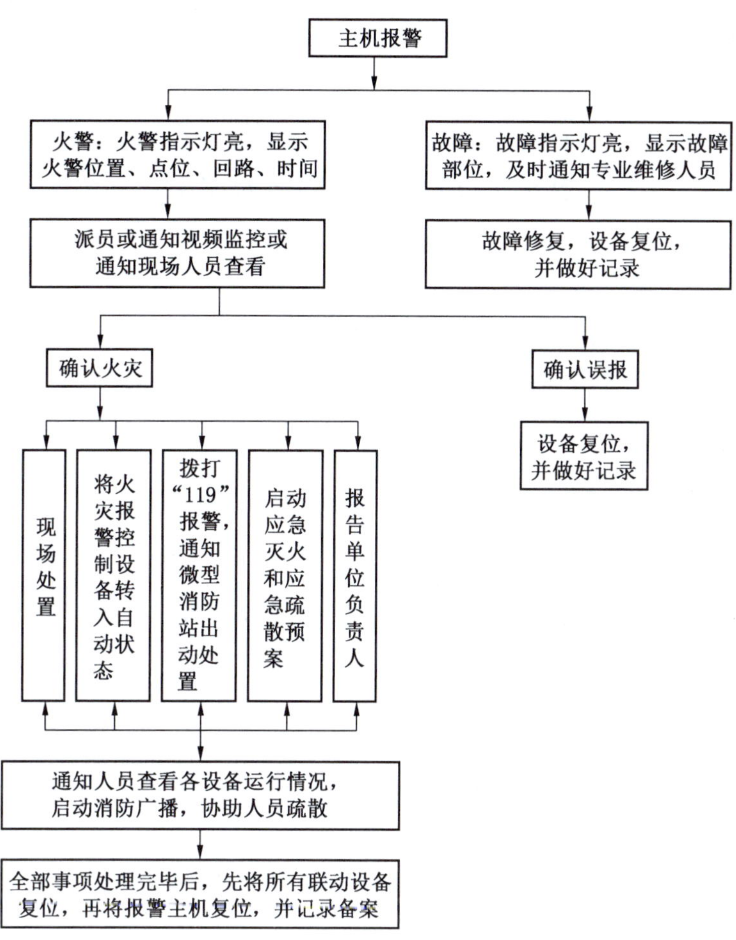

图5-1-3 火灾报警应急处置程序

六、消防控制室资料

消防控制室内应保存下列纸质和电子档案资料：

(1) 建（构）筑物竣工后的总平面布局图、建筑消防设施平面布置图、建筑消防设施系统图及安全出口布置图、重点部位位置图等。

(2) 消防安全管理规章制度、灭火和应急疏散预案等。

(3) 消防安全组织结构图，包括消防安全责任人、管理人、专职和义务消防人员等内容。

(4) 消防安全培训记录、灭火和应急疏散预案的演练记录。

(5) 值班情况、消防安全检查情况及巡查情况的记录。

(6) 消防设施一览表，包括消防设施的类型、数量、状态等内容。

(7) 消防系统控制逻辑关系说明、设备使用说明书、系统操作规程、系统和设备维护保养制度等。

(8) 设备运行状况、接报警记录、火灾处理情况、设备检修检测报告等资料。

以上这些资料应能定期保存和归档。

技能操作

技能 5-1-1　检查消防控制室

一、操作准备

(1) 消防控制室设计图、建筑工程竣工图纸。

(2) 需填写的相应表格和签字笔。

二、操作步骤

步骤 1　根据消防设计文件，核实确认控制室位置未发生改变。

步骤 2　确认控制室耐火等级未发生改变，防火分隔措施保持完好。

步骤 3　核实控制室内无其他无关设备。

步骤 4　核实控制室内所有消防设备处于无故障运行状态。

步骤 5　查看值班人员配备及持证上岗情况。

步骤 6　查看值班记录、控制器每日检查记录、防火巡查记录等填写情况。

步骤 7　检查各类资料、规程、预案、台账、档案完整性和真实性。

步骤 8　模拟触发火灾报警信号，检查值班人员应急处置流程及操作技能。

步骤 9　测试消防控制室外线电话功能。

步骤 10　检查处置初起火灾、组织疏散等设备、工具配备情况，测试其完好情况。

三、注意事项

1. 检查消防控制室设置位置、安全疏散、设备布置情况是否符合国家标准

(1) 对照建筑工程竣工图纸、资料，现场核实消防控制室建筑构件、防火门耐火极限。

(2) 对照建筑工程竣工图纸、资料，现场核实防火间距、设置位置、周围设备用房性质。

(3) 核实消防控制室的门应向疏散方向开启，消防控制室指示标志应醒目、保持完好；通向室外的通道应保持畅通。

(4) 核实消防控制室设备的布置，设备布置应便于操作、维修，室内无其他无关设备。

2. 检查消防控制室设备运行情况是否良好

(1) 检查火灾报警控制器、消防联动控制器、CRT 图形显示装置、电气火灾监控装置、可燃气体报警控制器等是否处于正常状态。

(2) 检查消防设施维护保养记录信息是否完整，实地查看已修复故障是否符合有关要求。

3. 检查消防控制室内保存的档案资料是否完整

(1) 检查竣工后的总平面布局图、建筑消防设施平面布置图、建筑消防设施系统图

及安全出口布置图、重点部位位置图等。

（2）检查消防安全管理规章制度、应急灭火预案、应急疏散预案等；消防安全组织结构图（图 5-1-4），包括消防安全责任人、管理人、专职和志愿消防员等内容。

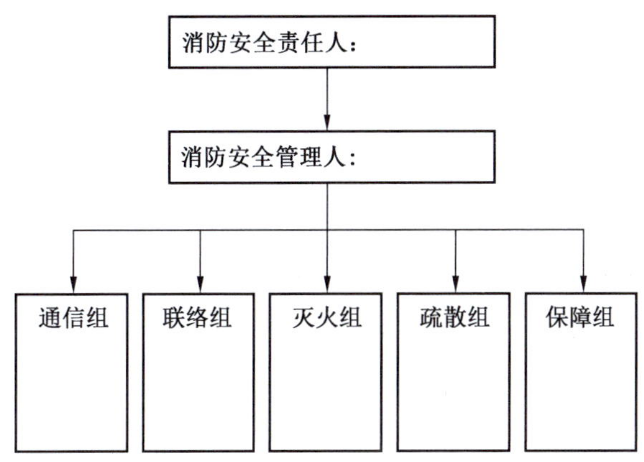

图 5-1-4　消防安全组织结构图

（3）检查消防安全培训记录、灭火和应急疏散预案的演练记录。

（4）检查值班情况、消防安全检查情况及巡查情况的记录；消防设施一览表，包括消防设施的类型、数量、状态等内容。

（5）检查消防系统控制逻辑关系说明、设备使用说明书、系统操作规程、系统和设备维护保养制度等。

（6）检查设备运行状况、接报警记录、火灾处理情况、设备检修检测报告等。

4. 消防控制室值班情况及值班人员操作技能检查

（1）核实消防控制室值班记录表确认每日 24 h 有人值班，每班值班人员不少于 2 人。核实值班人员所持证书真实性、有效性。

（2）检查值班人员是否每日填写消防控制室值班记录表（表 5-1-1），记录是否完整准确。

表 5-1-1　消防控制室值班记录表

<table>
<tr><th colspan="7">火灾接警控制器运行情况</th><th rowspan="4">报警、故障部位、原因及处理情况</th><th colspan="5">控制室内其他消防系统运行情况</th><th rowspan="4">报警、故障部位、原因及处理情况</th><th colspan="6">值班情况</th></tr>
<tr><th rowspan="3">正常</th><th rowspan="3">故障</th><th colspan="2">火警</th><th rowspan="3">故障报警</th><th rowspan="3">监管报警</th><th rowspan="3">漏报</th><th rowspan="3">消防系统及其相关设备名称</th><th colspan="2">控制状态</th><th colspan="2">运行状态</th><th>值班员</th><th></th><th>值班员</th><th></th><th>值班员</th><th></th></tr>
<tr><th rowspan="2">火警</th><th rowspan="2">误报</th><th rowspan="2">自动</th><th rowspan="2">手动</th><th rowspan="2">正常</th><th rowspan="2">故障</th><th>时段</th><th></th><th>时段</th><th></th><th>时段</th><th></th></tr>
<tr><th colspan="6">值班情况</th></tr>
<tr><td></td><td></td><td></td><td></td><td></td><td></td><td></td><td></td><td></td><td></td><td></td><td></td><td></td><td></td><td></td><td></td><td></td><td></td><td></td><td></td></tr>
<tr><td></td><td></td><td></td><td></td><td></td><td></td><td></td><td></td><td></td><td></td><td></td><td></td><td></td><td></td><td></td><td></td><td></td><td></td><td></td><td></td></tr>
<tr><td></td><td></td><td></td><td></td><td></td><td></td><td></td><td></td><td></td><td></td><td></td><td></td><td></td><td></td><td></td><td></td><td></td><td></td><td></td><td></td></tr>
<tr><td></td><td></td><td></td><td></td><td></td><td></td><td></td><td></td><td></td><td></td><td></td><td></td><td></td><td></td><td></td><td></td><td></td><td></td><td></td><td></td></tr>
<tr><td></td><td></td><td></td><td></td><td></td><td></td><td></td><td></td><td></td><td></td><td></td><td></td><td></td><td></td><td></td><td></td><td></td><td></td><td></td><td></td></tr>
</table>

表 5-1-1（续）

火灾报警控制器日检查情况记录	火灾报警控制器型号	检查内容					检查时间	检查人	故障及处理情况
		自检	消音	复位	主电源	备用电源			

消防管理人签字：

注：1. 情况正常打“√”，出现故障打“×”。

2. 对发现的问题应及时处理，当场不能处置的要填报建筑消防设施故障维修记录表，将维修记录表序号填入“故障及处理情况栏”。

培训单元 2 督促落实对建筑消防设施进行维修保养和检测

【培训重点】

（1）掌握建筑消防设施维护管理的内容、要求。

（2）熟练掌握消防设施维护管理相关环节的工作要求。

【知识要求】

建筑消防设施是探测火灾发生、及时控制和扑救初起火灾的重要保障。建筑消防设施应按照国家有关法律法规和国家工程建设消防技术标准设置。对建筑消防设施实施维护管理，确保其完好有效，是建筑物产权、管理和使用单位的法定职责。《建筑消防设施的维护管理》（GB 25201）规定了消防设施维护管理的内容、方法和要求，适用于在用建筑消防设施的维护管理。

一、建筑消防设施维护管理的内容

建筑物的产权单位或受其委托管理建筑消防设施的单位，依法自行管理或者委托具备从业条件的消防技术服务机构实施管理。建筑消防设施的维护管理包括值班、巡查、检测、维修、保养、建档等工作。

二、建筑消防设施维护管理的要求

建筑使用管理单位需要对其消防设施的维护管理明确归口管理部门、管理人员及其工作职责，建立建筑消防设施值班、巡查、检测、维修、保养、建档等制度，确保建筑消防设施正常运行。

（一）维护管理机构及人员的相关要求

（1）消防设施维修保养和检测消防技术服务机构应当符合《消防技术服务机构从业条件》（应急〔2019〕88 号）相关要求。

（2）消防设施维修、检测、保养人员应按照《消防救援局关于贯彻实施国家职业技能标准〈消防设施操作员〉的通知》（应急消〔2019〕154 号）规定：从事消防设施检测维修保养的人员，应持中级（四级）及以上等级证书。

（3）消防设施操作、值班、巡查人员应按照《消防救援局关于贯彻实施国家职业技能标准〈消防设施操作员〉的通知》（应急消〔2019〕154 号）规定：持初级（五级）证书的人员可监控、操作不具备联动控制功能的区域火灾自动报警系统及其他消防设施；监控、操作设有联动控制设备的消防控制室的人员，应持中级（四级）及以上等级证书。

（二）维护管理装备要求

用于消防设施的巡查、检测、维修、保养的测量用仪器、仪表、量具以及泄压阀、安全阀等，依法需要计量检定的，建筑使用管理单位按照有关规定进行定期校验，并应具有有效证明文件。

（三）维护管理工作要求

建筑使用管理单位按照下列要求组织实施消防设施维护管理：

（1）明确管理职责。同一建筑物有 2 个及 2 个以上产权、使用单位的，明确消防设施的维护管理责任，实行统一管理，以合同方式约定各自的权利与义务；委托物业管理单位、消防技术服务机构等实施统一管理的，物业管理单位、消防技术服务机构等严格按照合同约定，履行消防设施维护管理职责，确保管理区域内的消防设施正常运行。

（2）制定消防设施维护管理制度和维修管理技术规程。建筑消防设施投入使用后，建立建筑使用管理单位制度并落实巡查、检测、报修、保养等各项维护管理制度和技术规程，及时发现问题，适时维修保养，确保消防设施处于正常工作状态，并且完好有效。

（3）落实管理责任。建筑使用管理单位自身具备维修、保养能力的，明确维修、保养职能部门和人员；不具备维修保养能力的，与消防设备生产厂家、消防设施施工安装单位等有维修、保养能力的单位签订消防设施维修、保养合同。

（4）实施消防设施标识化管理。消防设施的电源控制柜、水源以及灭火剂等控制阀门，处于正常运行位置，具有明显的开闭状态标识；需要保持常开或者常闭的阀门，采取铅封、标识等限位措施，保证其处于正常位置；具有信号反馈功能的阀门，其状态信号能够按照预定程序及时反馈到消防控制室；消防设施及其相关设备电气控制柜具有控制方式转换装置的，除现场具有控制方式及其转换标识外，其控制信号能够反馈至消防控制室。

（5）故障消除及报修。值班、巡查、检测时发现消防设施故障的，按照单位规定程序，及时组织修复；单位没有维修、保养能力的，按照合同约定报修；消防设施因故障维修等原因需要暂时停用的，经单位消防安全责任人批准，报消防救援机构备案，采取消防安全措施后，方可停用检修。

（6）建立健全建筑消防设施维护管理档案。定期整理消防设施维护管理技术资料，按照规定期限和程序保存、销毁相关文件档案。

（7）远程监控管理。城市消防远程监控系统联网用户，按照规定协议向城市监控中心发送建筑消防设施运行状态、消防安全管理等信息。

三、消防设施维护管理方法

（一）值班

设有建筑消防设施的单位应根据消防设施操作使用要求制定操作规程，明确操作人员。消防控制室值班时间和人员应符合以下要求：

（1）实行每日 24 h 值班制度。

（2）每班工作时间应不大于 8 h，每班人员应不少于 2 人。

（3）值班人员日常对火灾报警控制器、现场消防设施的运行、误报、故障等有关情况进行记录，并填写消防控制室值班记录表的相关内容。

（4）发生火灾时能够按照消防控制室火灾事故紧急处理程序进行处置。

（二）巡查

建筑消防设施的巡查应由归口管理消防设施的部门或单位实施，按照工作、生产、经营的实际情况，将巡查的职责落实到相关的工作岗位。建筑消防设施的巡查应符合以下要求：

（1）从事建筑消防设施巡查的人员，应具备一定消防知识。

（2）建筑消防设施巡查应明确各类建筑消防设施的巡查部位、频次和内容。巡查时应填写建筑消防设施巡查记录表。人员密集场所营业时，每两小时巡查一次；消防安全重点单位，每日巡查一次；其他单位，每周至少巡查一次。

（三）保养

保养是对建筑消防设施及其组件进行检查、清洁、除锈、润滑、紧固、标识、规定的性能测试、易损件更换等工作，确保消防设施处于完好有效状态的活动。建筑消防设施的保养应符合以下要求：

（1）建筑消防设施维护保养应制定计划，列明消防设施的名称、维护保养的内容和周期。

（2）从事建筑消防设施保养的人员，应通过消防行业特有工种职业技能鉴定，持有高级技能以上等级职业资格证书。

（3）凡依法需要计量检定的建筑消防设施所用称重、测压、测流量等计量仪器、仪表，以及泄压阀、安全阀等，应按有关规定进行定期校验并提供有效证明文件。单位应储备一定数量的建筑消防设施易损件或与有关产品厂家、供应商签订相关合同，以保证供应。

（4）实施建筑消防设施的维护保养时，应填写建筑消防设施维护保养记录表并进行相应功能试验。

（四）维修

对在值班、巡查、检测、灭火演练中发现的消防设施存在的问题和故障，相关人员应按照规定填写建筑消防设施故障维修记录表，向建筑使用管理单位消防安全管理人报告；消防安全管理人对相关人员上报的消防设施存在的问题和故障，要立即通知维修人员或者委托具备从业条件的消防设施维修保养单位进行维修。

维修期间，应采取确保消防安全的有效措施。故障排除后应进行相应功能试验并经单位消防安全管理人检查确认。维修情况应记入建筑消防设施故障维修记录表。

（五）检测

建筑消防设施应每年至少检测一次，检测对象包括全部设备、组件等。设有自动消防系统的宾馆、饭店、商场、市场、公共娱乐场所等人员密集场所、易燃易爆单位以及其他一类高层公共建筑等消防安全重点单位，应自系统投入运行后每一年底前，将年度检测记录报当地应急管理部门备案。在重大的节日，重大的活动前或者期间，应根据当地应急管理部门的要求对建筑消防设施进行检测。建筑消防设施的检测应符合以下要求：

（1）从事建筑消防设施检测的人员，应当通过消防行业特有工种职业技能鉴定，持有高级技能以上等级职业资格证书。

（2）建筑消防设施检测应按《建筑消防设施检测技术规程》（XF 503）的要求进行，并如实填写建筑消防设施检测记录表的相关内容。

（六）建档

消防设施档案是建筑消防设施施工质量、维护管理的历史记录，具有延续性和可追溯性，是消防设施施工调试、操作使用、维护管理等状况的真实记录。

1. 档案内容

（1）基本情况包括建筑消防设施的验收文件、产品使用说明书、系统使用说明书、系统调试记录、建筑消防设施平面布置图、建筑消防设施系统图等原始技术资料。

（2）消防设施动态管理情况包括建筑消防设施的值班记录、巡查记录、检测记录、故障维修记录，以及维护保养计划表、维护保养记录、自动消防控制室值班人员基本情况档案及培训记录。重点单位消防设施档案内容见表5-1-2。

表5-1-2　重点单位消防设施档案

序号	档　案　内　容	页数
1	概况登记表	
2	专（兼）职消防组织情况登记	
3	重点工种人员情况等级表	
4	消防设施、灭火器材登记表	
5	重点防火部位登记表	
6	重点单位消防安全制度	
7	消防安全管理组织机构	
8	全体员工安全教育、培训登记（包括新员工培训记录）	
9	防火重点部位消防水源疏散通道平面图	
10	新增消防产品、防火材料合格证明材料	
11	防火重点部位内部情况	
12	灭火和应急疏散预案	
13	消防演练记录	
14	消防设施维修保养记录	

2. 保存期限

（1）建筑消防设施的原始技术资料应长期保存。

（2）由消防控制室值班人员日常填写的值班记录表、巡查记录表存档时间不应少于一年。

（3）由有检测维保服务单位出具的维修记录表、保养计划表、保养记录表、检测记录表存档时间不少于五年。

技能操作

技能 5-1-2　督促落实对建筑消防设施进行维修保养和检测

一、操作准备

（1）确认现场建筑消防设施的位置。

（2）建筑设计文件或者验收竣工图。

（3）各种检测仪器。

（4）需填写的相应表格和签字笔。

二、操作步骤

步骤 1　现场查看各种建筑消防设施、器材应完好、有效。

步骤 2　检查各种档案（基本情况、消防设施动态管理情况）是否齐全、完好。

步骤 3　检查各种表格填写是否规范。如消防控制室值班记录表，消防设施巡查记录表，消防设施、器材维修保养记录登记表，建筑消防设施检测记录表，建筑消防设施故障处理记录表，建筑消防设施维护保养计划表，建筑消防设施维护保养记录表。

步骤 4　检查消防控制室值班情况（值班人数，值班人员是否持证上岗及业务技能水平）。

步骤 5　测试消防设施是否能实现联动。

培训项目 2 检查疏散设施

【知识导图】

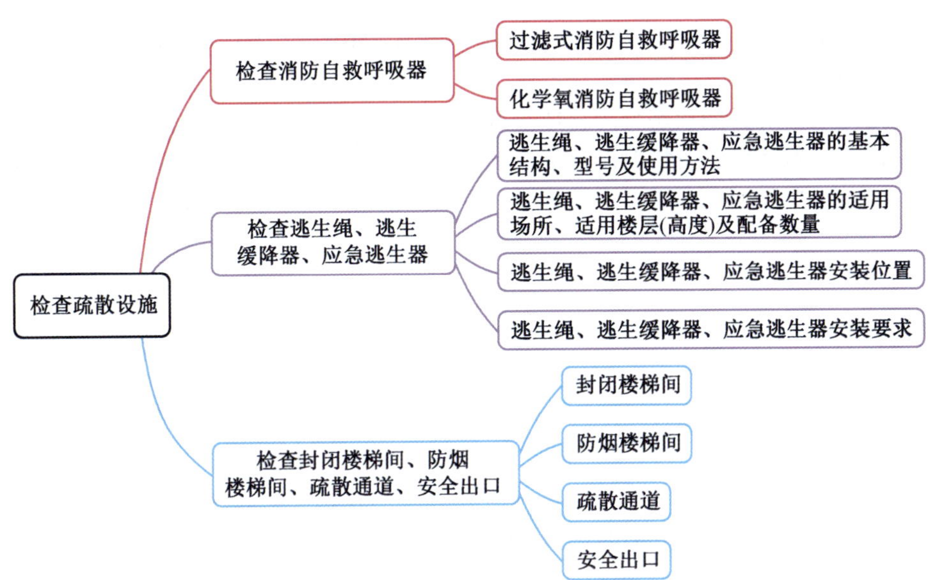

纵观我国近些年来发生的火灾伤亡事故，特别是群死群伤重大伤亡事故，绝大多数是由于疏散通道不畅、安全出口数量不足以及疏散设施缺失等因素所致。因此以科学的方法检查消防疏散设施确保其完好有效，对人员疏散具有重要的意义。

培训单元 1 检查消防自救呼吸器

【培训重点】

(1) 了解消防自救呼吸器的种类、适用范围、型式和型号、基本结构、配置要求和主要技术性能要求等。

(2) 掌握过滤式消防自救呼吸器和化学氧消防自救呼吸器的使用方法。

(3) 掌握过滤式消防自救呼吸器和化学氧消防自救呼吸器的检查内容。

【知识要求】

消防自救呼吸器是当发生火灾、爆炸等灾害事故时用于防止有害气体及烟雾中毒或缺氧窒息，能够存放在重点部位或随身携带供逃生避难使用的呼吸保护器具。按照工作原理，消防自救呼吸器可分为过滤式消防自救呼吸器和化学氧消防自救呼吸器两类。

一、过滤式消防自救呼吸器

过滤式消防自救呼吸器是通过过滤装置吸附、吸收、催化及直接过滤等作用去除一氧化碳、烟雾等有害气体，供人员在发生火灾时逃生用的呼吸器。

（一）适用范围

过滤式消防自救呼吸器广泛适用于宾馆、饭店、商场、会堂、公共娱乐场所、医院、学校、养老院、幼儿园、客运车站、码头、民用机场、公共图书阅览室、展览馆、博物馆、办公楼等人员密集场所。其工作场所要求周围环境空气中的氧气体积分数不小于 17%。

（二）型式、型号

（1）按呼吸器的备用状态分为存放型和携带型。存放型省略表示，携带型用 D 表示。

（2）按呼吸器的额定防护时间分为 15 min、20 min、25 min 和 30 min 四种规格。

（3）呼吸器型号的编制应符合下列规定。

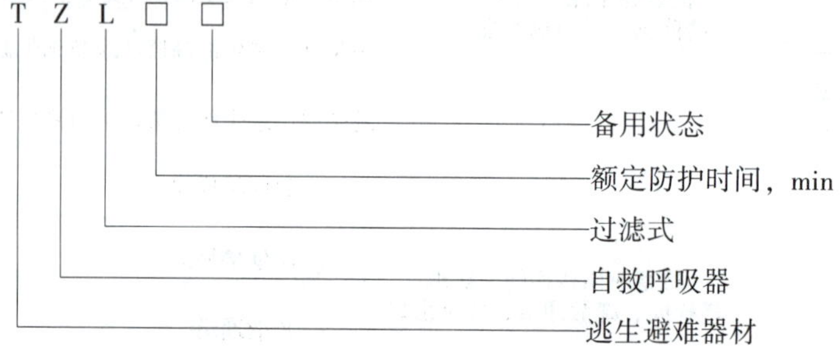

示例：TZL30 表示额定防护时间为 30 min 的存放型过滤式消防自救呼吸器，如图 5-2-1 所示。

图 5-2-1　过滤式消防自救呼吸器

（三）基本结构

过滤式消防自救呼吸器一般由防护头罩（含半面罩、大眼窗）、过滤装置（过滤罐）、脖套及固定带等部件组成，如图 5-2-2 所示。

图 5-2-2 过滤式消防自救呼吸器组成

(四) 配置要求

(1) 适用场所：呼吸类逃生避难器材适用于人员密集的公共建筑的二层及二层以上楼层和地下公共建筑。

(2) 适用楼层：地上建筑可配备过滤式消防自救呼吸器或化学氧自救呼吸器，高于 30 m 的楼层内应配备防护时间不少于 20 min 的自救呼吸器。

(3) 配备数量：按照 1 具/人要求配备。

(4) 根据《人员密集场所消防安全管理》(GB/T 40248—2021) 8.2.2 的要求：高层宾馆的客房内应配备应急手电筒、消防过滤式自救呼吸器等逃生器材及使用说明，其他宾馆的客房内宜配备应急手电筒、消防过滤式自救呼吸器等逃生器材及使用说明。

(五) 主要技术特征

1. 佩戴质量要求

呼吸器的佩戴质量不应大于 1000 g。

2. 防护性能要求

(1) 一氧化碳防护性能：在额定防护时间内，任何单个 5 min 过程中，一氧化碳透过浓度的时间加权平均值应不大于 200 mL/m^3，吸气温度应不大于 65 ℃，吸气阻力应不大于 800 Pa，呼气阻力应不大于 300 Pa。

(2) 滤烟性能：滤烟效率不应小于 95%。

3. 漏气系数要求

防护头罩眼区的漏气系数应不大于 20%，呼吸区的漏气系数应不大于 5%；若呼吸器中不设半面罩，则防护头罩的漏气系数应不大于 5%。

4. 防护头罩视野要求

防护头罩的总视野应不小于 70%，双目视野应不小于 55%，下方视野应不小于 35%。

(六) 示例

过滤式消防自救呼吸器应符合《建筑火灾逃生避难器材 第 7 部分：过滤式消防自救呼吸器》(GB 21976.7) 的规定。以某厂家产品进行介绍，如图 5-2-3 所示。

(1) 防护时间：30 min。

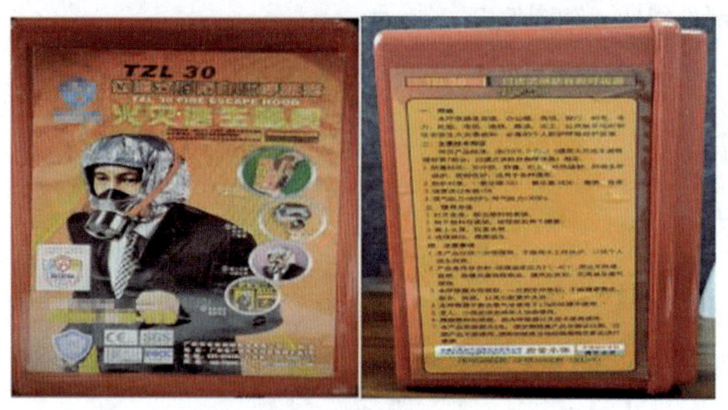

图 5-2-3　过滤式消防自救呼吸器

（2）防护对象：一氧化碳（CO）、氰化氢（HCN）、毒烟、毒雾。

（3）油雾透过系数<5%。

（4）吸气阻力<800 Pa，呼气阻力<300 Pa。

（七）使用方法

（1）打开盒盖，取出塑料包装袋。

（2）撕开塑料包装袋，拔掉前后两个罐塞。

（3）戴上头罩，拉紧头带。

（4）选择路径，果断逃生。

（八）注意事项

（1）本产品仅供一次性使用，不能用于工作保护，只供个人逃生自救。

（2）产品备用状态时，环境温度应为 0~40 ℃，周边无热源，无易燃、易爆及腐蚀性物品，通风应良好，无雨淋及潮气侵蚀。

（3）本呼吸器为存放型，一旦固定存放后，不能随意搬动、敲击、拆装，以免引起意外失效。

（4）本呼吸器不能在氧气浓度低于 17% 的环境中使用。

（5）老人、小孩必须由成年人协助使用。

（6）撕破塑料包装袋，视为呼吸器已失效不能再使用。

（7）本产品有效期为 3 年，请定期检查产品合格证日期，过期产品不能使用，应立即联络当地经销商购买新品进行更换。

二、化学氧消防自救呼吸器

化学氧消防自救呼吸器是使人的呼吸器官同大气环境隔绝，利用化学生氧剂产生的氧供人员在发生火灾时缺氧情况下逃生用的呼吸器。

（一）适用范围

化学氧消防自救呼吸器适用于酒店、娱乐场所、大型商场、高层居民住宅、地下工程等场所，除发生火灾时供人员逃生使用外，还可用于在缺氧或有毒气体环境下作业人员的防护等。

（二）型号和规格

（1）化学氧消防自救呼吸器按照额定防护时间划分为 15 min、20 min、25 min 和 30 min 四种规格。

（2）根据《化学氧消防自救呼吸器》(XF 411)，化学氧消防自救呼吸器型号编制应符合下列规定。

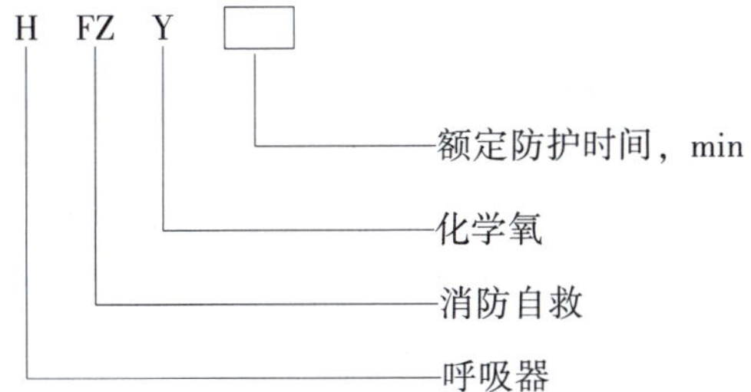

示例：HFZY30 表示额定防护时间为 30 min 的化学氧消防自救呼吸器，如图 5-2-4 所示。

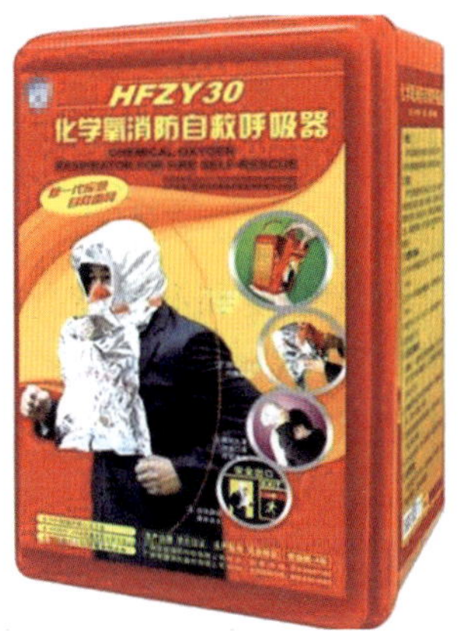

图 5-2-4　化学氧消防自救呼吸器

（三）基本结构

化学氧消防自救呼吸器应由防护头罩（含面罩、大眼窗）、药罐（生氧罐）、通气管（在呼吸器内部）、贮气袋（气囊）、脖套及固定带等部件组成，如图 5-2-5 所示。

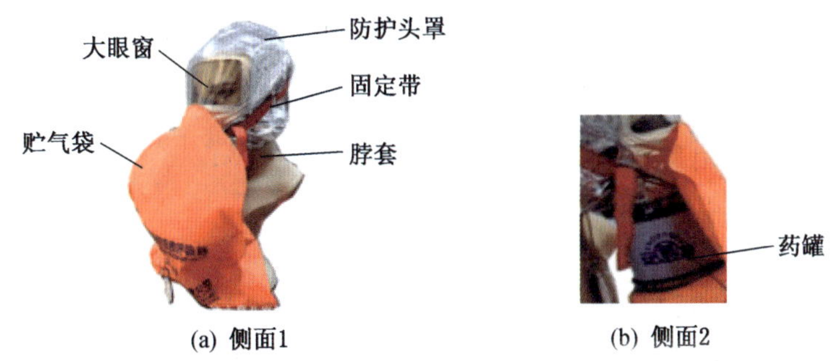

图 5-2-5　化学氧消防自救呼吸器组成

（四）配置要求

根据《建筑火灾逃生避难器材 第1部分：配备指南》(GB 21976.1—2008) 5.2.1的要求，地下建筑应配备化学氧消防自救呼吸器，地上建筑可配备化学氧消防自救呼吸器或过滤式消防自救呼吸器。

（五）主要技术特征

1. 佩戴质量要求

呼吸器的佩戴质量应不大于1800 g。

2. 防护性能要求

呼吸器的防护时间应不小于额定防护时间；呼吸器在防护性能试验开始2 min内贮气袋中氧体积分数应不小于17%，其余防护时间内氧体积分数应不小于21%；在防护时间内，贮气袋中二氧化碳体积分数应不大于1.5%，最大应不大于3.0%。

3. 呼吸阻力要求

在防护时间内，贮气袋不得出现吸空现象；在防护时间内，吸气温度应不高于60 ℃；在防护时间内，吸气阻力与呼气阻力之和应不大于1600 Pa，且吸气或呼气的单个阻力最大应不大于1000 Pa。

4. 贮气袋有效容积要求

贮气袋有效容积应不小于6 L。

5. 抗机械碰撞及环境变化性能要求

呼吸器对于规定的机械负荷、环境温度和湿度变化应具有足够的稳定性，不应有裂纹、爆开、破碎等导致失效的损坏，且应符合防护性能、漏气系数、防护头罩视野、呼吸系统气密性、贮气袋有效容积、连接强度的要求。

6. 漏气系数要求

防护头罩眼区的漏气系数应不大于20%，面罩的漏气系数应不大于5%。

7. 防护头罩视野要求

防护头罩的总视野应不小于70%，双目视野应不小于55%，下方视野应不小于35%。

（六）示例

化学氧消防自救呼吸器应符合《化学氧消防自救呼吸器》(XF 411) 的规定。以某厂家产品（图5-2-6）进行介绍，防护性能如下：

（1）防护时间：以30 L/min呼吸量计，防护时间≥30 min；以10 L/min呼吸量计，防护时间≥60 min。

（2）呼吸气体中O_2≥21%，CO_2≤3%，无其他有害气体。

（3）呼吸阻力≤1600 Pa。

（4）佩戴重量≤1000 g。

（5）吸气温度≤55 ℃。

（6）生氧剂：KO_2。

（七）使用方法

（1）打开盒盖，取出呼吸器。

（2）打开包装袋，拔掉面罩内橡胶塞，抓紧多余气体排放阀，拔掉贮气袋内罐体橡

图 5-2-6　化学氧消防自救呼吸器

胶塞。

(3) 从面罩向贮气袋内深深地呼 2~3 口气，使得贮气袋鼓起，利于快速供氧。

(4) 戴好头罩，拉紧帽带，正常呼吸，果断逃生。

(八) 注意事项

(1) 本产品仅供一次性使用，不能用于工作保护，只供个人逃生自救。

(2) 产品备用状态时，环境温度应为 0~40 ℃，周边无热源，无易燃、易爆及腐蚀性物品，通风良好，无雨淋及潮气侵蚀。

(3) 本呼吸器为存放型，一旦固定存放后，不能随意搬动、敲击、拆装，以免引起意外失效。

(4) 本呼吸器不能在水下使用。

(5) 老人、小孩必须由成年人协助使用。

(6) 打开包装盒，视为呼吸器已失效不能再使用。

(7) 本产品有效期为 4 年，请定期检查产品合格证日期，过期产品不能使用，应立即联络当地经销商购买新品进行更换。

技能操作

技能 5-2-1　检查过滤式消防自救呼吸器

一、操作准备

(1) 过滤式消防自救呼吸器的存放位置。

(2) 需填写的相应表格和签字笔。

二、操作步骤

步骤 1　检查呼吸器是否存放在方便取用、干燥通风的地方，且远离热源、易燃品和腐蚀品。

步骤 2 检查呼吸器的清洁度，外包装盒是否开启，真空包装袋是否撕裂或损坏，如图 5-2-7 所示。

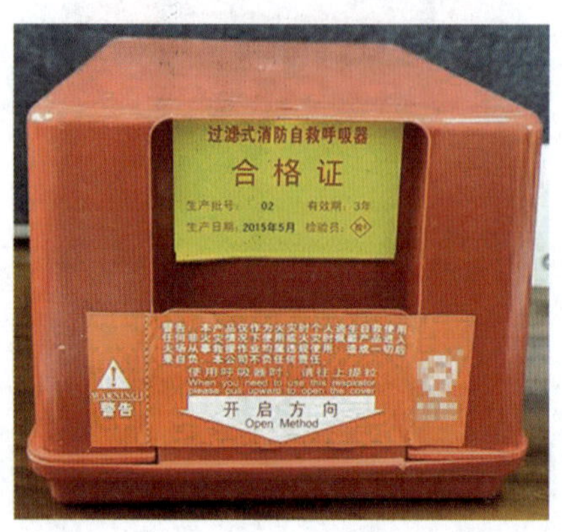

图 5-2-7 过滤式消防自救呼吸器

步骤 3 检查呼吸器标识、使用说明书相关内容是否完整，是否印有“本产品仅供一次性逃生使用，不能用于工作保护”字样。

步骤 4 检查呼吸器有效期，看是否过期。过滤式消防自救呼吸器的产品有效期一般为 3 年。

三、注意事项

（1）检查过程要轻拿轻放，不要破坏呼吸器的外包装。

（2）检查过程要认真做好记录备查。

技能 5-2-2 检查化学氧消防自救呼吸器

一、操作准备

（1）化学氧消防自救呼吸器的存放位置。

（2）需填写的相应表格和签字笔。

二、操作步骤

步骤 1 检查呼吸器是否存放在方便取用、干燥通风的地方，且远离热源、易燃品和腐蚀品。

步骤 2 检查呼吸器标识、使用说明书相关内容是否完整，是否印有“本产品仅供一次性逃生使用，不能用于工作保护”字样。

步骤 3 在佩戴自救器前，应检查包装盒是否开启，外观有无损坏和碰撞凹痕。

步骤 4 检查呼吸器有效期，看是否过期。化学氧消防自救呼吸器的产品有效期一般为 4 年。

三、注意事项

（1）检查过程要轻拿轻放，不要破坏呼吸器的外包装。

（2）检查过程要认真做好记录备查。

培训单元2 检查逃生绳、逃生缓降器、应急逃生器

【培训重点】

（1）了解逃生绳、逃生缓降器、应急逃生器的基本结构、型号。

（2）掌握逃生绳、逃生缓降器、应急逃生器的使用方法。

（3）掌握逃生绳、逃生缓降器、应急逃生器的适用场所、适用楼层（高度）及配备数量。

（4）掌握逃生绳、逃生缓降器、应急逃生器安装位置及安装要求。

【知识要求】

逃生绳、逃生缓降器、应急逃生器是在发生建筑火灾的情况下，供遇险人员逃离的建筑火灾逃生避难器材。

一、逃生绳、逃生缓降器、应急逃生器的基本结构、型号及使用方法

（一）逃生绳

1. 逃生绳的基本结构

逃生绳由绳索、安全钩和安全带（选配）组成，供发生建筑火灾时单人使用，如图5-2-8所示。

图5-2-8 逃生绳

2. 逃生绳的型号

逃生绳的型号编制方法应符合下列规定。

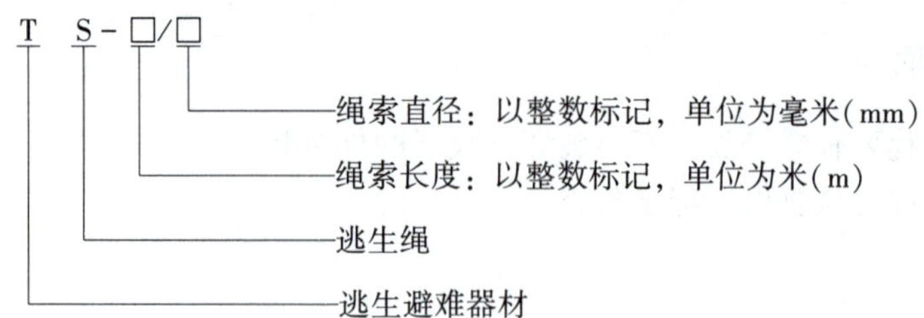

3. 逃生绳的使用方法

(1) 选取固定点。将逃生绳带或逃生软梯一端固定在牢固的物体上，例如结实的窗户、桌腿、暖气管上，然后用力拉下看是否能够承受自身的重量。

(2) 把安全带缠绕在臀部、腰间或者腋下，调紧安全带上松紧扣。并将逃生绳顺着窗口抛向楼下。

(3) 戴上防护手套，双手握住逃生绳，左脚面勾住窗台，右脚蹬外墙面，待人平稳后，左脚移出窗外。

(4) 两腿微弯，两脚用力蹬墙面的同时，双臂伸直，双手微松，两眼注视下方，沿逃生绳带下滑。

(5) 当接近地面时，右臂向前弯曲，勒紧绳带，两腿微曲，两脚尖先着地。

(6) 当第一位人员安全着地后，楼上人员把逃生绳的另外一端从楼下拉至楼上重新固定好固定点，将原来在固定点一端的取下，然后抛向楼下，这样第二个人可以继续逃生使用。

注意：针对老人和不能自控安全绳的小孩必须在大人监护下才能使用，由监护人给老人或孩子套上安全带，逃生绳的另外一端由监护人拉起，监护人轻轻松起逃生绳，这样被救援人员可以慢慢缓降至地面。

(二) 逃生缓降器

1. 逃生缓降器的基本结构

逃生缓降器由调速器、绳索、安全带、安全钩、金属连接件和绳索卷盘组成，依靠使用者自重安全下降并能往复使用，如图 5-2-9 所示。

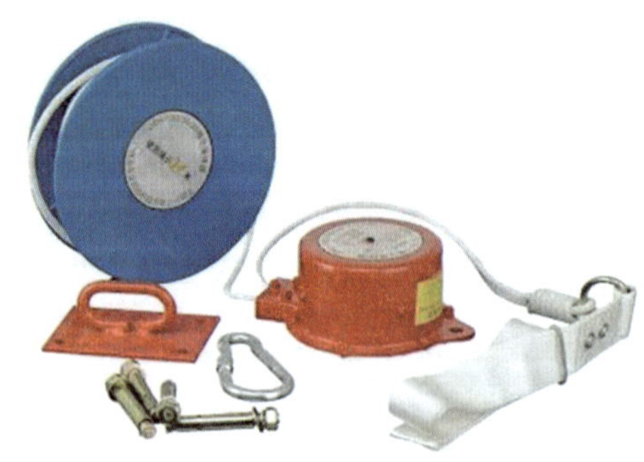

图 5-2-9 逃生缓降器

2. 逃生缓降器的型号

缓降器产品型号由类组代号与主参数组成，其形式如下。

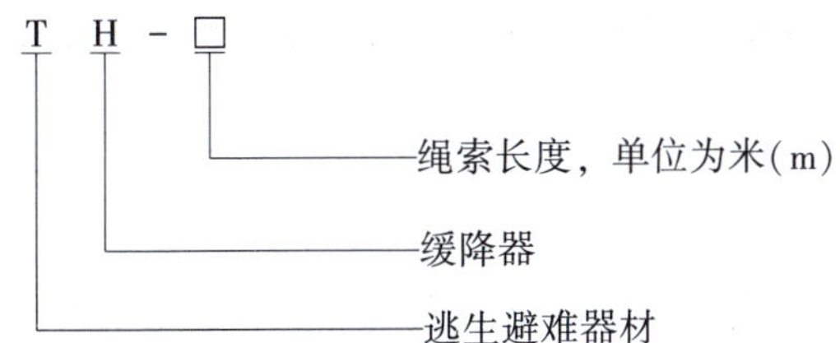

示例：TH-30 表示绳索长度为 30 m 的缓降器。

3. 逃生缓降器的使用方法

（1）取出缓降器，把安全钩挂于预先安好的固定架上或任何稳固的支撑物上。

（2）将绳索盘投向楼外地面以打开绳索。

（3）将安全带套于腋下，拉紧滑动扣至合适位置。

（4）从窗口或平台，面向墙壁跳落。

（5）落地后，迅速松开滑动扣，脱下安全带，离开现场。

（6）特殊情况时，可抱、背一名儿童面向墙壁跳落。

（7）下降时应只抓本身下降的绳索，勿抓另一根绳索。

（三）应急逃生器

1. 应急逃生器的基本结构

应急逃生器由调速器、绳索、安全带、安全钩和金属连接件组成，调速器和使用者一同下降，只能一次性使用，如图 5-2-10 所示。

图 5-2-10　应急逃生器

2. 应急逃生器的型号

应急逃生器产品型号由类组代号与主参数组成，其形式如下。

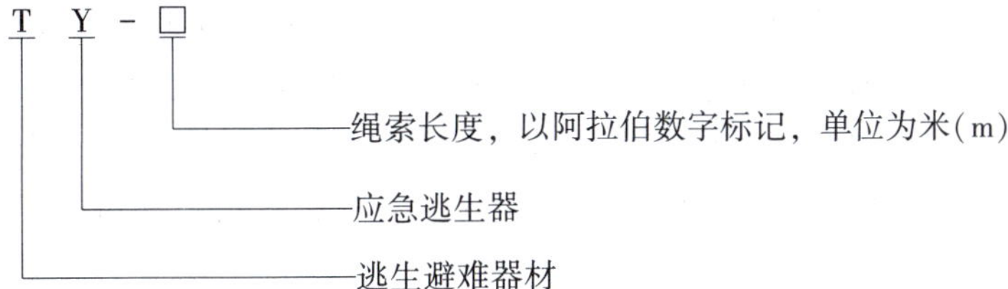

3. 应急逃生器的使用方法

（1）打开包装，取出逃生器。

（2）将逃生器一端安全钩悬挂在窗口或牢固的建筑物上，把安全带套在腋下，必须手握另一端绳索，另一手扶墙，顺势滑下，迅速从窗口逃离火灾现场。

二、逃生绳、逃生缓降器、应急逃生器的适用场所、适用楼层（高度）及配备数量

（一）适用场所

逃生绳、逃生缓降器、应急逃生器等逃生避难器材适用于人员密集的公共建筑的二层及二层以上楼层。

（二）适用楼层（高度）

逃生绳、逃生缓降器、应急逃生器的适用楼层（高度）见表 5-2-1。

表 5-2-1 逃生绳、逃生缓降器、应急逃生器的适用楼层（高度） m

器材	逃生绳	逃生缓降器	应急逃生器
适用楼层（高度）	≤6	≤30	≤15

（三）配备数量

逃生绳、逃生缓降器、应急逃生器的配备数量应满足器材可救助人数之和不小于逃生避难人数的要求。

三、逃生绳、逃生缓降器、应急逃生器安装位置

（1）逃生绳、逃生缓降器、应急逃生器应安装在建筑物袋形走道尽头或室内的窗边、阳台凹廊以及公共走道、屋顶平台等处。室外安装应有防雨、防晒措施。

（2）逃生绳、逃生缓降器、应急逃生器供人员逃生的开口高度应在 1.5 m 以上，宽度应在 0.5 m 以上，开口下沿距所在楼层地面高度应在 1 m 以上。

四、逃生绳、逃生缓降器、应急逃生器安装要求

（1）逃生绳、逃生缓降器、应急逃生器应采用安装连接栓、支架和墙体连接的固定方式，连接强度应满足相应设计要求。

（2）逃生绳、逃生缓降器、应急逃生器在其安装或放置位置应有明显的标志，并配有灯光或荧光指示。

（3）逃生绳、逃生缓降器、应急逃生器等产品的使用说明或使用方法简图应固定在产品使用位置。

（4）逃生绳、逃生缓降器、应急逃生器展开后不应和建筑物有干涉现象，逃生绳、逃生缓降器、应急逃生器的绳索垂线与建筑物外墙间的距离应大于 0.2 m。

（5）逃生绳、逃生缓降器、应急逃生器安装时在水平方向应保持一定间隔。逃生绳、逃生缓降器、应急逃生器的绳索垂线间距以及逃生梯、逃生滑道外侧间距应大于 1.0 m，防止使用过程中相互干涉。

（6）逃生绳、逃生缓降器、应急逃生器的安装高度应距所在楼层地面 1.5~1.8 m。

（7）完全展开后的逃生缓降器和应急逃生器的绳索底端、逃生绳的底端距地面的距离应在 0.5 m 以内。

技能操作

技能 5-2-3 检查逃生绳、逃生缓降器、应急逃生器

一、操作准备

(1) 实地确认逃生绳、逃生缓降器、应急逃生器的存放位置。

(2) 填写的相应表格和签字笔。

二、操作步骤

操作步骤依据《建筑火灾逃生避难器材 第 1 部分：配备指南》(GB 21976.1—2008)。

步骤 1 检查建筑物内配备的逃生绳、逃生缓降器、应急逃生器的数量是否符合要求。

步骤 2 检查逃生绳、逃生缓降器、应急逃生器是否丢失或损毁。

步骤 3 检查使用说明或使用方法简图是否完好无损。

步骤 4 检查逃生绳、逃生缓降器、应急逃生器的绳索、编织物及橡胶制品是否出现霉蛀、老化或破损。

步骤 5 检查逃生绳、逃生缓降器、应急逃生器的金属部件和连接栓、支架等是否出现损伤、锈蚀或焊缝开裂等现象。

步骤 6 检查逃生绳、逃生缓降器、应急逃生器是否出现卡阻。

步骤 7 检查逃生绳、逃生缓降器、应急逃生器的紧固件有无明显松动。

步骤 8 检查逃生绳、逃生缓降器、应急逃生器是否超出产品有效期。参见相关产品的技术标准及产品使用说明，更换时应使用原厂部件。

步骤 9 检查逃生缓降器（图 5-2-11）、应急逃生器设置的位置及高度是否符合要求。

图 5-2-11 逃生缓降器

步骤 10　检查逃生缓降器、应急逃生器的安装是否符合要求。

三、注意事项

（1）不要破坏逃生绳、逃生缓降器、应急逃生器。
（2）检查过程要认真做好记录。

培训单元 3　检查封闭楼梯间、防烟楼梯间、疏散通道、安全出口

【培训重点】

（1）了解封闭楼梯间、防烟楼梯间的适用范围、设置要求。
（2）掌握疏散门的设置要求及疏散门的数量。
（3）掌握疏散走道的一般要求、疏散走道的宽度。
（4）了解厂房、库房安全出口的数量、间距、宽度。

【知识要求】

安全疏散设施是建筑物发生火灾后确保人员生命财产安全的有效措施，是建筑防火的一项重要内容。安全疏散设施包括疏散出口、疏散走道、疏散楼梯（间）、疏散指示标志等。本单元主要介绍封闭楼梯间、防烟楼梯间、疏散通道、安全出口。

一、封闭楼梯间

封闭楼梯间是指用耐火建筑构配件分隔，能防止烟和热气进入的楼梯间。封闭楼梯间示意图如图 5-2-12 所示。

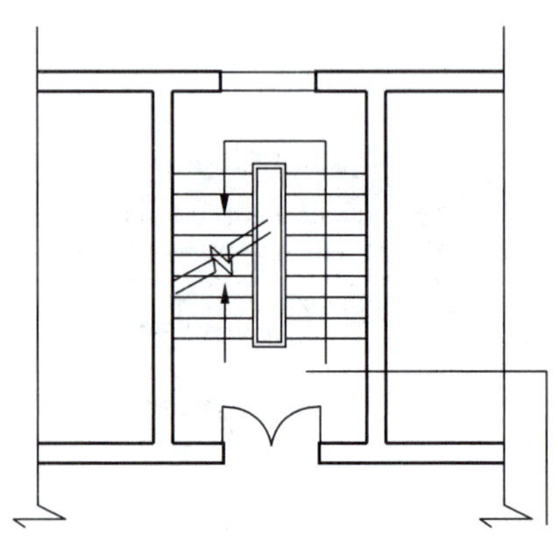

图 5-2-12　封闭楼梯间示意图

（一）适用范围

（1）多层公共建筑中医疗建筑、旅馆及类似使用功能的建筑；设置歌舞娱乐放映游

艺场所的建筑；商店、图书馆、展览建筑、会议中心及类似使用功能的建筑；6 层及以上的其他建筑的疏散楼梯间均应设置为封闭楼梯间。老年人照料设施的室内疏散楼梯不能与敞开式外廊直接连通的应采用封闭楼梯间。

（2）高层建筑的裙房和建筑高度不大于 32 m 的二类高层公共建筑及建筑高度大于 21 m、不大于 33 m 的住宅建筑应采用封闭楼梯间。

（3）高层厂房和甲、乙、丙类多层厂房，其疏散楼梯间应采用封闭楼梯间。

（二）设置要求

（1）不能自然通风或自然通风不能满足要求时，应设置机械加压送风系统或采用防烟楼梯间。

（2）除楼梯间的出入口和外窗外，楼梯间的墙上不应开设其他门、窗、洞口。

（3）高层建筑、人员密集的公共建筑、人员密集的多层丙类厂房，以及甲、乙类厂房，其封闭楼梯间的门应采用乙级防火门，并应向疏散方向开启；其他建筑可采用双向弹簧门。

（4）楼梯间的首层可将走道和门厅等包括在楼梯间内，形成扩大的封闭楼梯间，但应采用乙级防火门等与其他走道和房间分隔。扩大的封闭楼梯间示意图如图 5-2-13 所示。

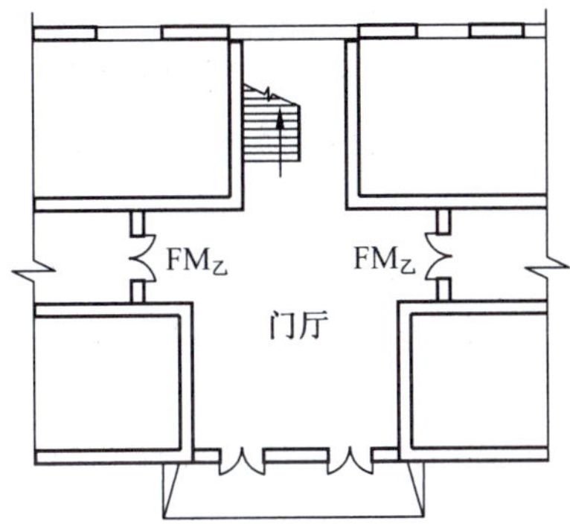

图 5-2-13 扩大的封闭楼梯间示意图

二、防烟楼梯间

防烟楼梯间是指在楼梯间入口处设有防烟前室、开敞式阳台或凹廊（统称前室）等设施，且通向前室和楼梯间的门均为防火门，防止火灾的烟和热气进入的楼梯间。防烟楼梯间示意图如图5-2-14 所示。

（一）适用范围

一类高层公共建筑及建筑高度大于 32 m 的二类高层公共建筑，建筑高度大于 33 m 的住宅建筑，建筑高度大于 32 m 且任一层人数超过 10 人的高层厂房；当地下层数为 3 层及 3 层以上，以及地下室内地面与室外出入口地坪高差大于 10 m 时；建筑高度大于 24 m 的老年人照料设施；采用剪刀楼梯间的高层公共建筑。

（二）设置要求

（1）当不能天然采光和自然通风时，楼梯间应按规定设置防烟设施。

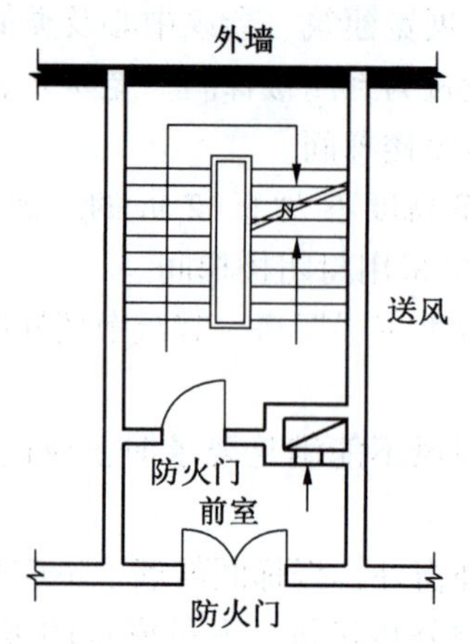

图 5-2-14 防烟楼梯间示意图

（2）在楼梯间入口处应设置防烟前室、开敞式阳台或凹廊等。前室可与消防电梯间前室合用。

（3）前室的使用面积：公共建筑、高层厂房（仓库）不应小于 6 m^2；住宅建筑，不应小于 4.5 m^2；与消防电梯间前室合用时，公共建筑、高层厂房（仓库）合用前室的使用面积不应小于 10 m^2；住宅建筑合用前室的使用面积不应小于 6 m^2。

（4）疏散走道通向前室以及前室通向楼梯间的门应采用乙级防火门，并应向疏散方向开启。

（5）除楼梯间和前室的出入口、楼梯间和前室设置的正压送风口和住宅建筑的楼梯间前室外，防烟楼梯间和前室内的墙上不应开设除疏散门和送风口以外的其他门、窗、洞口。

（6）楼梯间的首层可将走道和门厅等包括在楼梯间前室内形成扩大的前室，但应采用乙级防火门等与其他走道和房间分隔。

（7）建筑高度大于 32 m 的老年人照料设施，宜在 32 m 以上部分增设能连通老年人居室和公共活动场所的连廊，各层连廊应直接与疏散楼梯、安全出口或室外避难场地连通。

三、疏散通道

疏散通道包括室内安全区域的前室、疏散楼梯间，也包括疏散门和疏散走道，还包括危险区域中未设置围护结构但具备疏散功能的通道。本书主要介绍疏散门、疏散走道。

（一）疏散门

疏散门是直接通向疏散走道的房间门、直接开向疏散楼梯间的门或室外的门，不包括套间内的隔间门或住宅套内的房间门。

1. 疏散门的设置要求

（1）民用建筑及厂房的疏散门应采用平开门，向疏散方向开启，不应采用推拉门、卷帘门、吊门、转门和折叠门。

（2）开向疏散楼梯或疏散楼梯间的门，当其完全开启时，不应减少楼梯平台的有效宽度。

（3）人员密集场所内平时需要控制人员随意出入的疏散门和设置门禁系统的住宅、宿舍、公寓建筑的外门，应保证火灾时不需使用钥匙等任何工具即能从内部易于打开，并应在显著位置设置具有使用提示的标识。

（4）建筑内的安全出口和疏散门应分散布置，疏散门的净宽度不应小于 0.90 m，每个房间相邻 2 个疏散门最近边缘之间的水平距离不应小于 5 m。

2. 疏散门的数量

公共建筑内房间的疏散门数量应经计算确定，且不应少于 2 个。除托儿所、幼儿园、老年人照料设施、医疗建筑、教学建筑内位于走道尽端的房间外，符合下列条件之一的房间可设置 1 个疏散门：

（1）位于两个安全出口之间或袋形走道两侧的房间，对于托儿所、幼儿园、老年人照料设施，建筑面积不大于 50 m^2；对于医疗建筑、教学建筑，建筑面积不大于 75 m^2；对于其他建筑或场所，建筑面积不大于 120 m^2。

（2）位于走道尽端的房间，建筑面积小于 50 m^2 且疏散门的净宽度不小于 0.90 m，或由房间内任一点至疏散门的直线距离不大于 15 m、建筑面积不大于 200 m^2 且疏散门的净宽度不小于 1.40 m。

（3）歌舞娱乐放映游艺场所内建筑面积不大于 50 m^2 且经常停留人数不超过 15 人的厅、室。

（4）建筑面积不大于 200 m^2 的地下或半地下设备间，建筑面积不大于 50 m^2 且经常停留人数不超过 15 人的其他地下或半地下房间。

对于一些人员密集的场所，例如，剧场、电影院和礼堂的观众厅，其疏散出口数目应经计算确定，且不应少于 2 个。为保证安全疏散，应控制通过每个安全出口的人数，即每个疏散出口的平均疏散人数不应超过 250 人；当容纳人数超过 2000 人时，其超过 2000 人的部分，每个疏散出口的平均疏散人数不应超过 400 人。

体育馆的观众厅，其疏散出口数目应经计算确定，且不应少于 2 个，每个疏散出口的平均疏散人数不宜超过 400～700 人。

（二）疏散走道

疏散走道是指发生火灾时，建筑内人员从火灾现场逃往安全场所的通道。

1. 疏散走道一般要求

疏散走道应简明直接，设置尽量避免曲折或袋形走道，并按照规定配置疏散指示标志和诱导灯。在 1.8 m 高度内不宜设置管道、门垛等凸出物，走道中的门应向疏散方向开启。疏散走道在防火分区处应设置常开甲级防火门。

2. 疏散走道的宽度

疏散走道的宽度应符合表 5-2-2 的要求。办公建筑的走道最小净宽应满足表 5-2-3 的要求。

表 5-2-2 公共建筑的房间疏散门、安全出口、疏散走道和疏散楼梯的每百人所需最小疏散净宽度

m/百人

建筑层数		建筑的耐火等级		
		一、二级	三级	四级
地上楼层	1~2 层	0.65	0.75	1.00
	3 层	0.75	1.00	—
	≥4 层	1.00	1.25	—
地下楼层	与地面出入口地面的高差≤10 m	0.75	—	—
	与地面出入口地面的高差≥10 m	1.00	—	—

表 5-2-3 办公建筑的走道最小净宽

m

走道长度	走道最小净宽	
	单面布房	双面布房
≤40	1.3	1.5
>40	1.5	1.8

四、安全出口

《消防安全管理员（初级）》已经介绍了公共建筑安全出口数量、住宅建筑安全出口数量，安全出口的宽度、间距、畅通性，本书主要介绍厂房、仓库的安全出口的数量、间距和宽度。

（一）安全出口数量

1. 厂房

厂房内每个防火分区或一个防火分区内的每个楼层，其安全出口的数量应经计算确定，且不应少于 2 个；当符合下列条件时，可设置 1 个安全出口：

（1）甲类厂房，每层建筑面积不超过 100 m^2，且同一时间的生产人数不超过 5 人。

（2）乙类厂房，每层建筑面积不超过 150 m^2，且同一时间的生产人数不超过 10 人。

（3）丙类厂房，每层建筑面积不超过 250 m^2，且同一时间的生产人数不超过 20 人。

（4）丁、戊类厂房，每层建筑面积不超过 400 m^2，且同一时间内的生产人数不超过 30 人。

（5）地下、半地下厂房或厂房的地下室、半地下室，其建筑面积不大于 50 m^2，且经常停留人数不超过 15 人。

（6）需要特别指出的是，地下、半地下建筑每个防火分区的安全出口数目不应少于 2 个。但由于地下建筑设置较多的地上出口有困难，所以当有 2 个或 2 个以上防火分区相邻布置时，每个防火分区可利用防火墙上一个通向相邻分区的甲级防火门作为第二安全出口，但每个防火分区必须有 1 个直通室外的安全出口。

2. 仓库

（1）每座仓库的安全出口不应少于 2 个，当一座仓库的占地面积不大于 300 m^2 时，

可设置 1 个安全出口。

(2) 仓库内每个防火分区通向疏散走道、楼梯或室外的出口不宜少于 2 个，当防火分区的建筑面积不大于 100 m^2 时，可设置 1 个出口。

(3) 地下或半地下仓库（包括地下或半地下室）的安全出口不应少于 2 个，当建筑面积不大于 100 m^2 时，可设置 1 个安全出口。

(4) 地下或半地下仓库（包括地下或半地下室），当有多个防火分区相邻布置并采用防火墙分隔时，每个防火分区可利用防火墙上通向相邻防火分区的甲级防火门作为第二安全出口，但每个防火分区必须至少有 1 个直通室外的安全出口。

（二）安全出口的间距

厂房、仓库的安全出口应分散布置。每个防火分区或一个防火分区的每个楼层，其相邻 2 个安全出口最近边缘之间的水平距离不应小于 5 m。

（三）安全出口的宽度

厂房内疏散楼梯、走道、门的各自总净宽度，应根据疏散人数按每百人的最小疏散净宽度不小于表 5-2-4 的规定计算确定。但疏散楼梯的最小净宽度不宜小于 1.10 m，疏散走道的最小净宽度不宜小于 1.40 m，门的最小净宽度不宜小于 0.90 m。当每层疏散人数不相等时，疏散楼梯的总净宽度应分层计算，下层楼梯总净宽度应按该层及以上疏散人数最多一层的疏散人数计算。首层外门的总净宽度应按该层及以上疏散人数最多一层的疏散人数计算，且该门的最小净宽度不应小于 1.20 m。

表 5-2-4　厂房内疏散楼梯、走道、门的每百人的最小疏散净宽度　m/百人

厂房层数	1～2	3	≥4
最小疏散净宽度	0.6	0.8	1.0

技能操作

技能 5-2-4　检查封闭楼梯间

一、操作准备

(1) 在建筑内确认封闭楼梯间的位置。

(2) 卷尺或测距仪。

(3) 设计文件或者验收竣工图、建筑平面图等。

(4) 需填写的相应表格和签字笔。

二、操作步骤

步骤 1　检查封闭楼梯间内是否有影响疏散的凸出物或障碍物。

步骤 2　检查封闭楼梯间内是否设置了火灾危险性较大的烧水间、可燃材料储藏室、垃圾道、可燃气体管道以及甲、乙、丙类液体管道等。

步骤 3　检查封闭楼梯间的防火门和防烟设施是否符合要求。

步骤 4　检查封闭楼梯间栏杆、扶手是否完好。

技能 5-2-5　检查防烟楼梯间

一、操作准备

（1）在建筑内确认防烟楼梯间的位置。

（2）卷尺或测距仪。

（3）设计文件或者验收竣工图、建筑平面图等。

（4）需填写的相应表格和签字笔。

二、操作步骤

步骤 1　检查防烟楼梯间设置面积是否符合国家标准。

步骤 2　检查防烟楼梯间内是否有影响疏散的凸出物或障碍物。

步骤 3　防烟楼梯间及其前室，不应设置卷帘，防烟楼梯间及其前室内禁止穿过或设置可燃气体管道。

步骤 4　疏散走道通向前室以及前室通向防烟楼梯间的门应采用乙级防火门，并应向疏散方向开启。

步骤 5　检查防烟楼梯间的前室是否具有可靠的防烟性能，前室的大小是否与楼层中疏散进入楼梯间的人数相适应。

技能 5-2-6　检查疏散门、疏散走道

一、操作准备

（1）在建筑内确认疏散门、疏散走道的位置。

（2）卷尺。

（3）设计文件或者验收竣工图、建筑平面图等。

（4）需填写的相应表格和签字笔。

二、操作步骤

1. 检查疏散门

步骤 1　检查疏散门的宽度、数量，疏散门之间的间距是否符合要求。

步骤 2　检查疏散门的外观及配件是否完好、无损。

2. 检查疏散走道

步骤 1　检查疏散走道是否简明直接，并按照规定配置疏散指示标志和诱导灯。

步骤 2　疏散走道尽量避免曲折或袋形走道。

步骤 3　疏散走道上方不应设置影响人员疏散的管道、门垛等凸出物，走道中的门应向疏散方向开启。

步骤 4　疏散走道的净宽度应满足要求。

步骤 5　疏散走道不应被堵塞、占用等，应保持畅通。

技能 5-2-7　检查安全出口

一、操作准备

（1）在建筑内确认安全出口的位置。

（2）卷尺。

（3）设计文件或者验收竣工图、建筑平面图等。

（4）需填写的相应表格和签字笔。

二、操作步骤

步骤 1　根据建筑性质、规模大小等进行判定安全出口的形式是否设置合理。

步骤 2　检查厂房、仓库安全出口的数量和宽度是否符合设计要求。

步骤 3　检查厂房、仓库安全出口、疏散通道是否畅通，有无锁闭，禁止占用、堵塞、封闭疏散通道。

步骤 4　检查厂房、仓库安全出口、疏散门是否设置门槛或其他影响疏散的障碍物。

步骤 5　检查安全出口数量是否符合要求，2 个安全出口的间距是否不小于 5 m。

步骤 6　检查安全出口是否安装有安全出口标识，对标识进行判定看是否正常（清晰或正确），安全出口不应安装栅栏、卷帘门。

步骤 7　检查安全出口的门是否向疏散方向开启。

培训模块六

培训演练

培训项目 1　组织管理微型消防站

【知识导图】

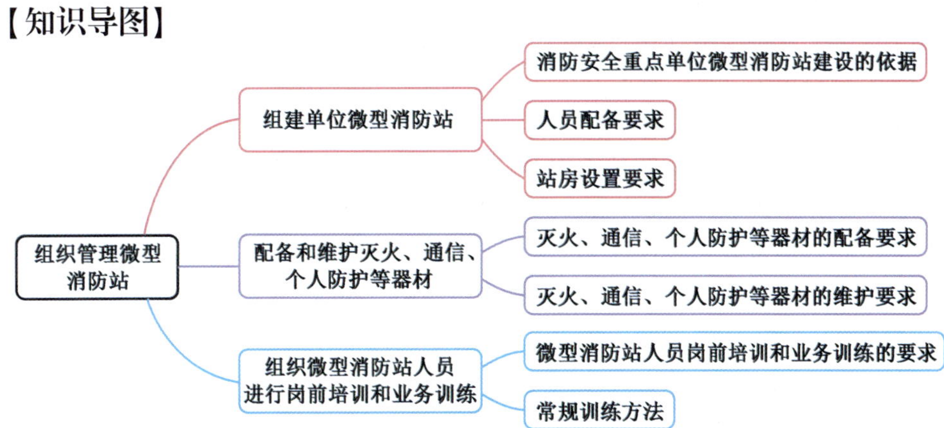

微型消防站，是以救早、灭小和“三分钟到场”扑救初起火灾为目标，配备必要的消防器材，依托志愿消防队伍建设的消防组织，具备发现快，到场快，处置快以及机动灵活的特点。组建、管理好微型消防站，可以促进城市消防系统的完善发展，更好地为企业、人民的生命财产安全提供保障。

培训单元 1　组建单位微型消防站

【培训重点】

(1) 了解单位微型消防站建设要求。

(2) 掌握制定单位微型消防站建设方案要点。

【知识要求】

一、消防安全重点单位微型消防站建设的依据

随着我国社会经济快速发展，城镇常住人口持续增加，常住人口的城镇化率进一步提高，2020 年居住在城镇的人口占 63.89%，与 2010 年相比，城镇人口比重上升了 14.21%，高层地下建筑、人员密集场所和易燃易爆单位逐年增多，火灾风险持续增加。据统计，我国有高层建筑 33 万余幢，用于经营的地下建筑面积达 2466 万平方米，大型集贸市场、批发市场、物流仓储仓库 20 余万家，各类化工生产、储存、销售企业 11 余万家。如此大规模的单位场所，一旦发生火灾，如果初期处置不及时，极易蔓延扩大，造成

较大人员伤亡和财产损失。

为积极引导和规范消防安全重点单位志愿消防队伍建设，2015 年 11 月 11 日，公安部消防局下发了《关于印发〈消防安全重点单位微型消防站建设标准（试行）〉〈社区微型消防站建设标准（试行）〉的通知》(公消〔2015〕301 号)，推动单位落实主体责任，建设“有人员、有器材、有战斗力”的重点单位微型消防站，以提高重点单位自查自纠、自防自救的能力，实现有效处置初起火灾的目标，各地也相继出台了地方标准或指导意见指导微型消防站建设。2019 年 11 月 26 日，应急管理部消防救援局组织制定了《大型商业综合体消防安全管理规则（试行）》(应急消〔2019〕314 号)，专门对大型商业综合体的微型消防站建设提出了具体要求。

《消防安全重点单位微型消防站建设标准（试行）》(公消〔2015〕301 号）要求，除按照消防法规须建立专职消防队的重点单位外，其他设有消防控制室的重点单位，以救早、灭小和“3 分钟到场”扑救初起火灾为目标，依托单位志愿消防队伍，配备必要的消防器材，建立重点单位微型消防站，积极开展防火巡查和初起火灾扑救等火灾防控工作。合用消防控制室的重点单位，可联合建立微型消防站。同时，对人员配备、站房设置等提出了具体要求。

二、人员配备要求

《消防安全重点单位微型消防站建设标准（试行）》(公消〔2015〕301 号）规定了人员配备的最低标准：

（1）微型消防站人员配备不少于 6 人。

（2）微型消防站应设站长、副站长、消防员、控制室值班员等岗位，配有消防车辆的微型消防站应设驾驶员岗位。

（3）站长应由单位消防安全管理人兼任，消防员负责防火巡查和初起火灾扑救工作。

（4）微型消防站人员应当接受岗前培训；培训内容包括扑救初起火灾业务技能、防火巡查基本知识等。

对于特殊场所，如大型商业综合体，《大型商业综合体消防安全管理规则（试行）》(应急消〔2019〕314 号）对人员的配备标准进行了加强：微型消防站每班（组）灭火处置人员不应少于 6 人，且不得由消防控制室值班人员兼任。

对于有地方标准（指导意见）的，按照地方标准（指导意见）执行。如天津市微型消防站应按照《微型消防站建设标准》(DB12/T 950—2020）配备人员：各村落、社区、单位微型消防站宜依据微型消防站各岗位每班次在岗人数要求配备人员，一级微型消防站每班次在岗人员不应少于 6 人；二级微型消防站每班次在岗人员不应少于 4 人；三级微型消防站每班次在岗人员不应少于 2 人，见表 6-1-1。

表 6-1-1　微型消防站各岗位每班次在岗人数要求　　人

岗位	一级站	二级站	三级站
值班员	≥1	≥1	≥1
消防员	≥5	≥3	≥1

三、站房设置要求

(1) 微型消防站应设置人员值守、器材存放等用房，可与消防控制室合用；有条件的，可单独设置。

(2) 微型消防站应在建筑物内部和避难层设置消防器材存放点，可根据需要在建筑之间分区域设置消防器材存放点。

(3) 大型商业综合体内设置的微型消防站还应符合下列要求：

①微型消防站宜设置在建筑内便于操作消防车和便于队员出入部位的专用房间内，可与消防控制室合用。为大型商业综合体建筑整体服务的微型消防站用房应当设置在建筑的首层或地下一层，为特定功能场所服务的微型消防站可根据其服务场所位置进行设置。

②微型消防站应当具备与其配置人员和器材相匹配的训练、备勤和器材储存用房及消防车专用车位。

③大型商业综合体的建筑面积大于或等于 20 万平方米时，应当至少设置 2 个微型消防站。设置多个微型消防站时，应当满足以下要求：微型消防站应当根据大型商业综合体的建筑特点和便于快速灭火救援的原则分散布置；从各微型消防站站长中确定一名总站长，负责总体协调指挥。

(4) 高层民用建筑设置的微型消防站要求。《高层民用建筑消防安全管理规定》(应急管理部令第 5 号) 规定高层公共建筑内有关单位、高层住宅建筑所在社区居民委员会或者物业服务企业按照规定建立的专职消防队、志愿消防队（微型消防站）等消防组织，应当配备必要的人员、场所和器材、装备，定期进行消防技能培训和演练，开展防火巡查、消防宣传，及时处置、扑救初起火灾。

(5) 有地方标准（指导意见）的，按照地方标准（指导意见）执行。如天津市微型消防站应按照《微型消防站建设标准》(DB12/T 950—2020) 分级建设：

①人口在 2000 人（含）以上的自然村落、设置消防控制室的重点单位和居民社区，应建立一级微型消防站。同一建筑内多个重点单位或多个居民社区共用消防控制室的，应按照一级微型消防站的要求分别独立建站。

②人口在 500 人（含）以上 2000 人以下的自然村落、未设置消防控制室且员工人数在 10 人（含）以上的重点单位和未设置消防控制室的居民社区应建立二级微型消防站。

③人口在 500 人以下的自然村落和未设置消防控制室、员工人数在 10 人以下的重点单位，应建立三级微型消防站。

实例 6-1-1　组建单位微型消防站

企业情况简介：河北省××商场，高四层，建筑面积 30000 m^2。微型消防站选址位置能够满足消防员 3 分钟到场扑救要求。

××商场微型消防站的建设实施方案

为加强公司消防安全基础管理工作，提升公司初起火灾自防自救能力，根据《消防安全重点单位微型消防站建设标准（试行）》(公消〔2015〕301 号)、《河北省微型消防站建设指导意见（试行)》(冀消委〔2016〕22 号）的有关要求，并结合公司实际情况，特制定本方案。

一、工作总体目标

依托商场安全保卫部，以××副总经理（消防安全管理人）为站长，建设商场微型消防站。通过规范性的管理和针对性的训练，达到救早、灭小和“3 分钟到场”扑救初起火灾的目标，切实提升公司面对初起火灾的自防自救能力。

二、工作步骤

1. 部署动员阶段（2021 年 12 月 15 日前）

成立以××副总经理（消防安全管理人）为组长，安全保卫部、行政后勤部为成员的微型消防站建设领导小组。

××副总经理（消防安全管理人)：全权负责微型消防站的建设工作，负责汇总相关费用，并报公司领导、上会研究、落实经费，按程序（如列入明年预算，招标等）组织建设微型消防站。

安全保卫部：负责拟定微型消防站人员值守、器材存放等用房意见，用房优先考虑消防控制室附近或安全保卫部值班室附近，便于人员出动、器材取用，以满足消防员 3 分钟到达公司任一场所展开火灾扑救行动；拟定购置器材装备、储物架等清单；拟定微型消防站标识标牌、上墙制度等制作的材质及样式；拟定每日在岗的专兼职消防员不能少于 6 人的人事安排以及相关人员的工资、福利待遇、奖励标准等。

行政后勤部：负责对需要购置的器材装备、储物架、标识标牌、上墙制度等进行询价、购置。

2. 站房建设实施阶段（2022 年 1 月 15 日前）

（1）微型消防站门头（示例）。门头设计在入口处，中间为主体，按16∶5 的比例制作，高度最小值不低于 30 cm；两边根据现场尺寸制作，遇有挑棚时，则三面合围，上端可安装射灯。微型消防站门头（示例）如图 6-1-1 所示。

图 6-1-1　微型消防站门头（示例）

（2）微型消防站竖式标牌（示例）。标牌尺寸标准为 160 cm×30 cm，也可根据微型消防站建筑物大小适当调整。标牌上缀中文“×××(单位名称）微型消防站”，底部下缀英文“MICRO VOLUNTEER FIRE STATION”，其颜色为银灰底黑字。材质使用铝合金或户外用铝塑板，字体为黑体。竖式标牌设置在微型消防站大门的右侧（进门方向）。微型消防站竖式标牌（示例）如图6-1-2所示。

（3）站房内悬挂人员组织机构、工作职责、工作制度、火灾事故应急处置流程图等内容的公示栏和制度牌。

（4）微型消防站内应配置外线电话、对讲机和网络、广播系统，并按照规定设置应急照明系统；器材存放处应设置储物架或储物柜，确保器材分类存放，统一管理。

（5）应配齐器材装备，包括：水枪2支，水带400 m，水带接扣、分水器、消火栓扳手等2套，强光照明灯1个，外线电话1部，手持对讲机2台，消防斧1把，铁铤1把，消防头盔4顶，消防员灭火防护服4套，消防手套4副，消防安全腰带4根，消防员灭火防护靴4双，消防轻型安全绳2根，消防腰斧4把，消防过滤式综合防毒面具4个。

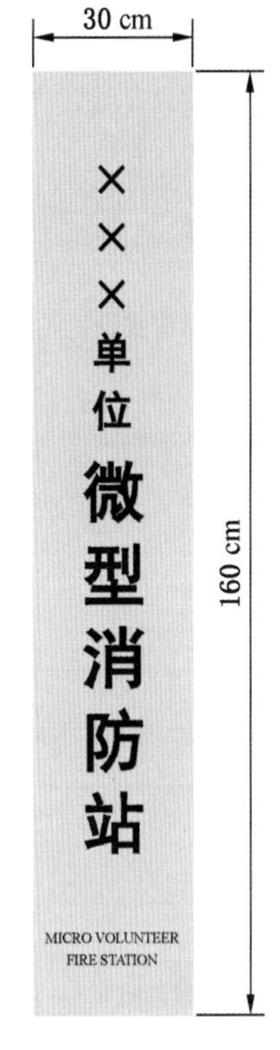

图6-1-2　微型消防站竖式标牌（示例）

3. 人员配备及工作职责（2022年1月15日前）

微型消防站人员配备6人，每班（组）值守人员除消防控制室值班人员外，专职消防员不少于3人；××副总经理任站长、安全保卫部经理×××任副站长，设消防员、控制室值班员等岗位，配有消防车辆后设驾驶员岗位；微型消防站人员应当接受岗前培训，培训内容包括扑救初起火灾业务技能、防火巡查基本知识等。

微型消防站应承担以下任务：①开展防火巡查，消除火灾隐患。②开展多种形式消防宣传教育，普及消防安全知识。③根据火灾报告、救援求助，及时赶赴本单位现场实施火灾扑救和应急救援。④熟悉所在单位的情况，制定完善灭火救援预案，定期开展灭火救援演练。⑤落实消防安全户籍化管理工作和消防安全标准化管理工作。⑥在消防救援机构指导下，协同建立灭火救援联勤联动体系，并参与周边区域灭火和应急救援处置工作。

微型消防站人员工作职责：①站长负责微型消防站日常管理，组织制定各项管理制度和灭火应急预案，开展防火巡查、消防宣传教育和灭火训练；指挥初起火灾扑救和人员疏散。②消防员负责扑救初起火灾；熟悉建筑消防设施情况和灭火应急预案，熟练掌握器材性能和操作使用方法，并落实器材维护保养；参加日常防火巡查和消防宣传教育。③控制室值班员应熟悉灭火应急处置程序，熟练掌握自动消防设施操作方法，接到火警信息后启动预案。④驾驶员应熟练掌握车辆及车载固定装备的技术性能和操作使用方法，定期进行维护保养，及时补充消防车辆的油、水、电、气和灭火剂；熟悉所在单位和周边区域的道路、水源、单位情况，熟悉灭火救援预案；参加日常防火巡查和消防宣传教育。

4. 报消防救援机构备案（2022年1月30日前）

建设微型消防站应报消防救援机构备案，微型消防站备案表见表6-1-2。

表6-1-2 微型消防站备案表

微型消防站名称： 编号：

<table>
<tr><td rowspan="4">基本情况</td><td colspan="2">微型消防站类型</td><td colspan="9">□街道（社区）微型消防站 □消防安全重点单位微型消防站
□农村微型消防站</td></tr>
<tr><td colspan="2">建设管理单位名称</td><td colspan="4"></td><td colspan="2">建成日期</td><td colspan="3"></td></tr>
<tr><td colspan="2">地址</td><td colspan="4"></td><td colspan="2">值班电话</td><td colspan="3"></td></tr>
<tr><td colspan="2">站房建设形式</td><td colspan="4">□与街道和社区服务中心合用
□与消防控制室合用
□单独建设</td><td colspan="2">站房面积/m^2</td><td colspan="3"></td></tr>
<tr><td rowspan="8">队员情况</td><td colspan="2">姓名</td><td>性别</td><td>出生年月</td><td colspan="2">站内职务</td><td colspan="2">街道（社区或单位）职务</td><td colspan="3">联系电话</td></tr>
<tr><td colspan="2"></td><td></td><td></td><td colspan="2"></td><td colspan="2"></td><td colspan="3"></td></tr>
<tr><td colspan="2"></td><td></td><td></td><td colspan="2"></td><td colspan="2"></td><td colspan="3"></td></tr>
<tr><td colspan="2"></td><td></td><td></td><td colspan="2"></td><td colspan="2"></td><td colspan="3"></td></tr>
<tr><td colspan="2"></td><td></td><td></td><td colspan="2"></td><td colspan="2"></td><td colspan="3"></td></tr>
<tr><td colspan="2"></td><td></td><td></td><td colspan="2"></td><td colspan="2"></td><td colspan="3"></td></tr>
<tr><td colspan="2"></td><td></td><td></td><td colspan="2"></td><td colspan="2"></td><td colspan="3"></td></tr>
<tr><td colspan="2"></td><td></td><td></td><td colspan="2"></td><td colspan="2"></td><td colspan="3"></td></tr>
<tr><td rowspan="7">消防装备器材配备</td><td colspan="2">小型消防车/辆</td><td colspan="2">消防摩托车/辆</td><td colspan="2">灭火器/具</td><td colspan="2">消防水枪/支</td><td colspan="2">消防水带/盘</td><td>手持对讲机/台</td></tr>
<tr><td colspan="2"></td><td colspan="2"></td><td colspan="2"></td><td colspan="2"></td><td colspan="2"></td><td></td></tr>
<tr><td>消防头盔/顶</td><td>灭火防护服/套</td><td>消防手套/副</td><td>消防安全腰带/根</td><td>灭火防护靴/双</td><td>正压式消防空气呼吸器/具</td><td>佩戴式防爆照明灯/个</td><td>消防员呼救器/个</td><td>方位灯/个</td><td>消防轻型安全绳/根</td><td>消防腰斧/把</td></tr>
<tr><td></td><td></td><td></td><td></td><td></td><td></td><td></td><td></td><td></td><td></td><td></td></tr>
<tr><td colspan="11">其他消防装备、器材</td></tr>
<tr><td>消防装备器材名称</td><td colspan="2"></td><td colspan="2"></td><td colspan="2"></td><td colspan="2"></td><td></td><td></td></tr>
<tr><td>配置数量</td><td colspan="2"></td><td colspan="2"></td><td colspan="2"></td><td colspan="2"></td><td></td><td></td></tr>
</table>

备注：

5. 验收总结阶段（2022 年 2 月 15 日前）

（1）检查站内物资是否齐备有效。

（2）检查微型消防站管理制度、岗位职责是否符合需求。

（3）考核站内队员消防技能是否达标。

6. 常态化应急值守

（1）微型消防站应制定并落实岗位培训、队伍管理、防火巡查、器材装备检查保养、值守联动、日常业务训练、考核评价等工作制度。

（2）微型消防站应确保值守人员 24 h 在岗在位，做好应急准备；每班（组）值守人员除消防控制室值班人员外，专职消防员不少于 3 人。

（3）接到火警信息后，控制室值班员应迅速核实火情，启动灭火处置程序；消防员应按照“3 分钟到场”要求赶赴现场处置。

三、工作要求

1. 提高认识，规范建设

微型消防站是公司消防安全的管理、执行单位，担负着公司日常消防安全管理和初起火灾扑救的重任，因此，必须提高认识，重视微型消防站的建设工作，同时必须按照《消防安全重点单位微型消防站建设标准（试行）》(公消〔2015〕301 号）等文件的要求，规范微型消防站的建设，配备齐全站内物资，建立完善各岗位职责，规范队伍的管理和训练。

2. 加强落实，按期完成

微型消防站建设是公司的消防安全重点工作，建设小组应加强各环节进度的落实工作，按期完成微型消防站的建设工作，使微型消防站能及时投入使用，确保公司消防安全管理工作有序有效开展。

培训单元 2　配备和维护灭火、通信、个人防护等器材

【培训重点】

（1）了解灭火、通信、个人防护等器材的配备和维护要求。

（2）掌握制定单位微型消防站器材配备方案的方法。

（3）掌握单位微型消防站器材维护的方法。

【知识要求】

一、灭火、通信、个人防护等器材的配备要求

工欲善其事，必先利其器。在微型消防站，“器”就是消防装备，是配备在消防站中，消防员借以日常训练，或通过现场的科学运用扑救初起火灾的一切硬件设备。事实证

明，消防装备的配备情况决定着灭火行动指挥的有序性，决定着扑救初起火灾的有效性，更决定着消防员在灭火行动中的人身安全保障。为此，《消防安全重点单位微型消防站建设标准（试行）》(公消〔2015〕301 号）对器材配备提出了指导性意见：

（1）微型消防站应根据本单位灭火疏散预案要求配置相应器材装备，以保证满足扑救初起火灾和引导人员疏散的需要，配备一定数量的灭火器、水枪、水带等灭火器材；配置外线电话、手持对讲机等通信器材；有条件的站点可选配消防头盔、灭火防护服、防护靴、破拆工具等器材。

（2）有条件的微型消防站可根据实际选配消防车辆。

（3）对占地规模较大且无法满足消防员 3 分钟到场扑救要求的，应配备相应的消防车辆。

对于特殊场所，比如大型商业综合体，《大型商业综合体消防安全管理规则（试行）》(应急消〔2019〕314 号）对装备的配备制定了参考标准（表 6-1-3）。

表 6-1-3　大型商业综合体微型消防站装备配备标准

序号	类别	器　材　名　称	单位	数量	配备要求
1	消防车辆	消防车①	辆	1	选配
2		消防摩托车	辆	1	选配
3	灭火和应急救援器材	消防水枪②	把	10	必配
4		消防水带（65 mm，耐压 16 kg 以上）	盘	10	必配
5		消火栓扳手	把	4	必配
6		井盖钩	把	2	必配
7		手提式灭火器（4 kg 干粉灭火器，ABC 型）③	具	10	必配
8		灭火毯	块	10	必配
9		强光照明灯	个	6	必配
10		手抬消防泵	台	1	选配
11		救生缓降器	个	2	选配
12	破拆器材	手动破拆工具组	套	1	必配
13		消防斧	把	2	必配
14		绝缘剪断钳	把	1	必配
15		铁铤	把	1	选配
16		多功能挠钩	套	1	选配
17	个人防护装备	消防头盔	顶	6	选配
18		消防员灭火防护服	套	6	选配
19		消防员灭火防护靴	双	6	选配
20		消防安全腰带	条	6	选配
21		消防手套	双	6	选配
22		过滤式消防自救呼吸器	具	10	必配
23		正压式消防空气呼吸器	个	2	选配

表 6-1-3（续）

序号	类别	器　材　名　称	单位	数量	配备要求
24	个人防护装备	正压式消防空气呼吸器备用气瓶	个	2	选配
25		消防安全绳	根	6	必配
26		消防腰斧	个	6	选配
27	通信器材	外线固定电话	台	1	必配
28		对讲机	台	6	必配
29	其他	便携式可燃气体探测仪	套	1	选配
30		各类警示牌	套	1	选配
31		隔离警示带	盘	2	选配
32		闪光警示灯	个	2	选配

注：①根据实际情况配备水罐或水雾消防车或携带水雾/细水雾、压缩空气泡沫灭火装置的燃油动力或电动车辆。
②根据实际情况配备直流或喷雾水枪。
③根据实际情况可增配具备扑救 E 类（带电火）或 F 类（油锅火）火灾能力的水基型灭火器。

二、灭火、通信、个人防护等器材的维护要求

消防器材是否完好将直接影响灭火救援行动，《消防员个人防护装备配备标准》(XF 621)、《灭火救援装备储备管理通则》(XF 1282）等规范专门对个人防护装备、灭火救援装备的管理与维护保养进行了规定，器材装备说明书也对器材的维护保养有明确要求。消防站配备器材后，要遵循分类储存，标识清楚；用养结合，配套齐全；推陈“储”新，用零存整；供应及时，数量准确的原则进行管理维护：

（1）微型消防站必须严格执行器材管理的有关规定，遵守维护保养、保管、检查制度和使用规定，防止器材损坏、丢失、锈蚀和失效，保证器材始终处于良好状态。

（2）定期检查器材数量、质量、储存条件和防护情况，必要时进行性能测试，检查周期最长不应超过一年，做好记录并归档。器材主要技术性能不满足产品说明书规定的技术指标时，应及时向主管部门报告，做出库维修或报废处理。

（3）使用器材的人员必须熟悉器材的性能，做到会使用、会检查、会保养、会排除一般故障。各种器材必须按照编配用途和技术性能使用，并按规定及时填写器材卡片。

（4）使用器材，应严格遵守操作规程和有关安全规定。

（5）严禁擅（私）自动用消防站的器材。

（6）添置器材应按正规渠道采购的程序办理，并由专人负责，严格履行经办、验收、入库等手续。

（7）器材应设置细致准确的台账，并每季度清点一次。

实例 6-1-2　微型消防站装备配备参考标准（以天津市为例）

企业情况简介：天津市××商场，消防安全重点单位，高四层，建筑面积 30000 m^2。消防控制室的位置能够满足消防员 3 分钟到场扑救要求。

根据天津市《微型消防站建设标准》(DB12/T 950—2020）规定，天津市××商场是消

防安全重点单位，并设有消防控制室，应按照一级微型消防站的要求建站。

根据天津市《微型消防站建设标准》(DB12/T 950—2020) 装备配备要求：各村落、社区、重点单位微型消防站应根据扑救初起火灾需要，宜依据微型消防站装备配备参考标准（表 6-1-4），配备一定数量的灭火、通信、防护等器材装备，有条件的可选配消防车辆，并根据灭火救援需要合理设置消防器材装备（车辆）存放点。天津市××商场应按一级微型消防站配备装备：多功能水枪 2 把、水带 5 盘、室外消火栓扳手 2 把、干粉灭火器（4 kg 装）10 个、灭火毯 10 个、消防斧 1 把、消防头盔 8 顶、消防员灭火防护服 8 套、消防员灭火防护靴 8 双、消防安全腰带 8 条、消防手套 8 双、过滤式综合防毒面具 8 个、强光照明灯 3 个、固定电话 1 台、对讲机 5 台。

表 6-1-4　微型消防站装备配备参考标准

序号	类别	器材名称	单位	一级		二级		三级	
				数量	标准	数量	标准	数量	标准
1	灭火器材	多功能水枪	把	2	必配	2	必配	1	必配
2		水带(根据实际配备 80 mm/65 mm 水带)	盘	5	必配	4	必配	3	必配
3		室外消火栓扳手	把	2	必配	1	必配	1	必配
4		干粉灭火器（4 kg 装）	个	10	必配	5	必配	2	必配
5		灭火毯	个	10	必配	5	必配	2	必配
6	破拆器材	消防斧	把	1	必配	1	必配	1	选配
7		绝缘剪断钳	把	—	选配	—	选配	—	选配
8		铁铤	把	—	选配	—	选配	—	选配
9	个人防护装备	消防头盔	顶	8	必配	6	必配	4	必配
10		消防员灭火防护服	套	8	必配	6	必配	4	必配
11		消防员灭火防护靴	双	8	必配	6	必配	4	必配
12		消防安全腰带	条	8	必配	6	必配	4	必配
13		消防手套	双	8	必配	6	必配	4	必配
14		过滤式综合防毒面具	个	8	必配	6	必配	4	选配
15		强光照明灯	个	3	必配	2	必配	1	必配
16	通信器材	固定电话	台	1	必配	1	必配	1	必配
17		对讲机	台	5	必配	4	必配	3	必配
18		POC 对讲机	台	—	选配	—	选配	—	选配
19	消防车辆	消防车辆	辆	—	选配	—	选配	—	选配

注：存在爆炸危险性的重点单位应配备防爆型通信、破拆等相关装备器材。

微型消防站宜根据本地区、本单位火灾危险性和初起火灾事故处置需求增设相应消防装备器材。

实例 6-1-3　单位微型消防站器材维护方法

一、建立微型消防站器材维护管理制度

（1）建立永久性消防器材检查档案。对各种消防设施、器材的数量、设置位置情况要详细登记。

（2）建立检查、维护记录。

（3）定期对器材进行检查，每月全面检查一次。

（4）及时对损坏的器材进行维修更换，并报消防安全责任人、消防安全管理人。

（5）未经消防管理人员允许，任何人不得擅自挪用消防器材，或变更摆放位置。

（6）故意毁坏消防器材的行为要严肃处理，追究责任。

二、维护作业规程

（一）水带

（1）外观检查：密封圈完好，水带无破损。

（2）每月进行一次带压（0.6~0.8 MPa）试验，出水正常。

（二）空气呼吸器

（1）每日检查一次：检查气瓶压力，压力值应大于 28 MPa。

（2）每周检查一次：面罩、供气阀、气瓶、减压器、背托、管路、系带等部件齐全；面罩及目镜无破损；检查系统密封性；检查供气阀启闭；各部件无磨损、损坏；橡胶件无老化。

（3）每月测试一次：检查报警器和报警压力。

（4）定期测试：每两年一次测试。

（三）消防头盔

（1）清洗消防头盔时，使用无异物的干净水以及碎布。

（2）护镜表面为了防止划伤，做了 UV 涂层处理，应用干净柔软的碎布擦拭。

（3）为了防止消防头盔的变形，应常温存放。

（四）消防员灭火防护服

1. 清洗

应经常清洗，避免油污影响防护性能。洗涤时只洗涤外层，可水洗；使用中性洗涤剂，洗涤后晾干或甩干；烘干温度不宜超过 60 ℃。

2. 修补

因磨损、撕破、烧毁或化学侵蚀，使其原结构遭到破坏，须使用专用面料和耐高温缝纫线进行修补，不要随便使用其他未经检验合格的材料，以免发生危险。

3. 贮存

在通风干燥的室内存放，避免长时间曝晒，严禁与化学危险品一起存放，整箱存放时应放置于木板或货架上以防受潮。

（五）消防手套

避免与火焰和熔化的金属直接接触。经常清洗，避免油污影响使用效果。可采用水洗涤表面层。使用中性洗涤剂，洗涤后晾干或甩干机甩干。应放置于通风干燥的室内，避免长时间暴晒，严禁与化学危险品共同存放，整箱存放时应放置于木板或货架上以防受潮。当手套出现破损时，停止使用并更换新产品。

（六）消防安全腰带

每次使用前后都应对消防安全腰带进行检查，检查程序如下：

（1）检查织带是否有割口或磨损的地方，是否有变软和变硬的地方，是否褪色以及是否有熔化纤维。

（2）检查缝线是否有磨损和断开，缝合处是否牢固。

（3）检查金属部件有无变形、损坏，是否有锐边。

如出现上述问题，或已发生剧烈冲击、坠落冲击，该腰带应报废。

消防腰带应储存在干燥、通风的环境，避免与腐蚀性气体及过冷或过热的环境接触，不得接触高温、明火、强酸碱和尖锐的坚硬物体，不得暴晒。

消防安全腰带正常使用寿命为 3 年，但是以下情况会缩短产品寿命：不适当的存放，不适当的使用，作业任务中造成冲击，机械磨损，与酸碱等化学物质接触过，暴露于高温环境。

（七）消防员灭火防护靴

（1）使用前应检查胶靴是否完好。

（2）使用中胶靴不得与火焰及熔融物直接接触；避免与尖锐物接触，防止被刺穿。

（3）每次使用后清水冲洗，洗净后应放在阴凉、通风处晾干，不允许直接日晒。

（4）严禁用于带电、浓酸和浓碱等有强烈腐蚀性的化学品场所作业。

（5）应储存在温度-10~40 ℃之间，相对湿度小于 75% 的环境；距离热源不小于1 m；避免日光直接照射、雨淋及受潮；不能受压及接触腐蚀性化学物质和各种油类。每三个月应倒垛抽查一次。

（八）消防过滤式综合防毒面具

（1）适用于空气中氧气含量大于 17%，有毒气体含量小于以下百分比的情况：沙林 1 mg/L，氰化氢（HCN）0.3%，苯（C_6H_6）0.3%，氯气（Cl_2）0.3%，氨气（NH_3）0.3%，二氧化硫（SO_2）0.3%，一氧化碳（CO）0.25% 的情况下使用。

（2）不能作为处理严重事故的面具或毒气浓度严重超过使用条件的情况使用。

（3）使用前应详细阅读说明书，对面具外观进行全面检查，如发现破损及缺件等，应及时补充完善后才能使用。

（4）环境中的毒气浓度大小将影响面具的防毒时间，当使用者开始嗅到毒气轻微气味或感到不适时，应立即撤离该有毒环境。

（5）全面罩可多次使用，滤毒罐每使用一次应丢弃，不能再用。

（6）备用状态时，环境温度应为 0~40 ℃，周边无热源、易燃易爆及腐蚀性物品，通风良好，无雨淋及潮气侵蚀。

（7）使用过后的全面罩如再用，应检查有无损坏或缺陷，如有应丢弃，全面罩无损坏和缺陷再用，应用酒精擦洗干净。

（九）手提式强光照明灯

（1）首次使用灯具时请充满电，每次使用后请及时充电。

（2）携带或运输时，应确保按钮开关免受外物触压，以免灯具开启耗电。

（3）经常检查并保证提手与后盖，灯筒与后盖之间结合紧密，以确保防水、防爆和抗冲击能力。

（4）不要随意拆卸灯具的结构件，尤其是密封结构件。

（5）在环境温度较高的场所充电或用强光长时间连续放电时，灯具表面略有温升，此属于正常现象。

（6）勿将灯光直接照射人眼，强光可能使人眼受到伤害。

（7）在腐蚀性环境或海水中使用后应将表面擦拭干净。

（8）充电时请注意充电器的型号及充电口的规格，切不可混淆使用。

（十）防爆手持电台

（1）在日常使用中，注意避免金属导体如珠宝首饰、钥匙等触及电池裸露的电极，以免电池短路引起破坏或人身伤害。

（2）各种电池充电应在 5~40 ℃的环境中进行，如果超出此温度电池寿命会受到影响，同时有可能充不满额定容量。

（3）应避免电磁干扰/电磁兼容，尤其是在加油站、飞机场或医院有医疗设备使用的场合中不要使用对讲机。

三、微型消防站器材维护保养记录

微型消防站器材维护保养记录示例见表 6-1-5。

表 6-1-5　微型消防站器材维护保养记录（示例）

部门：　　　　　　　　　　　　　　　　时间：

序号	名　　称	数量	存放地点	完好情况	检查人
1	多功能水枪				
2	水带（根据实际配备 80 mm/65 mm 水带）				
3	室外消火栓扳手				
4	干粉灭火器（4 kg 装）				
5	灭火毯				
6	消防斧				
7	绝缘剪断钳				
8	铁铤				
9	消防头盔				
10	消防员灭火防护服				
11	消防员灭火防护靴				
12	消防安全腰带				

表 6-1-5（续）

序号	名　　称	数量	存放地点	完好情况	检查人
13	消防手套				
14	过滤式综合防毒面具				
15	强光照明灯				
16	固定电话				
17	对讲机				
18	POC 对讲机				
19	消防车辆				
备注					

培训单元 3　组织微型消防站人员进行岗前培训和业务训练

【培训重点】

（1）了解微型消防站人员岗前培训和业务训练的要求。

（2）掌握组织开展微型消防站人员岗前培训和业务训练的方法。

【知识要求】

一、微型消防站人员岗前培训和业务训练的要求

为提升微型消防站消防员个人的业务能力，最大程度发挥微型消防站快速处置初起火灾优势，《消防安全重点单位微型消防站建设标准（试行）》(公消〔2015〕301 号）明确了管理训练的要求：

（1）重点单位是微型消防站的建设管理主体，重点单位微型消防站建成后，应向辖区消防救援机构备案。

（2）微型消防站应制定并落实岗位培训、队伍管理、防火巡查、值守联动、考核评价等管理制度。

（3）微型消防站应组织开展日常业务训练，不断提高扑救初起火灾的能力。训练内容包括体能训练、灭火器材和个人防护器材的使用等。

微型消防站人员岗前培训和业务训练情况将直接影响扑救初起火灾的成败。首先，消防员要学习防火、灭火基本理论知识，为防火巡查、宣传教育做好准备，为业务训练打下基础。其次，是组织业务训练。组织业务训练的方法也就是组训方法，是指在训练过程中为达到训练目的所采用的主要手段和方式，主要包括常用授课方法和常用训练方法。训练的常用授课方法，是指组训者向受训人员传授知识、技能时采取的方法，主要包括讲授

法、演示法、示教作业和示范作业等。

对于特殊场所，如大型商业综合体，《大型商业综合体消防安全管理规则（试行）》（应急消〔2019〕314 号）中对人员开展日常业务训练明确了训练时间：微型消防站队员每月技能训练不少于半天，每年轮训不少于 4 天，岗位练兵累计不少于 7 天。

二、常规训练方法

（1）技术训练：指为掌握灭火救援装备的使用技能以及其他技术而进行的训练。

（2）战术训练：指将一个战术课题模拟实战背景而开展的多种情况、多种战法演练的训练，如灭火演练。

（3）体能训练：指受训人员进行身体素质方面的训练，它是技术、战术训练和顺利完成灭火救援战斗任务的重要基础。

（4）急救训练：指掌握在灭火救援现场对伤员实施现场救治，以挽救和维持伤员的基本生命特征，减少其痛苦及并发症的技术而进行的训练，如人工呼吸。

（5）心理训练：指通过有意识的外部和内部的训练活动，对消防员的心理过程和个性心理进行影响和调节的活动过程。

为提高训练效果，要做到以下几点：一是要明确训练目的和要求；二是要正确掌握训练方法；三是要把握训练进度和质量；四是要合理安排训练时间；五是要坚持训练方式多样化。

实例 6-1-4　组织开展微型消防站人员岗前培训和业务训练

广西壮族自治区××微型消防站人员按照广西壮族自治区《微型消防站建设管理规范》（DB45/T 2048—2019）要求进行日常训练。

一、日常训练

按照日常训练制度和计划安排，开展以消防知识、基础体能、灭火技能等科目为主要内容的学习和训练，具体内容如下：

（1）消防知识。包括燃烧常识、火场安全防护常识、扑救初起火灾及疏散逃生常识、常见火灾特点与处置程序、个人防护装备及消防设施的使用维护等消防知识。

（2）体能训练。包括俯卧撑、仰卧起坐、长跑等基础体能训练。

（3）技能训练。包括整理水带操、着灭火防护服操、操作手提式干粉灭火器操、一人一盘水带连接操、利用室内消火栓快速出水操等。

（4）微型消防站人员应每月开展累计不少于半天的业务训练，训练计划、内容和实施情况应存档备查。

二、微型消防站个人基本技能训练操作规程

1. 整理水带操

器材设置：在平地上标出起点线，距起点线 20 m、50 m 处分别标出水带线和终点线，在水带线至终点线之间放置 1 盘完全甩开的水带。

操作程序：听到“开始”的口令后，参训队员迅速跑至水带放置区；将甩开的水带对折，在对折处卷起，并整理规范，携水带冲出终点线后喊“好”。

2. 着灭火防护服操

器材设置：在平地上标出起点线，起点线前 1 m 处标出器材线。灭火防护服在器材线前整齐摆放成一行。灭火防护服的叠放方法：消防安全腰带折成双叠，横放在地面上；灭火防护服上衣正叠，尼龙搭扣对齐展平，沿两侧向背后折起，拦腰折成两叠，衣领翻向两侧，平放在安全带上；头盔平放在上衣上，帽徽朝向操作者，帽顶朝上；灭火防护裤子套在灭火防护靴上，放在上衣后，靴跟与器材线相齐。

操作程序：听到“开始”的口令后，参训队员脱下鞋子，双手握住靴子上沿穿好靴子、裤子，拉好裤子背带、拉链，粘好尼龙搭扣；第二步：戴好头盔，系好帽带；第三步：双手沿上衣袖筒向外伸入，双臂将上衣绕至身后，穿好上衣，粘好尼龙搭扣，束紧并扣好安全腰带，喊“好”；听到“卸装”的口令，参训队员按照相反的步骤将防护服卸下，恢复原位。

3. 操作手提式干粉灭火器操

器材设置：在场地上标出起点线，起点线上放置干粉灭火器一具，起点线 15 m 处放置油槽一个（注满柴油并点燃）。

操作程序：听到“开始”的口令后，参训队员在起点线提起干粉灭火器，跑到距油槽 2 m 左右。当使用外置贮气瓶式灭火器时，参训队员一手紧握喷射软管前端的喷嘴根部（如有间歇式喷射阀的，则握住间歇式喷射阀的开启压把），另一只手提起贮气瓶的开启提环（如果贮气瓶的开启是手轮式的，应按逆时针方向旋开至最大），迅速提起灭火器，对准火焰的根部喷射干粉灭火剂；当使用内置贮气瓶式或贮压式灭火器时，操作者应先将开启压把上的保险销拔掉，然后一只手握住喷射软管前喷嘴根部，另一手提起气瓶并将开启压把下压，干粉即可喷出灭火。

4. 一人一盘水带连接操

器材设置：在平地上标出起点线，起点线前 1 m、18 m 处分别标出器材线和终点线。器材线上放置水枪 1 支、65 mm 水带 1 盘。

操作程序：听到“开始”的口令后，参训队员甩开水带，连接水带接口和水枪，冲出终点线后喊“好”。

5. 利用室内消火栓快速出水操

器材设置：建筑物前 10 m 处标出起点线，距离起点线 1 m 处标出器材线，器材线上放置水带 2 盘、水枪 1 支，建筑物首层设置消火栓 1 个。

操作程序：参训队员准备好器材，返回器材线后立正喊“好”，听到“预备”的口令，参训队员做好操作准备；听到“开始”的口令，队员携带 1 盘水带和水枪跑至消火栓处，打开消火栓箱，依次连接水带与消火栓接口，水枪与水带接口，成立射姿势，举手喊“好”。

三、微型消防站业务训练登记

微型消防站业务训练登记表（示例）见表 6-1-6。

表 6-1-6　微型消防站业务训练登记表（示例）

训练时间			组训人			
姓名						
消防理论知识						
俯卧撑						
仰卧起坐						
长跑						
整理水带操						
着灭火防护服操						
操作手提式干粉灭火器操						
一人一盘水带连接操						
利用室内消火栓快速出水操						
……						

培训项目 2 开展消防安全宣传教育和培训

【知识导图】

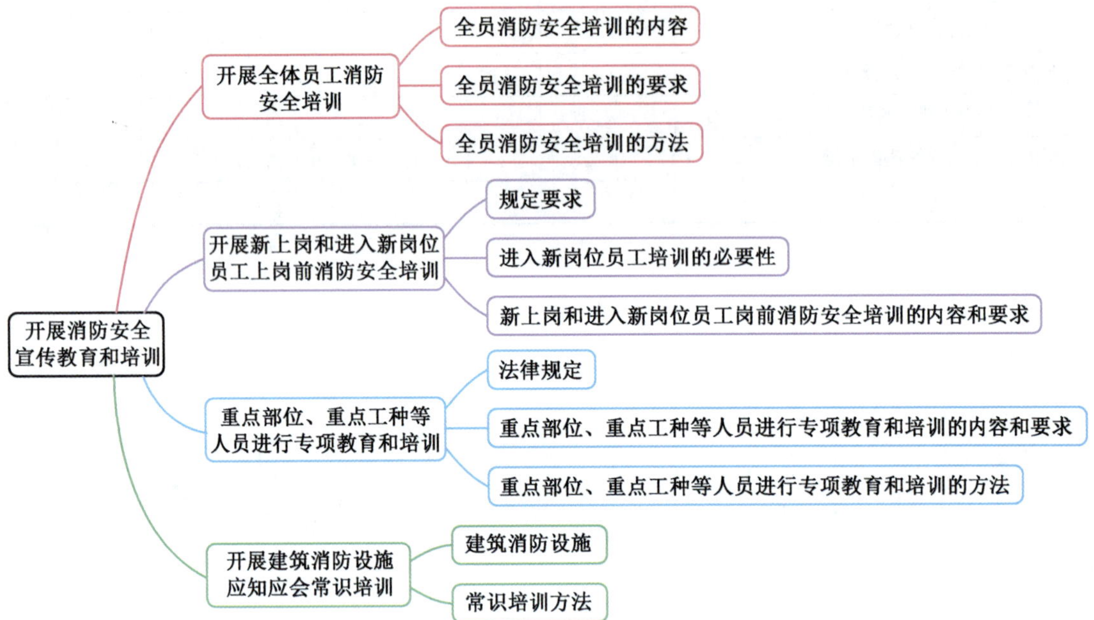

重点单位开展消防安全宣传教育和培训，可以提高从业人员的消防安全素质，促使从业人员养成安全行为习惯，提升防控火灾的能力，是预防火灾事故发生的重要基础性工作。

培训单元 1 开展全体员工消防安全培训

【培训重点】

(1) 了解全员消防安全培训的内容和要求。

(2) 掌握全员消防安全培训的方法。

【知识要求】

一、全员消防安全培训的内容

为贯彻落实《消防法》，加强消防教育培训工作，提高公民消防安全素质，有效预防和减少火灾，公安部、教育部、人力资源和社会保障部组织编制了《社会消防安全教育培训大纲（试行）》(公消〔2011〕213 号)，从消防安全基本知识、消防法规基本常识、消防工作基本要求和消防基本能力训练四个方面，明确了机关、团体、企业、事业单位员工消防教育培训的主要内容。

（一）消防安全基本知识

1. 燃烧

（1）了解燃烧的概念和条件。

（2）了解燃烧的类型和特点。

（3）了解燃烧的主要产物及其毒性。

（4）了解热传播的途径。

2. 火灾

（1）了解火灾的概念及分类。

（2）了解火灾发生的原因。

（3）了解防火的基本原理。

（4）了解火灾的危害。

（5）了解火灾蔓延的途径。

（6）了解不同类别火灾的特点。

（7）了解火灾等级划分的标准。

3. 火灾扑救

（1）掌握火灾报警的方法、内容和要求。

（2）了解火灾扑救的基本原则。

（3）了解冷却、隔离、窒息、抑制等灭火原理。

（4）了解常见灭火剂的种类及适用范围。

（5）掌握常用消防设施、器材的种类及使用方法。

4. 火场疏散逃生

（1）掌握疏散逃生的基本方法和要求。

（2）了解消防自救呼吸器、救生绳、缓降器等救生器材的使用方法。

（3）掌握疏散指示标志的识别。

（4）掌握安全出口、疏散通道、应急照明、防火门、防火卷帘、火灾警报装置等常见疏散逃生相关设施的识别。

5. 典型火灾案例分析

掌握不同类别火灾的原因及应该吸取的教训。

（二）消防法规基本常识

（1）了解消防法规体系及主要消防法规。

（2）掌握消防工作的方针与原则。

（3）掌握《消防法》《机关、团体、企业、事业单位消防安全管理规定》等法律法规有关社会单位的消防安全职责、岗位消防安全职责和公民消防安全法律义务。

（4）掌握法律法规规定的有关消防行政、刑事责任。

（三）消防工作基本要求

（1）掌握本岗位火灾危险性及检查、消除火灾隐患的基本方法及要求。

（2）根据本单位制定的灭火和应急疏散预案，掌握扑救初起火灾和组织、引导在场人员安全疏散的方法、程序及要求。

（3）住宅区物业服务企业人员应当掌握消防安全巡查检查、消防设施维护管理、消防安全防范服务、消防宣传教育的方法、内容及要求。

（四）消防基本能力训练

（1）常用消防设施、器材操作训练。

（2）扑救初起火灾训练。

（3）火场疏散逃生、自救互救基本方法训练。

（4）开展消防安全巡查检查训练。

二、全员消防安全培训的要求

全员消防安全培训要实现培训的制度化、规范化、通俗化、人性化；要充分分析受训人员的年龄、职业、身份及心理特点，深入了解他们对消防安全知识的认知水平，了解他们的行为能力和控制能力，研究他们对消防安全知识需求的倾向，以此来确定培训的方向和重点，培训要求如下：

（1）消防安全重点单位对每名员工应当至少每年进行一次消防安全培训，公众聚集场所对员工的消防安全培训应当至少每半年进行一次。

（2）确定培训要达成的目标。目标要切合实际，不可好高骛远。

（3）针对不同的培训对象设计不同的培训方案，做到因材施教。

（4）合理选定培训内容。

（5）采取有效的培训方式。

（6）及时检验培训效果。通过考试、提问、实际演练、问卷调查等方式，检验培训是否达成目标，以便及时发现问题及时修正，不断提高培训水平。

三、全员消防安全培训的方法

（一）消防安全知识培训

消防安全知识的培训是最基本的教育，其方法多种多样，要根据具体情况，区分不同对象，有的放矢地进行，培训方法如下：

（1）邀请消防专家授课。

（2）组织专门的消防讲座、讨论会。

（3）选择消防科普教育基地参观培训。

（4）开展寓教于乐的培训活动。

（5）学习参观单位内部的消防设备、设施。

（6）以会代训。

（7）借助实例、数据等进行形象教学。

（8）利用图片、影像资料开展消防培训。

（二）消防安全技能培训

消防安全技能的培训是为了增强受训者的实际操作能力和对火灾危险的识别与处置能力，培训方法如下：

（1）根据工作环境进行消防实际操作训练。

（2）实际演示单位内部的消防设备设施，使受训者懂得基本的使用方法和程序。

（3）组织从业人员到消防科普教育基地参加培训。

（4）开展工作岗位消防安全规程训练。

（5）组织从业人员参加消防事故的分析及预防措施制定。

实例 6-2-1　组织开展全员消防安全培训

某生产企业全员消防培训涉及范围广、人员多，既要完成对每名员工每年至少进行一次消防安全培训的要求，又要考虑与单位的整体工作相适应，所以每年要制定全年的消防培训计划，并报单位领导研究通过，分岗位、分批次完成全员消防培训。

全员消防安全培训计划

一、培训对象

培训对象为单位全体员工。

二、培训目的

通过培训，使培训对象熟悉基本消防法律、法规和规章，知晓消防工作法定职责，掌握消防安全基本知识和消防基本技能，提高火灾预防、初起火灾处置及火场疏散逃生能力。

三、组织实施

由安全保卫部负责，相关部门按照培训计划配合实施，安排并且组织好相关人员参加培训。主要人员送出去培训，单位内培训师资以内请外聘方法解决。培训过程中安全保卫部要检查进度和培训质量。各类培训做好培训记录，培训记录、考试卷、考试成绩由安全保卫部建档保存。

四、时间安排

消防安全培训时间安排见表 6-2-1。

表 6-2-1　××单位消防安全培训时间安排表

培训时间		培训地点	参加人员	培训内容	授课人（组织人）	器材准备
1 月 25 日	14:00~15:30	会议室	一车间二分之一的人员	消防安全基本知识、消防法规基本常识、消防工作基本要求	邀请消防专家授课	投影、音响、笔记本电脑等

表 6-2-1（续）

培训时间		培训地点	参加人员	培训内容	授课人（组织人）	器材准备
1 月 25 日	15:30~17:00	办公楼前广场	一车间二分之一的人员	消防基本能力训练	消防安全管理员	灭火器、毛巾等
1 月 26 日	14:00~15:30	会议室	一车间剩余人员	消防安全基本知识、消防法规基本常识、消防工作基本要求	邀请消防专家授课	投影、音响、笔记本电脑等
1 月 26 日	15:30~17:00	办公楼前广场	一车间剩余人员	消防基本能力训练	消防安全管理员	灭火器、毛巾等
2 月 25 日	14:00~15:30	会议室	二车间二分之一的人员	消防安全基本知识、消防法规基本常识、消防工作基本要求	邀请消防专家授课	投影、音响、笔记本电脑等
2 月 25 日	15:30~17:00	办公楼前广场	二车间二分之一的人员	消防基本能力训练	消防安全管理员	灭火器、毛巾等
2 月 26 日	14:00~15:30	会议室	二车间剩余人员	消防安全基本知识、消防法规基本常识、消防工作基本要求	邀请消防专家授课	投影、音响、笔记本电脑等
2 月 26 日	15:30~17:00	办公楼前广场	二车间剩余人员	消防基本能力训练	消防安全管理员	灭火器、毛巾等
11 月 9 日	9:00~10:30	办公楼前广场	全体员工	组织全单位进行灭火与疏散演练活动，详见灭火与疏散演练方案	消防安全管理人	按演练方案准备相关器材
……						

五、工作要求

各车间、部门负责人为此次培训的第一责任人，负责培训的组织工作。培训前做好动员工作，培训期间安排好生产值班人员，确保全体人员轮流参训，不漏一人。

培训单元 2　开展新上岗和进入新岗位员工上岗前消防安全培训

【培训重点】

（1）了解新上岗和进入新岗位员工岗前消防安全培训内容和要求。

（2）掌握组织新上岗和进入新岗位员工岗前消防安全培训的方法。

【知识要求】

一、规定要求

《社会消防安全教育培训规定》(公安部令第 109 号) 第十四条规定，单位应当根据本单位的特点，建立健全消防安全教育培训制度，明确机构和人员，保障教育培训工作经费，对新上岗和进入新岗位的职工进行上岗前消防安全培训。

二、进入新岗位员工培训的必要性

据统计，我国大多数重特大火灾都发生在企业和公共场所，其中，公众聚集场所更加突出。实践证明，员工无法发现火灾隐患，甚至是员工的不安全行为而引发火灾；发生火灾后员工不会使用消防器材、不会扑救初起火灾；发生火灾后，员工不知道如何逃生，不知道如何引导人员逃生是导致火灾多发及重大人员伤亡、重大财产损失的根源所在。因此对于企业员工，特别是公众聚集场所的员工进行消防培训，有助于减少重特大火灾的发生，减少人员的伤亡。特别是新员工，进入企业后，对工作环境陌生，对生产、经营活动不了解，对规章制度、操作规程不熟悉，对法律赋予的责任和义务不明确，更应加强消防安全教育和培训工作，进而提高单位抵御火灾的能力。

三、新上岗和进入新岗位员工岗前消防安全培训的内容和要求

相对于正式参加工作后，上岗前的员工，人员便于集中、统一管理，一般经考试合格才能准许进入工作岗位，上岗前是系统全面进行消防安全培训的最佳时机。

组织新上岗和进入新岗位员工岗前消防安全培训时，要制定培训方案，明确培训目的、培训课时、培训内容、培训方式、考核方法等内容，将消防安全培训课程合理安排到单位员工上岗前培训总计划。

新上岗员工培训，在全员消防安全培训的内容和重点部位、重点工种等人员培训内容的基础上，还应着重学习本单位的各项消防安全管理制度，进入新岗位员工岗前培训，还应增加新岗位火灾危险性、新岗位操作规程等内容。

实例 6-2-2　组织新上岗和进入新岗位员工岗前消防安全培训

某公司岗前消防安全培训方案

为落实消防安全责任制要求，按照《消防法》规定，我司计划开展消防安全重点单位组织新上岗和进入新岗位员工岗前消防安全培训。具体安排如下：

(1) 与人事管理部门建立工作协调机制，制定岗前培训计划，合理安排消防安全培训内容与课时。

(2) 根据不同的培训对象确定培训目的，以及相对应的培训内容和课时，列入员工岗前培训课程表。

(3) 组织参加培训人员进行理论知识、技能实操考试。

（4）将考试成绩及能不能入岗工作的意见汇总到人事管理部门。

（5）将员工参加培训情况及考核成绩一份放入员工档案，一份由消防管理员存档。

员工岗前消防安全培训课程见表6-2-2。

表6-2-2　员工岗前消防安全培训课程表

培训时间		培训内容	培训人员
第一天	14:00~16:00	消防安全基本知识	邀请消防专家授课
第二天	10:00~12:00	消防法规基本常识	邀请消防专家授课
第三天	8:00~10:00	消防工作基本要求	邀请消防专家授课
第四天	14:00~16:00	消防基本能力训练	邀请消防专家授课
第五天	8:00~10:00	本单位消防安全管理制度	消防管理员
第六天	10:00~12:00	本岗位火灾危险性	消防管理员
第七天	14:00~16:00	新岗位操作规程	消防管理员
第八天	14:00~16:00	消防理论知识考试	消防管理员
	16:30~17:30	消防技能实操考试	消防管理员

注：员工岗前消防安全培训与其他岗前培训内容穿插进行。

培训单元3　重点部位、重点工种等人员进行专项教育和培训

【培训重点】

（1）了解重点部位、重点工种等人员进行专项教育和培训的内容和要求。

（2）掌握重点部位、重点工种等人员进行专项教育和培训的方法。

【知识要求】

一、法律规定

《机关、团体、企业、事业单位消防安全管理规定》第三十八条规定，下列人员应当接受消防安全专门培训：

（1）单位的消防安全责任人、消防安全管理人；

（2）专、兼职消防管理人员；

（3）消防控制室的值班、操作人员；

（4）其他依照规定应当接受消防安全专门培训的人员。

前款规定中的第（3）项人员应当持证上岗。

《消防安全责任制实施办法》（国办发〔2017〕87号）第十七条规定，对容易造成群死群伤火灾的人员密集场所、易燃易爆单位和高层、地下公共建筑等火灾高危单位，鼓励消防安全管理人取得注册消防工程师执业资格，消防安全责任人和特有工种人员须经消防

安全培训；自动消防设施操作人员应取得建（构）筑物消防员资格证书。

二、重点部位、重点工种等人员进行专项教育和培训的内容和要求

针对法定代表人、领导干部、管理人员，培训内容在全员消防安全培训内容的基础上还要增加以下内容：消防安全管理理论与管理办法；单位消防安全风险评估办法；消防教育培训计划的编制与实施；消防经费预算的编制与实施；防灾应急预案的制定与组织实施等。进而掌握消防安全管理的基本技能，提高消除火灾隐患、组织扑救初起火灾、组织人员疏散逃生和消防宣传教育培训的能力。

针对消防从业人员，培训内容在全员消防安全培训内容的基础上还要增加以下内容：新的消防专业知识；新的消防技术；新的消防设备设施的基本原理和使用方法等。且须到消防安全专业培训机构参加培训，并取得相应的职业资格证书。进而掌握操作消防设施的基本技能，提高在消防控制室值班时的应急处置能力。

如消防控制室值班员，《消防设施操作员》规定了持初级（五级）证书的人员可监控、操作不具备联动控制功能的区域火灾自动报警系统及其他消防设施；监控、操作设有联动控制设备的消防控制室的人员，应持中级（四级）及以上等级证书。

针对特殊职业从业人员，培训内容在全员消防安全培训内容的基础上还要增加以下内容：本单位、本部门、本岗位的防火安全要求；安全操作程序的强化训练；特殊险情处置方法训练；特殊岗位消防器材设施的使用方法训练及对其性能、设置、放置情况的熟悉和学习等。且要经过专门培训或持有所从事工作的由国家统一颁发的岗位证书、资格证书才能上岗工作。进而掌握电工、电气焊等作业的消防安全措施及要求，提高预防和处置初起火灾能力。

如从事电业工作人员，必须按电气有关规章作业、掌握用电防火安全知识，经考试合格后持证上岗，否则禁止操作；要严格遵守各项安全操作规程和防火责任制，对不符合规定的用电设施，电工有权拒绝安装；安装电气设备必须符合电气防火安全要求，不准乱拉乱接电源，不准随便增容，电气设备不准带病运行；要经常检查电器设备和线路的安全状况，发现问题及时维修、更换，防止由于短路、超负荷、电火花和电弧所引起的火警、火灾事故；要加强对电炉、电熨斗、电烙铁、电烘箱、移动电具等电热设备的安全管理，所用产品必须符合国家产品质量安全标准，对违反规定不听劝阻的，电工有权采取断电措施，并及时向上级部门领导汇报；要熟悉使用消防器材、懂得报警常识，发生火警，立即拨打“119”火警电话，并积极投入扑救。

如从事电焊、气焊操作人员，必须经过消防安全培训和专业技术培训，经考试合格后持证上岗，必须熟知各项安全操作规程和防火制度，不得违章作业，不准非焊工进行焊接，切割；要保证所有气瓶压力表、安全线、防震胶圈和安全帽齐全；气瓶放置牢固，要防高温、防暴晒、防油污、防震动；要保证乙炔瓶和氧气瓶与焊割地点及明火地点距离不少于 10 m，乙炔瓶与氧气瓶之间应不少于 5 m 的安全距离。

三、重点部位、重点工种等人员进行专项教育和培训的方法

重点部位、重点工种等人员的工作一般具有较高的火灾危险性，对其开展专项教育和

培训，要根据不同的职业特点及岗位性质，来选择培训方式、方法，确定培训的具体内容；并通过实际操作训练，增强其岗位消防安全意识，促进其职业安全行为的养成：

（1）采用脱产、半脱产的方式集中培训。主要针对岗位的特殊性，通过到消防培训基地或专业学校，进行系统的消防安全专门培训和操作规程强化训练，增强受训者的消防安全意识，使之真正养成职业的安全行为习惯。

（2）举办相关专题消防安全讲座，以此来加强重点部位、重点工种人员的从业消防安全防范意识和能力。

（3）通过班前会，对当天工作的安全措施和技术要求进行交底，使重点部位、重点工种人员真正理解并能正确执行，杜绝违规操作。

（4）组织开展班组安全活动，重点部位、重点工种等人员了解人员、设备、环境等方面存在的问题及隐患，掌握应注意的事项；并通过危险点、危险源分析及预防措施的制定，了解本班组、本岗位及所从事职业的危险性因素，提高自我防范事故的意识和能力。

（5）开展岗位练兵、技能竞赛等活动。通过活动，提升重点部位、重点工种等人员学习消防安全知识的热情，既提高技能水平，又增强安全意识，更养成规范操作的行为习惯。

（6）结合职业资格证书考核晋级，鼓励重点部位、重点工种等人员自觉学习本岗位的新知识，不断提高业务水平和实际操作能力。

（7）参加社会化消防科普教育活动。加强对消防新知识的认识和理解，加深对本岗位消防安全的认知，使重点部位、重点工种等人员有意识地将消防安全行为贯穿到工作和生活中去。如参加“119”消防宣传活动、安全生产月活动、全国科技周活动等。

实例 6-2-3　制定重点工种人员专项消防安全教育培训方案

某公司重点工种人员专项消防安全教育培训方案

一、培训对象

培训对象为从事电工、电气焊工等特殊工种作业人员。

二、培训目的

通过培训，使培训对象熟悉消防法律、法规的有关规定，知晓消防安全法定职责，掌握消防安全基本知识和电工、电气焊等作业的消防安全措施及要求，提高预防和处置初起火灾能力。

三、培训课时

培训课时为 16 课时。

四、培训内容

（一）消防安全基本知识

1. 燃烧

（1）了解燃烧的概念和条件。

（2）了解燃烧的类型和特点。

（3）了解燃烧的主要产物及其毒性。

（4）了解热传播的途径。

2. 火灾

（1）了解火灾的概念及分类。

（2）了解火灾发生的原因。

（3）了解防火的基本原理。

（4）了解火灾的危害。

（5）了解火灾蔓延的途径。

（6）了解不同类别火灾的特点。

（7）了解火灾等级划分的标准。

3. 火灾扑救

（1）掌握火灾报警的方法、内容和要求。

（2）了解火灾扑救的基本原则。

（3）了解冷却、隔离、窒息、抑制等灭火原理。

（4）了解常见灭火剂的种类及适用范围。

（5）掌握常用消防设施、器材的种类及使用方法。

4. 火场疏散逃生

（1）掌握疏散逃生的基本方法及要求。

（2）了解消防自救呼吸器、逃生绳、逃生缓降器等救生器材的使用方法。

（3）掌握疏散指示标志的识别。

（4）掌握安全出口、疏散通道、应急照明、防火门、防火卷帘、火灾警报装置等常见疏散逃生相关设施的识别。

5. 典型火灾案例分析

掌握电气、电气焊火灾原因及应该吸取的教训。

（二）消防法规基本常识

（1）了解消防法规体系及主要消防法规。

（2）掌握消防工作的方针和原则。

（3）掌握《消防法》《中华人民共和国治安管理处罚法》《建设工程安全生产管理条例》《机关、团体、企业、事业单位消防安全管理规定》等法律法规中有关电工、电气焊工消防安全职责的规定。

（4）掌握法律法规规定的有关消防行政、刑事责任。

（三）消防工作基本要求

（1）掌握电工、电气焊工等特种作业人员上岗资格证书管理要求。

（2）掌握《厂区动火作业安全规程》(HG 23011—1999)、《焊接与切割安全》(GB 9448—1999）的相关规定

（3）掌握电气设备及线路安装、电气调试、施工现场变配电及维修、施工现场照明

安装等作业火灾危险性及防火措施。

（4）掌握电工作业、电气焊作业相关安全操作规程。

（5）掌握动火的分级、固定动火区的划分及动火审批制度的具体要求。

（6）掌握电气焊作业的火灾危险性及消防安全检查的方法、内容和要求。

（7）掌握各种作业环境下电气焊作业前、作业过程中、作业结束后的火灾危险性与防范措施。

（8）掌握作业现场火灾处置程序及措施。

（9）掌握发生火灾时，电工的应急处置程序。

（10）掌握电气防火检查的方法、内容和要求。

（四）消防基本能力训练

（1）常用消防设施、器材操作训练。

（2）火场疏散逃生、自救互救基本方法训练。

（3）消防安全检查训练。

（4）扑救电气、电气焊引发的初起火灾训练。

五、考核及要求

培训结束后，要对参加培训的人员进行考核。考核应当包括理论知识和实际操作，对于达不到要求和标准的要重新参加教育培训，考核合格后才能回到工作岗位。

培训单元 4　开展建筑消防设施应知应会常识培训

【培训重点】

（1）了解建筑消防设施内容。

（2）掌握开展建筑消防设施应知应会常识培训的方法。

【知识要求】

一、建筑消防设施

建筑消防设施指建（构）筑物内设置的火灾自动报警系统、自动喷水灭火系统、消火栓系统等用于防范和扑救建（构）筑物火灾的设备设施的总称。常用的建筑消防设施有火灾自动报警系统、自动喷水灭火系统、消火栓系统、防排烟系统、安全疏散系统、气体灭火系统、泡沫灭火系统、干粉灭火系统等。它是保证建筑物消防安全和人员疏散安全的重要设施，是现代建筑的重要组成部分，对保护建筑起到了重要的作用，有效地保护了公民的生命财产安全。

（一）火灾自动报警系统

火灾自动报警系统是指探测火灾早期特征、发出火灾报警信号，为人员疏散、防止火灾蔓延和启动自动灭火设备提供控制与指示的消防系统。

（二）自动喷水灭火系统

自动喷水灭火系统是指由洒水喷头、报警阀组、水流报警装置（水流指示器或压力开关）等组件，以及管道、供水设施等组成，能在发生火灾时喷水的自动灭火系统。

（三）消火栓系统

消火栓系统分为室外消火栓系统和室内消火栓系统。室外消火栓系统主要由市政供水管网或室外消防给水管网、消防水池、消防水泵和室外消火栓组成。室内消火栓系统由消防给水设施、消防给水管网、室内消火栓设备、报警控制设备及系统附件等组成。

（四）防排烟系统

防排烟系统是防烟系统和排烟系统的总称。防烟系统是采用机械加压送风方式或自然通风方式，防止烟气进入疏散通道的系统；排烟系统是采用机械排烟方式或自然通风方式，将烟气排至建筑物外的系统。

（五）消防应急照明和疏散指示系统

消防应急照明和疏散指示系统是指为人员疏散和发生火灾时仍需工作的场所提供照明和疏散指示的系统。

（六）防火分隔设施

防火分隔设施是指在一定时间能把火势控制在一定空间内，阻止其蔓延扩大的一系列分隔设施。

（七）消防电梯

消防电梯是在建筑物发生火灾时供消防人员进行灭火与救援使用且具有一定功能的电梯。

（八）气体灭火系统

气体灭火系统是指平时灭火剂以液体、液化气体或气体状态存贮于压力容器内，灭火时以气体（包括蒸气、气雾）状态喷射作为灭火介质的灭火系统。

（九）泡沫灭火系统

泡沫灭火系统一般由泡沫液储罐、泡沫消防泵、泡沫比例混合器（装置）、泡沫产生装置、火灾探测与启动控制装置、控制阀门及管道等系统组件组成的灭火系统。

（十）干粉灭火系统

干粉灭火系统是指由干粉供应源通过输送管道连接到固定的喷嘴上，通过喷嘴喷放干粉的灭火系统。

二、常识培训方法

在消防安全重点单位组织开展建筑消防设施应知应会常识培训，要明确培训目的，准备培训需要的场地器材，掌握训练的程序和要求，以及考核评定的方法。根据培训对象的具体情况和需求，采取科学有效的培训方法施训，是完成培训任务、实现培训目标的关键；而授课和技术训练则是实施培训的基本方法。

（一）授课

授课是教育者向受训者传授消防知识、技能的最常用的方法。主要包括以下 4 种。

1. 讲授法

教员通过生动、明确的语言，系统而有重点地向受训者传授教材内容和有关知识的方法，常适用于理论教学。

2. 演示法

教员通过展示实物、教具、示范性实验、示范动作等，以显示真实的或模拟的各种现象和过程的方法。

3. 示教作业

通过对教学方法的研究和示范，提高教学人员组织实施教学训练能力的一种教学活动，主要用于动作操练的教学准备。

4. 示范作业

以标准的动作和科学的训练方法，供受训者观摩、仿效的教学活动。示范作业通常在正式训练实施前进行。作业时，组织者首先应向受训人员宣布示范目的、内容和要求。示范作业过程中，可以边示范边进行必要的提示说明。作业结束后，要进行作业讲评。

（二）技术训练

技术训练是指通过实际操作，掌握设备、设施的使用以及其他专门技术的方式方法。主要包括以下 5 种。

1. 体会练习

受训者按照教练员讲解的动作要领自行琢磨体会的练习。

2. 模仿练习

受训者仿效教练员的动作进行练习的方法，教练员做一动，受训者跟着做一动。

3. 分解练习

把完整动作按其动作环节分成几个步骤进行练习的方法。

4. 连贯练习

使受训者经过分解练习基本掌握了各部分动作要领后，进行连接贯通练习的方法。

5. 实地演练

按照假设的火灾情形，受训者运用已掌握的消防设施应知应会常识、操作技能，按操作规程进行模拟处置的方法。

实例 6-2-4 组织开展建筑消防设施应知应会常识培训

某单位消防控制室设备实地演练培训方案

一、培训目的

考察参训人员对消防控制室设备功能操作方法和要求的掌握情况。

二、场地器材

选择一个消防控制室，在消防控制室前 5 m 标出起点线。

三、训练程序

（1）参训人员在起点线一侧 3 m 处站成一列横队，逐个进行操作训练。

（2）每名参训人员进入消防控制室，将消防控制柜的自动模式调整为手动模式，依次对消防广播、机械排烟、消防泵等进行启动及关闭操作。

四、训练要求

（1）要严格按照操作规程操作。

（2）考核时限为 3 min。

五、成绩评定

成绩评定分为合格和不合格，有下列情况之一者判定为不合格：

（1）操作失误或违反操作规程。

（2）超过考核时限。

操作训练完成后，参训人员对相关设施进行复位操作。

培训项目 3　组织灭火和应急疏散预案演练

【知识导图】

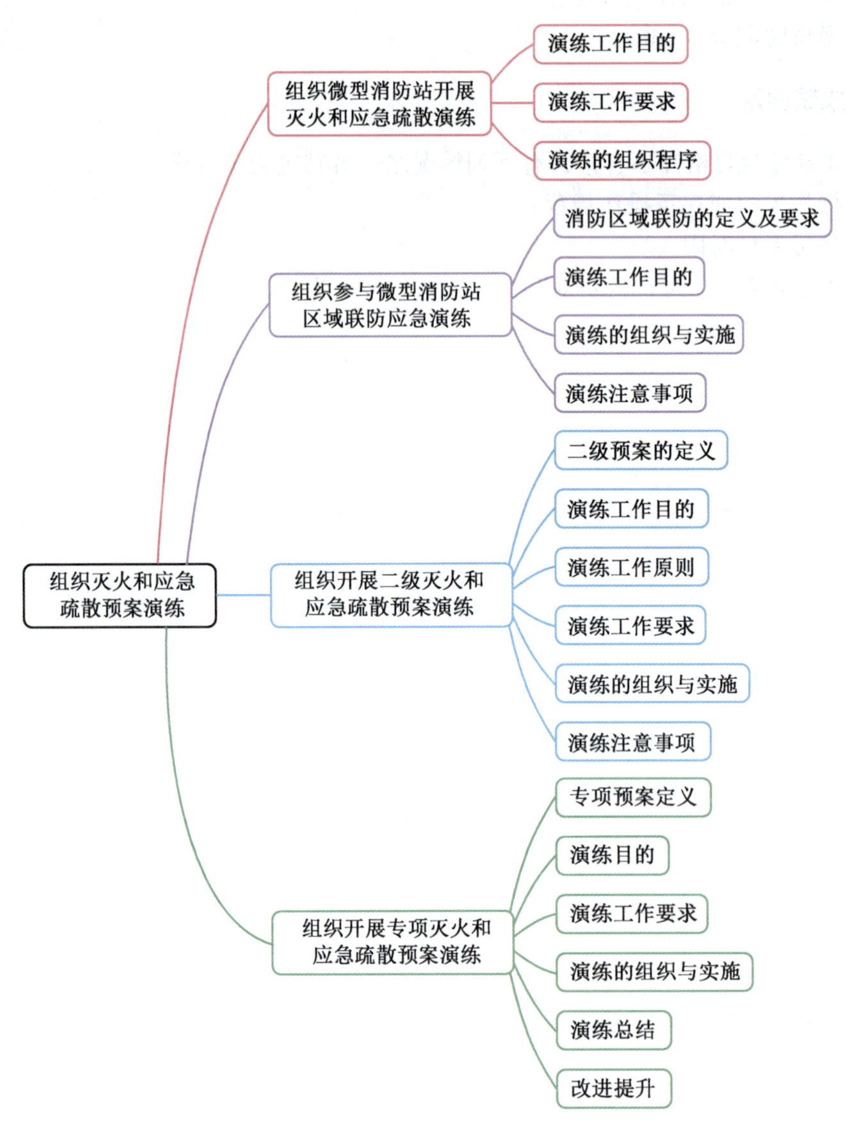

组织灭火和应急疏散演练，是消防安全管理员必备的基本技能，也是协助单位消防安全责任人和管理人实施消防安全管理的一项重要内容。消防安全管理员不仅要全面掌握各级各类灭火和应急疏散预案的内容，还要懂得演练的组织程序、基本要求和注意事项，制

定演练方案和演练脚本，有序推进演练进程，完成演练过程，并达到教育和提升全体参演人员的消防技战术水平、发现问题并加以改进的目的。

培训单元 1　组织微型消防站开展灭火和应急疏散演练

【培训重点】

（1）了解微型消防站开展灭火和应急疏散演练内容和要求。

（2）掌握微型消防站开展灭火和应急疏散演练的组织程序。

【知识要求】

组织微型消防站灭火和应急疏散演练，是针对可能发生的小规模事故情景，依据灭火和应急疏散预案而模拟开展的应急响应演练活动，是微型消防站日常训练的一部分。

一、演练工作目的

（1）检验微型消防站全体在紧急情况下的组织、指挥、通信、初起火灾扑救、安全疏散、消防设施使用等方面的能力。

（2）磨合微型消防站全体人员之间的协同配合能力。

（3）检验单位消防设施、微型消防站配备的个人防护、灭火、通信、破拆等器材装备完好程度，发现问题及时维修、补充和更换。

（4）以演代训，通过演练总结发现的问题和取得的经验教训，不断对微型消防站工作进行持续改进。

二、演练工作要求

（1）微型消防站演练由站长组织，全体队员参加。

（2）反应迅速，全员按照“3 分钟到场”要求赶赴现场处置。

（3）微型消防站演练频次由单位自行规定，但应经常组织，保持常态化。

（4）演练应确保安全有序，注重能力提高。

三、演练的组织程序

微型消防站演练不同于单位总预案、分预案、专项预案演练，范围较小、频次较高，但演练实施基本流程同样包括制定计划、演练准备、演练工作实施、演练总结、持续改进 5 个步骤。

（一）制定计划

根据微型消防站的职责、应急处置工作流程和指挥调度程序、应急技能和应急装备、物资的实际情况，提出需通过应急演练解决的内容，有针对性地确定应急演练目标，提出应急演练的初步内容和主要科目，制定全年微型消防站演练工作计划，并按计划逐次施行。

（二）演练准备

1. 成立演练组织机构

微型消防站演练由站长组织，副站长协助，全体微型消防站人员和演练假设事故发生地点附近的志愿消防队人员参加。除站长、副站长外，下设通信联络组、灭火行动组、疏散引导组、防护救护组、安全保卫组、后勤保障组等行动机构，根据人数、任务和情景设定，至少要包括通信联络、灭火行动、疏散引导组。

2. 制定演练方案

演练工作方案内容需包含：目的及要求、事故情景、参与人员及范围、时间与地点、主要任务及职责、筹备工作内容、主要工作步骤、技术支撑及保障条件、评估与总结。每次演练前要将方案下发到每名参演人员。应急演练正式开始前，应对参演人员进行情况说明，使其了解应急演练规则、场景及主要内容、岗位职责和注意事项。

（三）演练工作实施

演练由站长担任指挥员，全体微型消防站人员参加，按照演练方案，开始应急演练；妥善处理各类突发情况；进行现场点评；宣布结束与意外终止应急演练。演练执行主要按照以下步骤进行。

1. 发布火警

演练应设定现场发现火情和系统发现火情分别实施：

（1）现场人员发现火情，立即大声呼叫，向周围人员示警。现场志愿消防队员立即采用手动火灾报警按钮或打电话的方式通知消防控制室和“119”消防机构，同时利用现场的灭火器、消火栓等灭火器材扑救初起火灾。电话报警时，要说明起火地点、燃烧物、人员被困情况等。消防控制室值班员接警后，立即利用警铃、应急广播系统、对讲机、扩音器等形式发布火警信息，并以电话的形式报告微型消防站站长，同时模拟向“119”消防机构报警。

（2）消防控制室通过自动报警系统发现火情，应迅速核实火情，利用警铃、应急广播系统、对讲机、扩音器等形式发布火警信息，并以电话的形式报告微型消防站站长，同时模拟向“119”消防机构报警。

2. 应急响应

（1）消防控制室值班员发出火警后，立即启动相应消防设施设备，切断非消防电源、燃气阀门，并负责通信联络，负责与现场指挥、其他应急行动涉及人员和当地消防机构的通信、联络。

（2）全体微型消防站人员接到警情后，3 分钟内佩戴个人防护装备、携带相关器材装备到场。站长、副站长成立指挥部，负责现场指挥，并上报单位应急指挥部，随时汇报现场情况。

（3）灭火行动组佩戴好个人防护装备，按照职责分工立即利用消防设施、器材就地扑救初起火灾。

（4）疏散引导组负责引导无关人员正确利用疏散楼梯和安全出口疏散、逃生。

（5）参演人员按照演练方案要求，做出信息反馈。

3. 演练记录

演练实施过程中，安排专门人员采用文字、照片和音像手段记录演练过程。

4. 演练结束

完成各项演练内容后，站长集合参演队伍，根据训练与演练对比情况、执行演练方案情况、通信畅通情况等做现场总结，宣布演练结束。参演人员进行人员和装备清点、复位。

（四）演练总结

演练活动结束后，根据演练记录和现场总结材料，形成演练书面总结报告，并召开微型消防站专题会议进行总结和通报，消防站全体人员参加。

演练书面总结报告应包括以下内容：

（1）通过演练发现的主要问题。

（2）对演练准备情况的评价。

（3）对演练指挥的改进意见。

（4）对各行动组的改进意见。

（5）对训练、器材装备方面的改进意见。

（五）持续改进

对演练暴露出来的问题，应当及时采取措施予以改进，包括修改完善灭火和应急疏散预案、有针对性地加强微型消防站人员的教育和培训、对应急物资装备有计划地更新等，并建立改进任务表，按规定时间对改进情况进行检查落实。

实例 6-3-1　组织微型消防站开展灭火和应急疏散演练

某超市微型消防站扑救初起火灾事故演练组织程序

某大型超市，地上一层，建筑面积 5000 m^2，设有消防控制室和泵房以及自动报警、自动喷水、室内外消火栓、防排烟、应急广播、应急照明、应急疏散等系统。员工 100 人，均为志愿消防队员；微型消防站设在消防控制室，队员 10 人，并按照器材配备标准配备了个人防护、灭火、破拆、通信等器材装备。

一、演练计划

超市年度演练计划见表 6-3-1。

表 6-3-1　××超市年度演练计划（样表）

时间	地点	情况设定	指挥员	参加人员
1 月 10 日	服装区	配电柜起火	站长、副站长	3 名志愿消防队员，微型站全体
2 月 10 日	电器区	线路过载	站长、副站长	3 名志愿消防队员，微型站全体
3 月 29 日	食品区	烤箱起火	站长、副站长	3 名志愿消防队员，微型站全体
4 月 20 日	普通库房	遗留烟头起火	站长、副站长	3 名志愿消防队员，微型站全体
5 月 10 日	冷库	空调起火	站长、副站长	3 名志愿消防队员，微型站全体
6 月 15 日	停车场	货车自燃	站长、副站长	3 名志愿消防队员，微型站全体

表 6-3-1（续）

时间	地点	情况设定	指挥员	参加人员
7 月 20 日	服装区	配电柜起火	站长、副站长	3 名志愿消防队员，微型站全体
8 月 25 日	电器区	线路过载	站长、副站长	3 名志愿消防队员，微型站全体
9 月 18 日	食品区	烤箱起火	站长、副站长	3 名志愿消防队员，微型站全体
10 月 14 日	普通库房	遗留烟头起火	站长、副站长	3 名志愿消防队员，微型站全体
11 月 9 日	冷库	空调起火	站长、副站长	3 名志愿消防队员，微型站全体
12 月 24 日	停车场	货车自燃	站长、副站长	3 名志愿消防队员，微型站全体

11 月 9 日，根据本超市年度演练计划，结合“119”宣传活动，在冷库组织微型消防站演练。

二、演练准备

1. 明确演练目的

（1）检验微型消防站组织指挥能力和协同作战能力。

（2）检验微型消防站人员应对突发火灾事故的通信、灭火和应急疏散能力，最大限度地降低突发事件的危害程度。

（3）检验自动报警系统、消防供水系统、应急疏散系统的可靠性。

（4）通过演练，评估应急方案的实用性和可操作性，并不断予以补充和完善。

2. 制定演练方案

根据演练目的选择实战演练形式，制定微型消防站演练方案，报请单位指挥部批准。

3. 事故情景设计

13 时 30 分，晴，北风 3~4 级，温度-3 ℃。冷库采用空调制冷模式，由于长时间运转线路过载引起空调机起火，并进一步引燃了货物包装箱从而引发火灾。

4. 演练前的动员

（1）召开动员会向各参演成员强调消防演练的重要性，提高认识，增强责任感。

（2）下发演练方案，明确任务，落实责任，熟悉演练方案，严格执行演练规定，加强组织协调，提前准备演练物资，确保演练每一个环节衔接有序。

（3）明确要求参演人员必须统一听从指挥，必须按实战要求做好个人防护，规范使用相关器械器材，以免人员受伤。

（4）演练前，应提前告知相关库房管理部门及所属人员、车辆予以配合。

（5）演练中发生真实风险时，应停止演练。

5. 参演人员分工及职责

参演人员分工及职责见表 6-3-2。

6. 物资准备清单

根据现有装备器材和火情设定需要，列出物资准备清单（表 6-3-3），明确负责人员。

表 6-3-2　参演人员分工及职责（样表）

分　工	姓　名	电　话	人　数	职　责
指挥	站长 副站长		2	演练现场指挥
消防控制室	值班员		1	接收报警信息，发出火灾报警
通信联络组	消防控制室		1	确认电话报警情况，保持与各职能组联络
现场处置人员： 着火点员工 （志愿消防队员）	冷库库管		3	第一时间拨打电话报警，随时报告事故情况，并进行初起火灾扑救，协助疏散室内人员
灭火行动组	微型站		4	利用室内消火栓布设水枪阵地，模拟控制现场火势，扑灭火灾
疏散引导组	微型站		2	疏散人员和车辆，转移重要物资
根据实际需要增加其他救援力量				

表 6-3-3　演练物资准备清单（样表）

序号	物　　品	数量	单位
1	演练用烟雾弹	1	个
2	演习通知条幅	1	条
3	手持电台	20	台
4	干粉灭火器	20	个
5	消防战斗服	10	套
6	消防头盔	10	个
7	消防自救呼救器	20	个
8	根据实际配备器材装备和现场需要增加器材		

三、实施步骤

1. 现场人员处置

现场仓库保管员发现着火，立即通过喊话的方式向周围人员示警，除现场保留 3 名志愿消防队员外，其余人员立即疏散。1 人立刻按下附近消防手动火灾报警按钮通知消防控制室，利用电话详细向消防控制室报告火灾情况，同时模拟向“119”消防机构报警，并疏散仓库内其余人员；2 人使用灭火器进行火灾扑救。

2. 应急救援与事故汇报

（1）消防控制室值班员立即电话通知微型消防站站长和全体队员，启动消防设备，关闭库房内非消防电源，模拟拨打“119”报告火警；模拟利用广播发布疏散指令；疏散超市周边人员和作业车辆，保持消防车道畅通。

（2）站长立即上报单位应急救援指挥部，并与微型消防站全体人员 3 分钟之内佩戴个人防护装备，携带灭火、破拆等相应器材装备到达火灾现场。站长、副站长负责现场指挥，随时与指挥部保持联系，汇报现场情况，一旦超出处置能力立即请求指挥部增援。

（3）灭火行动组：4 人分 2 组，一组利用灭火器和消火栓对空调机实施灭火，另一组对燃烧的货物实施灭火，并对周围环境进行降温和隔离，防止火势扩大。

（4）疏散引导组：2 人分别占据主出入口和冷库附近出入口，负责疏散超市内外全体人员，并在出入口附近拉起警戒线，维持演练现场秩序。

（5）单位应急指挥部接报后，协调其他应急工作小组做好支援准备，并通过电话和视频监控掌握现场动态并调派资源。其他工作小组由指挥部调度，一旦响应升级立即增援。

3. 演练记录

演练实施过程中，安排专门人员采用文字、照片和音像手段记录演练过程。

4. 演练结束

各组任务执行完毕，利用手持电台向指挥员汇报后，指挥员下达命令集合演练队伍，对演练现场进行分析和讲评，以发现问题为主。

四、演练总结

演练完成后，应形成书面总结报告，并召开专题会议进行总结和通报，全体参演人员参加。

五、工作改进

根据演练发现的问题修订完善预案，并在日常消防员训练中有针对性的加强。

培训单元 2　组织参与微型消防站区域联防应急演练

【培训重点】

（1）了解区域联防联控的内容和要求。

（2）掌握组织参与微型消防站区域联防应急演练的程序。

【知识要求】

一、消防区域联防的定义及要求

依据《社会单位灭火和应急疏散预案编制及实施导则》（GB/T 38315），区域联防指按照位置相邻、互助共赢的原则，在一定区域范围内的社会单位消防力量，联合组织开展消防安全互查、初起火灾处置等活动的消防安全工作机制。

建立区域联防工作机制是为进一步发挥社会单位在火灾防控工作中的互帮互助作用，推动社会单位提高消防安全自我管理水平，实现有效整合社会资源，提升区域消防安全工作水平，采用分行业、分区域、分类别等多种形式，按照“位置相邻、行业相近、业态相似”的原则，分类划分为若干联防区域，建立社会单位消防安全区域联防组织，定期开展隐患互查、消防宣传、联合演练等联防工作，逐步形成条块结合、协作互助、群防群治的消防安全联防机制，夯实消防工作基础，提高社会化消防安全工作水平。

二、演练工作目的

（1）检验区域联防灭火应急疏散预案的实用性和可操作性，并及时对预案进行修订和完善。

（2）检验区域联防各消防安全管理人、各职能组和有关人员对区域联防职责的熟悉程度，磨合各单位微型消防站协同配合能力。

（3）检验区域联防领导小组在紧急情况下的组织、指挥、通信、保障等方面的能力。

（4）检验各微型消防站人员在初起火灾扑救、安全疏散、消防设施设备使用、防护救护等方面的能力。

（5）检验单位消防设施、微型消防站配备的个人防护、灭火、通信、破拆等器材装备的完好程度，发现问题及时维修、补充和更换。

（6）通过演练总结发现的问题和取得的经验教训，不断对各单位应急管理工作进行持续改进。

三、演练的组织与实施

（一）制定演练计划

（1）由微型消防站区域联防领导小组共同制定演练计划。

（2）全面分析和评估区域内所有单位应急预案、应急职责、应急技能和应急装备、物资的实际情况，提出需通过应急演练解决的问题，有针对性地确定应急演练目标。

（3）确定应急演练的事故情景类型、等级、发生地域，演练方式，参演单位，应急演练各阶段主要任务，应急演练实施的拟定日期。

（4）根据领导小组要求及任务安排，参与编制演练计划文本。

（二）演练工作准备

（1）各联防单位成立区域联防灭火和应急疏散演练组织机构，区域联防领导小组负责本单位演练活动筹备和实施过程中的组织领导工作，审定演练工作方案、演练工作经费、演练评估总结以及其他需要决定的重要事项。

（2）各联防单位参与编制演练工作方案，包含目的及要求、事故情景、参演人员及范围、时间与地点、主要任务及职责、主要工作步骤、技术支撑及保障条件、评估与总结。

（3）根据领导小组安排，各联防单位参与演练组织，确保演练实施条件，全力做好本单位人员保障、经费保障、物资和器材保障、场地保障、安全保障、通信保障等。

（三）演练工作实施

按照应急演练工作方案和任务要求，指挥本单位微型消防站人员，有序推进各个场景，完成各项应急演练活动，妥善处理各类突发情况，实战演练执行主要按照以下步骤进行。

1. 发布火警

演练应设定现场发现火情和系统发现火情分别实施：

（1）现场人员发现火情，立即用喊话的方式召集周边志愿消防队员增援，并立即采用手动火灾报警按钮或打电话的方式通知消防控制室和“119”消防机构，同时志愿消防队员利用现场的灭火器、消火栓等灭火器材扑救初起火灾。电话报警时，要说明起火地点、燃烧物、人员被困情况等。消防控制室值班员接警后，立即利用警铃、应急广播系统、对讲机、扩音器等形式发布火警信息，并以电话的形式报告微型消防站站长，同时模拟向“119”消防机构报警。

（2）消防控制室通过自动报警系统发现火情，应迅速核实火情，利用警铃、应急广播系统、对讲机、扩音器等形式发布火警信息，并以电话的形式报告微型消防站站长，同时模拟向“119”消防机构报警。

2. 应急响应

（1）消防控制室值班员发出火警后，第一时间报告本单位消防安全管理人（站长），并立即启动相应消防设施设备，切断非消防电源、燃气阀门，利用广播、警报等设备疏散人员，同时模拟向“119”消防机构报警。

（2）起火单位消防安全管理人（站长）立即报告本单位应急指挥部和区域联防领导小组，同时通知本单位微型消防站全体人员携带相关救援装备到场施救，主要任务是扑救初起火灾和疏散人员。

（3）领导小组负责人接到报警后，启动消防区域联防应急预案，统一调度，通知各单位微型消防站站长按照职责分工实施灭火和应急疏散行动。同时，赶往现场与该单位应急指挥部共同成立联合指挥部，全程指挥。

（4）参演单位和人员根据预案和现场指令，采取相应的应急处置行动，除辅助灭火和疏散外，还要负责设立警戒、防护救护、后勤保障等工作，并做出信息反馈。

3. 演练记录

演练实施过程中，领导小组安排专门人员采用文字、照片和音像手段记录演练过程。

4. 演练结束

完成各项演练内容后，参演人员进行人员和装备清点、复位，区域联防领导小组做现场讲评，宣布演练结束。

5. 演练评估

领导小组指定专人成立评估组。评估组跟踪参演单位和人员的响应情况，进行成绩评定并做好记录，编写演练评估报告，为应急管理工作改进和预案的修订完善提供依据。

（四）演练工作总结

演练完成后，应形成书面总结报告，并召开区域联防专题会议进行总结和通报，全体参演人员参加。

（五）改进提升

对演练暴露出来的问题，各单位微型消防站应当及时采取措施予以改进，包括修订完善灭火和应急疏散预案、有针对性地加强微型消防站人员的教育和培训、对应急物资装备有计划地更新等，并建立改进任务表，按规定时间对改进情况进行监督检查。

四、演练注意事项

（一）加强现场熟悉

各单位消防安全管理人在领导小组的统一安排下，带领微型站人员利用交叉互查的形式，加强对区域内各单位的基本情况的熟悉程度，便于发生火灾后迅速响应。

（二）提前告知

演练前，领导小组负责督促假设火情的单位提前告知全体人员演练具体事宜，并清理场地，以免引起误会和不必要的恐慌。

（三）注重配合

区域联防是有效整合社会资源，提升区域消防安全工作水平的重要机制，实战演练过程更是磨合各支队伍协调配合最有效的手段。

实例 6-3-2　组织参与微型消防站区域联防应急演练

某仓储物流园区区域联防应急演练组织程序

某仓储物流园区共有仓储企业 12 家，其中较大企业 4 家，分别建立 4 个微型消防站，按照配备标准配齐了车辆装备。园区设有消防水池、泵房，4 家较大企业分别设立消防控制室，并设有自动报警、自动喷水、室内外消火栓、防排烟、应急广播、应急照明等固定消防设施。

一、演练准备

1. 明确演练目的

（1）检验园区内各微型消防站人员应对突发火灾事故的能力和协同配合能力，最大限度地降低突发事件的危害程度。

（2）检验自动报警系统、消防供水系统、应急疏散系统的可靠性。

（3）检验事故汇报流程和信息传递的有效性和及时性、各微型消防站协同作战能力、各应急响应人员对应急预案、执行程序的了解程度和实际操作技能。

（4）通过演练，评估区域联防应急方案的实用性和可操作性，并不断予以补充和完善。

2. 成立区域联防应急领导小组

该仓储物流园区共有 4 家（甲、乙、丙、丁）较大仓储公司，设有微型消防站。在当地消防机构指导下，成立园区区域联防应急领导小组，各单位消防安全管理人（兼微型消防站站长）参加，建立区域联防应急机制，平时组织各消防站熟悉区域情况、加强培训和训练，战时负责统一调度、统一指挥。区域联防应急领导小组名单见表 6-3-4。

3. 制定演练方案

园区 4 家企业联合制定微型消防站区域联防应急演练方案，范围覆盖整个园区，报请领导小组批准。

表 6-3-4 区域联防应急领导小组名单（样表）

分工	姓名	电话	所属单位	职务
组长	张××		园区管理处	保卫部长
副组长	李××		园区管理处	副部长
副组长	王××		甲单位	站长
副组长	赵××		乙单位	站长
副组长	孙××		丙单位	站长
副组长	周××		丁单位	站长

4. 事故情景设计

下午 5 时，晴，北风 1~2 级，最高温度 20 ℃。甲公司一号库房一楼东分区电气线路老化，因过负荷运行产生电火花，引燃了货物包装箱并蔓延至周边其他货物发生火灾。

5. 演练前的动员

（1）召开动员会向各参演成员强调区域联防应急演练的重要性，提高认识，增强责任感。

（2）下发演练方案，明确任务，落实责任，熟悉演练方案，严格执行演练规定，加强组织协调，提前准备演练物资，确保演练每一个环节衔接有序。

（3）明确要求参演人员必须统一听从指挥，必须按实战要求做好个人防护，规范使用相关器械器材，以免人员受伤。

（4）演练前，提供场地单位应提前告知相关方及所属人员、车辆予以配合。

（5）演练中发生真实风险时，应停止演练。

6. 参演人员分工及职责

园区区域联防领导小组成立应急指挥部，将各微型消防站人员分工。参演人员分工及职责见表 6-3-5。

表 6-3-5 参演人员分工及职责（样表）

姓名	电话	所属单位	人数	职责分工
张××、李××		管理处	2	指挥
王××		甲公司	10	灭火、疏散、后勤
赵××		乙公司	12	辅助灭火、通信
孙××		丙公司	15	防护救护、辅助疏散
周××		丁公司	11	安全保卫

甲公司微型消防站人员为灭火行动组、疏散引导组、后勤保障组。

乙公司微型消防站人员辅助灭火行动组，并配合甲公司消防控制室成立通信联络组。

丙公司微型消防站人员配合疏散引导组，并负责成立防护救护组。

丁公司微型消防站人员负责成立安全保卫组。

乙、丙、丁公司微型消防站各出一人辅助后勤保障组。

各职能组明确职责和任务分工，并将人员编制成册，报区域联防领导小组备案。

7. 物资准备清单

各消防站根据现有装备器材和火情设定需要，列出物资准备清单（表 6-3-6），明确负责人员，由区域联防领导小组和后勤保障组统一调配。

表 6-3-6 演练物资准备清单（样表）

所属单位	器材名称	数量	负责人
管理处	对讲机	5	
甲单位	水枪	2	
甲单位	……	…	
乙单位	水带	10	
乙单位	灭火器	10	
乙单位	……	…	
丙单位	防毒面罩	10	
丙单位	……	…	
丁单位	警戒带	3	
丁单位	……	…	

二、实施步骤

1. 现场人员处置

甲公司现场工人发现着火立即通过喊话的方式召集周边志愿消防队员增援，并按下消防手动火灾报警按钮和电话形式通知消防控制室和“119”消防机构；志愿消防队员使用灭火器进行火灾扑救。

2. 应急救援与事故汇报

（1）消防控制室值班员作为通信联络组组长，立即通知园区消防安全管理人和本单位微型消防站，并立即启动相应消防设施设备，切断非消防电源、燃气阀门，同时模拟报告“119”消防机构。报警之后迅速疏散人员；疏散辖区作业车辆。

（2）甲公司消防安全管理人立即报告本单位应急指挥部和区域联防领导小组，并带领本单位微型消防站全体人员携带相关救援装备到场施救，主要任务是成立灭火行动组和疏散引导组，扑救初起火灾和疏散人员。

（3）领导小组负责人接到报警后，启动消防区域联防应急预案，统一调度，通知各单位微型消防站人员到场，同时赶往现场与该单位应急指挥部共同成立联合指挥部，全程指挥。

（4）乙公司微型消防站人员到场辅助甲公司灭火行动组进行火灾扑救，并参加通信联络组辅助指挥部下达指令，反馈现场情况。

（5）丙公司微型消防站人员到场辅助甲公司疏散引导组疏散无关人员，并成立防护救护组抢救、护送受伤人员，协助外部医疗救援队伍进入作业现场。

（6）丁公司微型消防站人员到场成立安全保卫组，维护现场秩序，对事故现场进行警戒。

（7）甲、乙、丙、丁公司微型消防站各出一名人员成立后勤保障组，甲公司人员为组长，负责抢险物资、器材器具的供应及后勤保障，并机动各组所需人力、物力。

3. 演练记录

演练实施过程中，指挥部安排专门人员采用文字、照片和音像手段记录演练过程。

4. 演练评估

评估组跟踪参演单位和人员的响应情况，进行成绩评定并做好记录，编写演练评估报告，为特定条件下应急管理工作改进和专项预案的修订完善提供依据。

5. 演练结束

演练人员集合，指挥部对演练现场进行分析和讲评，以发现问题为主。

三、演练总结

演练完成后，应形成书面总结报告，并召开专题会议进行总结和通报，全体参演人员参加。根据演练发现的问题修订完善预案。

培训单元 3　组织开展二级灭火和应急疏散预案演练

【培训重点】

（1）了解二级灭火和应急疏散预案的内容和要求。

（2）掌握组织开展二级灭火和应急疏散预案演练的程序。

【知识要求】

一、二级预案的定义

二级预案是针对可能发生 3 人以下伤亡或被困，燃烧面积大的普通建筑火灾，燃烧面积较小的高层建筑、地下建筑、人员密集场所、易燃易爆危险品场所、重要场所等特殊场所火灾的预案。

二、演练工作目的

（1）检验二级灭火和应急疏散预案的实用性和可操作性，并及时对预案进行修订和完善。

（2）检验单位消防安全管理人、各职能组和有关人员对各自职责的熟悉程度，磨合各职能组协同配合能力。

（3）检验各职能组在紧急情况下的组织指挥、通信、行动、疏散、救护、保卫、保障等方面的能力。

（4）检验单位消防设施及配备的灭火、防护、破拆等器材装备完好程度，发现问题及时维修、补充和更换。

（5）通过演练总结发现的问题和取得的经验教训，不断对单位应急管理工作进行持续改进。

（6）科普宣传。通过参加演练、现场观摩、经验总结等环节，宣传消防知识，提高全员消防安全意识。

三、演练工作原则

一是符合相关规定，按照国家相关法律法规、标准及有关规定组织开展演练。二是依据预案演练，结合单位面临的风险及事故特点，依据应急预案组织开展演练。三是注重能力提高，突出以提高指挥协调能力、应急处置能力和应急准备能力组织开展演练。四是确保安全有序，在保证参演人员、设备设施及演练场所安全的条件下组织开展演练。

四、演练工作要求

（1）消防安全重点单位应至少每半年组织一次演练，火灾高危单位应至少每季度组织一次演练，其他单位应至少每年组织一次演练。

（2）二级应急演练由消防安全管理人到场指挥。调集单位志愿消防队、微型消防站和专业消防力量到场处置，组织疏散人员、扑救初起火灾、抢救伤员、保护财产，控制火势扩大蔓延。

（3）组织二级应急演练时，可以报告当地消防机构、急救中心给予业务指导。

（4）演练应确保安全有序，注重能力提高。

五、演练的组织与实施

（一）制定演练计划

1. 演练层次

二级预案演练提升到单位消防安全管理人层次，无论是演练组织、计划安排、出动人员等方面都相比 级预案演练有了提升。

2. 注重救人

二级预案相比一级预案，增加了燃烧面积和人员伤亡，因此在制定计划时更加汻重灭火力量部署、防护救护人员装备等方面。

3. 确定演练文本

计划中安排专人编制演练方案文本，报消防安全管理人审定。

（二）演练工作准备

1. 成立演练组织机构

演练组织机构负责演练活动筹备和实施过程中的组织领导工作，提请消防安全管理人审定演练工作计划、演练工作经费、演练评估总结以及其他需要决定的重要事项。

2. 编制演练工作方案

演练工作方案包含目的及要求、事故情景、参演人员及范围、时间与地点、主要任务及职责、主要工作步骤、技术支撑及保障条件、评估与总结。

3. 演练工作保障

根据演练工作需要，做好演练的组织与实施需要的相关保障条件。保障条件包含人员保障、经费保障、物资和器材保障、场地保障、安全保障、通信保障等。二级预案涉及受困人员解救及现场急救，应充分考虑演练所需物资。

（三）演练工作实施

按照应急演练工作方案，开始应急演练，有序推进各个场景，开展现场点评，完成各项应急演练活动，妥善处理各类突发情况，宣布结束与意外终止应急演练。实战演练执行主要按照以下步骤进行。

1. 发布火警

演练应设定现场发现火情和系统发现火情分别实施：

（1）现场人员发现火情，应立即通过火灾报警按钮或电话形式向消防控制室或值班室报告火警，使用现场灭火器材进行扑救。

（2）消防控制室值班人员通过火灾自动报警系统或视频监控系统发现火情，应立即通过通信器材通知一线岗位人员到现场，值班人员应立即模拟拨打“119”报警，并向单位应急指挥部报告，同时启动应急程序。

2. 应急响应

1）指挥调度

消防控制室值班员发出火警后，第一时间报告本单位消防安全管理人，并立即启动相应消防设施设备，切断非消防电源、燃气阀门，同时模拟报告“119”消防机构。报告内容应着重讲明被困人员所处位置及假定伤亡情况。

消防安全管理人立即报告本单位应急指挥部，同时通知本单位微型消防站全体人员携带相关救援装备到场施救，主要任务是扑救初起火灾和疏散人员。

指挥部接到火警报警后，迅速判明应急响应等级，发布启动二级应急预案指令，通知各职能组到场按照职责分工实施行动。

指挥调度统一采用手持电台无线对讲系统。

2）通信联络

通信联络组应将应急联络工作中涉及的相关人员、单位的电话号码详列成表，便于使用。通信联络组承担任务人员做好信息传递，及时传达各项指令和反馈现场信息。通信联络组承担任务人员进行分工，满足各项通知任务同时进行的要求。

3）灭火行动

规定灭火行动组到达时间，佩戴好个人防护装备和携带器材进入现场解救被困人员，投入更多力量扑救火灾。完成任务后通过通信器材向指挥机构报告。

4）疏散引导

除应急广播疏散、智能疏散系统引导疏散外，疏散引导行动应与灭火行动同时进行。按照预案采用清点、撤离、疏散的方法，划分安全区域并将无关人员引导疏散。完成任务后通过通信器材向指挥机构报告。

5）防护救护

防护救护组与灭火行动组配合，利用担架等医疗救护器材，将“受困、受伤人员”

转移至规定的安全区域，采取心肺复苏、人工呼吸等有效方式实施紧急救护、救治，并及时拨打急救电话“120”，联系医务人员赶赴现场进行救护，受伤严重者送附近医疗机构就医。

6）安全保卫

安全保卫组由保安人员组成，负责阻止与场所无关人员进入现场，接引消防车，保护火灾现场，协助消防机构开展火灾调查。

7）后勤保障

后勤保障组由相关物资保管人员组成，负责救护、灭火器材器具的供应及后勤保障。

8）与消防救援机构的配合

二级预案演练可提前报请消防救援机构、急救中心配合演练。安全保卫组人员应在路口迎接消防车、救护车，为消防车、救护车引导通向起火地点的最短路线、楼内通径、消防电梯等。其他人员应积极协助消防队开展灭火救援工作。

3. 演练记录

演练实施过程中，指挥部安排专门人员采用文字、照片和音像手段记录演练过程。

4. 演练结束

完成各项演练内容后，参演人员进行人员和装备清点、复位，指挥部做现场讲评，宣布演练结束，可视情况决定是否组织全员进行消防基础知识培训。

5. 演练评估

评估组跟踪参演单位和人员的响应情况，进行成绩评定并做好记录，编写演练评估报告，为应急管理工作改进和预案的修订完善提供依据。

（四）演练总结

演练完成后，应形成书面总结报告，并召开专题会议进行总结和通报，全体参演人员、各部室主要负责人参加。

（五）改进提升

对演练暴露出来的问题，应当及时采取措施予以改进，包括修订完善灭火和应急疏散预案、有针对性地加强应急人员的教育和培训、对应急物资装备有计划地更新等，并建立改进任务表，按规定时间对改进情况进行监督检查。

六、演练注意事项

（一）注重配合

二级预案在一定程度上与单位总预案类似，参演力量较多，分组分工明确，实战演练过程更是磨合各组协调配合最有效的手段。

（二）突出救人

二级预案一般规定有 3 人以下人员伤亡，因此要体现救人第一的宗旨，并将演练过程中与灭火工作配合进行的特点表现出来。

（三）信息实时传达

演练的重要目的之一是检验通信联络情况。单位内部各组保持多渠道、无缝隙的通信联络；对外在第一时间向“119”报告火警，并视情况向其他急救部门报告火警。

实例 6-3-3 组织开展二级灭火和应急疏散预案演练

某大型综合体开展二级灭火和应急疏散演练组织程序

某大型综合体，建筑面积 100000 m^2，地上五层。配有消防控制室和微型消防站，并设有消防水池、泵房、自动报警、自动喷水、室内外消火栓、防排烟、应急广播、应急照明等固定消防设施。

一、演练准备

（一）明确演练目的

（1）检验消防安全管理人、各职能组和有关人员对灭火和应急疏散预案内容、职责的熟悉程度。

（2）检验本单位在紧急情况下的组织、指挥、行动、通信、救护、保障等方面的能力。

（3）检验人员初起火灾扑救、安全疏散、消防设施使用等能力。

（4）检验单位消防设施及配备的灭火、防护、破拆、救护等器材装备完好程度，发现问题及时维修、补充和更换。

（5）检验二级灭火应急疏散预案的实用性和可操作性。

（二）制定演练方案

选择三层服装区为起火点，制定二级响应应急演练方案，报请单位指挥部批准。

（三）预案实施条件检查

通过实施条件检查发现可能使预案难以执行或发生错误的问题，以及发现预案有不切合实际的内容，及时予以修订。检查内容包括：

（1）消防设施、装备、器材是否完好有效。

（2）疏散通道是否畅通无阻，疏散距离是否最短，疏散通道上的防火门、防火卷帘等设施是否完整好用。

（3）承担任务人员是否具备相应知识、能力。

（4）应急组织机构值班人员是否在岗在位。

（5）通信联络设备是否齐全并完好有效。

（四）事故情景设计

中午 12 时，晴，北风 1~2 级，最高温度 20 ℃。大厦三楼服装区配电柜因过负荷用电发生火灾，并蔓延至服装区，有人员被困在试衣间，2 人因烟熏昏迷。

（五）演练前的动员

（1）召开动员会向各参演成员强调二级响应应急消防演练的重要性，提高认识，增强责任感。

（2）下发演练方案，明确任务，落实责任，熟悉演练方案，严格执行演练规定，加强组织协调，提前准备演练物资，确保演练每一个环节衔接有序。

（3）明确要求参演人员必须统一听从指挥，必须按实战要求做好个人防护，规范使用相关器械器材，以免人员受伤。

（4）演练前，应提前告知营业部及三楼服装区所属人员。

（5）演练中发生真实风险时，应停止演练。

（六）参演人员分工及职责

单位成立指挥部，将各部门进行分工，分成灭火行动组、疏散引导组、通信联络组、防护救护组、安全保卫组、后勤保障组等 6 个职能小组，明确职责和任务分工。以上人员编制成册，报指挥部备案。参演人员分工见表 6-3-7。

表 6-3-7　参演人员分工（样表）

分工	负责人	电话	人数
指挥部	张××		5
消防控制室	李××		1
消防控制室	王××		1
通信联络	马××		3
防护救护	周××		2
灭火行动	赵××		10
疏散引导	刘××		4
根据需要增加其他力量			

（七）物资准备清单

单位微型消防站根据现有装备器材和火情设定需要，列出物资准备清单（表 6-3-8），明确负责人员，由指挥部统一调配。

表 6-3-8　物资准备清单（样表）

编号	器　材	数量	负责人
1	消防员个人防护装备，包括防护服、安全头盔、手套、空气呼吸器、战斗靴	6 套	微型消防站
2	引导疏散设备，包括扩音器、强光手电	各 10 件	楼层负责人
3	担架及急救箱	担架 3 副、急救箱 1 个	物业主管
4	冷烟雾发生器	1 个	微型消防站
5	警戒带	5 副	秩序科

二、实施步骤

（一）现场人员处置

现场营业员发现着火立刻大声呼喊起火，按下消防手动火灾报警按钮和电话形式通知消防控制室和“119”消防机构；附近其他楼层营业员（志愿消防队员）疏散顾客，并使用灭火器进行火灾扑救。

（二）应急响应

1. 指挥调度

消防控制室值班员立即通知消防安全管理人，启动消防设备，关闭非消防电源；协同现场人员，第一时间模拟拨打“119”报告火警，报警之后迅速用广播疏散人员；疏散大楼外车辆。

消防安全管理人立即上报应急指挥部，并调集志愿消防队、微型消防站、专业消防力量到达火灾现场，按照责任分工有序展开火灾扑救和人员疏散工作。

指挥部立即调度其他各职能小组迅速有序到场，按照责任分工有序展开救援工作，并随时监控、掌握动态、调派资源。一旦超出二级应急响应级别立即上报，提升响应级别，请求增援。

2. 通信联络

通信联络组 3 人（消防控制室值班员 1 人主要联系指挥部和“119”消防机构，办公室 2 人跟随现场指挥部负责联络各职能组）做好信息传递，及时传达各项指令和反馈现场信息，必须满足各项通知任务同时进行的要求。

3. 灭火行动

现场发现火情的志愿消防队员 3 人利用灭火器灭火。

微型消防站人员分成两组，一组利用消火栓扑救起火配电柜掩护防护救护组解救被困人员，另一组利用消火栓扑救附近起火服装，并对周边环境进行降温，防止火势蔓延。完成任务后通过通信器材向指挥机构报告。

专业消防力量包含电工和消防工程师等，负责维护、切断电源，以及指导现场灭火行动组展开灭火行动。

4. 疏散引导

除消防控制室利用应急广播、智能疏散系统引导疏散外，疏散引导行动应与灭火行动同时进行。按照预案将大楼内所有非救援人员引导、疏散到室外划定好的安全地带。将试衣间内两名晕倒的顾客抬到室外，交给防护救护组人员进行救治。完成任务后通过通信器材向指挥机构报告。

5. 防护救护

防护救护组与灭火组配合利用担架等医疗救护器材，将 2 名受伤晕倒人员转移至规定的安全区域，采用人工呼吸、心肺复苏等方式实施紧急救护、救治，并及时拨打急救电话“120”，联系医务人员赶赴现场进行救护，现场不能救护的要紧急送往附近医院进行救治。

6. 安全保卫

安全保卫组由保安人员组成，负责在主要通道和路口阻止与场所无关人员进入现场；负责接引消防车。

7. 后勤保障

后勤保障组由相关物资保管人员组成，负责抢险物资、器材器具的供应和各救援组人员补给及其他后勤保障。

8. 与消防队的配合

安全保卫组人员应在路口迎接消防车和救护车，并及时给消防人员提供：

(1) 为消防车引导通向起火地点的最短路线、楼内通径、消防电梯等。

(2) 火灾蔓延情况，包括起火地点、燃烧物体及燃烧范围（火焰、烟的扩散情况等）、是否有易燃易爆危险品或其他重要物品、是否有不能用水扑救或用水扑救后产生有毒有害物质的危险化学品以及起火原因等。

(3) 人员疏散情况，包括是否有人员被困、疏散引导情况以及受伤人员的状况等。

(4) 初起火灾灭火行动，包括初起火灾情况、防火分隔区域构成情况、单位固定灭火设备（室内消火栓、自动喷水灭火设备和紧急用灭火设备等）的状况等。

(5) 空调设备使用及排烟设备运行情况，包括空调设备的使用、排烟设备运行、电梯运行情况以及紧急用电的保障情况等。

(6) 单位平面图、建筑立面图等消防队需要的其他资料。

(三) 演练记录

演练实施过程中，安排专门人员采用文字、照片和音像手段记录演练过程。

(四) 演练评估

评估组跟踪参演单位和人员的响应情况，进行成绩评定并做好记录，编写演练评估报告，为特定条件下应急管理工作改进和专项预案的修订完善提供依据。

(五) 演练结束

演练人员集合，对演练现场进行分析和讲评，以发现问题为主。

三、演练总结

演练完成后，应形成书面总结报告，并召开专题会议进行总结和通报，全体参演人员参加。根据演练发现的问题修订完善预案。

培训单元 4 组织开展专项灭火和应急疏散预案演练

【培训重点】

(1) 了解专项灭火和应急疏散预案内容和要求。

(2) 掌握组织开展专项灭火和应急疏散预案演练程序。

【知识要求】

一、专项预案定义

《机关、团体、企业、事业单位消防安全管理规定》第十九条规定，单位应当将容易发生火灾、一旦发生火灾可能严重危及人身和财产安全，以及对消防安全有重大影响的部位确定为消防安全重点部位。《社会单位灭火和应急疏散预案编制及实施导则》规定，消防安全重点部位应编写专项预案。专项灭火和应急救援预案是综合应急预案的组成部分，应按照综合应急预案的程序和要求组织制定，并作为综合应急预案的附件。

二、演练目的

（1）检验专项灭火和应急疏散预案的实用性和可操作性，并及时对预案进行修订和完善。

（2）检验各级消防安全责任人、各职能组和有关人员对各自职责的熟悉程度，磨合各职能组协同配合能力。

（3）检验各职能组在紧急情况下的组织指挥、通信、行动、疏散、救护、保卫、保障等方面的能力。

（4）检验单位消防设施及配备的灭火、防护、破拆等器材装备完好程度，发现问题及时维修、补充和更换。

（5）通过演练总结发现的问题和取得的经验教训，不断对单位应急管理工作进行持续改进。

（6）科普宣传。通过参加演练、现场观摩、经验总结等环节，宣传消防知识，提高全员消防安全意识。

三、演练工作要求

（1）演练频次。《生产安全事故应急预案管理办法》(应急管理部2号令）第三十三条规定，生产经营单位应当制定本单位的应急预案演练计划，根据本单位的事故风险特点，每年至少组织一次综合应急预案演练或者专项应急预案演练。如有多个专项预案，所有专项预案都要在一年内逐个至少演练一遍。

（2）专项演练由消防归口职能部门或内设部门组织。

（3）组织专项应急演练时，可以报告当地消防机构给予业务指导，并适时与消防机构组织联合演练。

（4）演练应确保安全有序，注重能力提高。

四、演练的组织与实施

（一）制定演练计划

（1）全面分析和评估某个重点部位专项应急预案、应急职责、应急技能和应急装备、物资的实际情况，提出需通过专项应急演练解决的内容，有针对性地确定应急演练目标。

（2）确定某个重点部位专项应急演练的事故情景类型、等级、发生地域，演练方式，参演单位，应急演练各阶段主要任务，应急演练实施的拟定日期。

（3）根据需求分析及任务安排，组织人员编制演练计划文本。

（二）演练工作准备

1. 成立演练组织机构

演练组织机构负责演练活动筹备和实施过程中的组织领导工作，审定演练工作方案、演练工作经费、演练评估总结以及其他需要决定的重要事项。

2. 编制演练工作方案

演练工作方案包含有针对性的目的及要求、重点部位情景、参演人员及范围、时间与地点、主要任务及职责、主要工作步骤、技术支撑及保障条件、评估与总结。

3. 演练工作保障

根据演练工作需要，做好演练的组织与实施需要的相关保障条件。保障条件包含人员保障、经费保障、物资和器材保障、场地保障、安全保障、通信保障等。

4. 区域配合

除应急指挥部和各职能小组外，提前通知相关区域人员和车辆配合演练工作。

（三）演练工作实施

1. 发布火警

演练应设定现场发现火情和系统发现火情分别实施。但均应向单位应急指挥部和“119”消防机构报告火情。

2. 应急响应

1）指挥调度

消防控制室值班员发出火警后，第一时间报告本单位消防安全管理人和消防安全责任人，并立即启动相应消防设施设备，切断非消防电源、燃气阀门，同时模拟报告“119”消防机构。

指挥部接到报警后，启动专项应急预案，统一调度，通知各职能组到场按照职责分工实施行动。

2）通信联络

通信联络组应将应急联络工作中涉及的相关人员、单位的电话号码详列成表，便于使用。通信联络组承担任务人员做好信息传递，及时传达各项指令和反馈现场信息。通信联络组承担任务人员进行分工，满足各项通知任务同时进行的要求。

3）灭火行动

规定灭火行动组到达时间，佩戴好个人防护装备和携带器材进入现场扑救火灾。完成任务后通过通信器材向指挥机构报告。

4）疏散引导

疏散引导行动应与灭火行动同时进行。完成任务后通过通信器材向指挥机构报告。

5）防护救护

防护救护组利用担架等医疗救护器材，将受伤人员转移至规定的安全区域，采取心肺复苏、人工呼吸等有效方式实施紧急救护、救治，并及时拨打急救电话“120”，联系医务人员赶赴现场进行救护。

6）安全保卫

安全保卫组由保安人员组成，负责阻止与场所无关人员进入现场，接引消防车，保护火灾现场，协助消防机构开展火灾调查。

7）后勤保障

后勤保障组由相关物资保管人员组成，负责抢险物资、器材器具的供应及后勤保障。

8）与消防救援机构的配合

安全保卫组人员应在路口迎接消防车，为消防车引导通向起火地点的最短路线、楼内通径、消防电梯等。其他人员应积极协助消防队开展灭火救援工作。

3. 演练记录

演练实施过程中，指挥部安排专门人员采用文字、照片和音像手段记录演练过程。

4. 演练结束

完成各项演练内容后，参演人员进行人员和装备清点、复位，指挥部做现场讲评，宣布演练结束。

5. 演练评估

评估组跟踪参演单位和人员的响应情况，进行成绩评定并做好记录，编写演练评估报告，为应急管理工作改进和预案的修订完善提供依据。

五、演练总结

演练完成后，应形成书面总结报告，并召开专题会议进行总结和通报，全体参演人员和各部室主要负责人参加。

六、改进提升

对演练暴露出来的问题，应当及时采取措施予以改进，包括修订完善专项灭火和应急疏散预案、有针对性地加强应急人员的教育和培训、对应急物资装备有计划地更新等，并建立改进任务表，按规定时间对改进情况进行监督检查。

实例 6-3-4　组织开展专项灭火和应急疏散演练

某化工储存罐区氨气泄漏事故演练组织程序

某化工储存罐区，主要经营液氨储存。单位设有消防控制室和微型消防站，并设有消防水池、泵房和自动报警、喷淋、消火栓等系统。

一、演练准备

（一）明确演练目的

（1）检验各级消防安全责任人、各职能组和有关人员对专项灭火和应急疏散预案内容、职责的熟悉程度。

（2）检验本单位在特定的有毒有害物质泄漏情况下的组织、指挥、行动、通信、救护、保障等方面的能力。

（3）检验人员初期事故处置、安全疏散、消防设施使用等能力。

（4）检验专项灭火应急疏散预案的实用性和可操作性。

（二）制定演练方案

现场模拟演练，制定专项应急演练方案，报请单位指挥部批准。

（三）事故情景设计

13 时 30 分，晴，北风 3~4 级，最高温度 11 ℃。某化工储存罐区因设备老旧突发氨气管道泄漏事故，现场有一人中毒晕倒。

（四）演练前的动员

(1) 召开动员会向各参演成员强调专项应急消防演练的重要性，提高认识，增强责任感。

(2) 下发演练方案，明确任务，落实责任，熟悉演练方案，严格执行演练规定，加强组织协调，提前准备演练物资，确保演练每一个环节衔接有序。

(3) 明确要求参演人员必须统一听从指挥，必须按实战要求做好个人防护，规范使用相关器械器材，以免人员受伤。

(4) 演练前，应提前告知相关区域及所属人员、车辆予以配合。

(5) 演练中发生真实风险时，应停止演练。

(五) 参演人员分工及职责

单位成立指挥部，将各部门进行分工。分成侦查组、救援攻坚组、疏散引导组、通信联络组、防护救护组、安全保卫组、后勤保障组7个小组，明确职责和任务分工（表6-3-9）。以上人员编制成册，报指挥部备案。

表6-3-9　参演人员分工及职责（样表）

分工	责任人	电话	职责	人数
指挥部	张××			1
通信联络组	李××			3
侦查组	王××			3
救援攻坚组	马××			10
疏散引导组	周××			4
防护救护组	赵××			3
安全保卫组	刘××			3
后勤保障组	吴××			4
根据需要增加其他力量				

(六) 物资准备清单

单位微型消防站根据现有装备器材和灾情设定需要，列出物资准备清单（表6-3-10），明确负责人员，由指挥部统一调配。

表6-3-10　物资准备清单（样表）

编号	器　材	数量	负责人
1	消防员个人防护装备，包括防护服、安全头盔、手套、空气呼吸器、战斗靴	6套	微型消防站
2	引导疏散设备，包括扩音器、强光手电	各10件	楼层负责人
3	担架及急救箱	担架3副、急救箱1个	物业主管
4	冷烟雾发生器	1个	微型消防站
5	警戒带	5副	秩序科
6	根据需要增加其他器材设备		

二、实施步骤

（一）现场人员处置

现场工人发现氨气输送管道泄漏，并有受伤中毒人员被困后，立刻呼喊周边人员疏散，远离事故区域，打电话通知消防控制室。

（二）应急救援

1. 指挥调度

消防控制室值班员立即通知消防安全责任人和消防安全管理人，启动消防设备，关闭非消防电源；协同现场人员，第一时间模拟拨打“119”报告火情，报警之后迅速用广播疏散人员；疏散库区内外车辆，保持消防通道畅通。

消防安全责任人立即通过指挥部调度全部职能组迅速有序到场，按照责任分工有序展开救援工作，并随时监控掌握动态调派资源，请求增援。并立即上报政府及应急、公安、供水、供电、环保等部门。

2. 通信联络

通信联络组 3 人（消防控制室值班员 1 人主要联系指挥部和“119”消防机构，办公室 2 人跟随现场指挥部负责联络各职能组）做好信息传递，及时传达各项指令和反馈现场信息，必须满足各项通知任务同时进行的要求。

3. 事故侦查

侦查组着全封闭防化服等个人防护装备，深入现场利用侦检仪器进行事故侦查，掌握泄漏位置、泄漏情况，测定氨气泄漏浓度，划定警戒范围，为指挥部决策提供依据；同时救出被困人员交给医疗救护组进行施救。

4. 救援攻坚

救援攻坚组必须包含技术人员，着全封闭防化服等个人防护装备，立即采取有效措施，迅速关闭事故管道两边最近的控制阀门，切断液氨来源。采取临时打管卡的办法，封堵漏口和裂纹，然后进行事故部位抽空，尽力消除事故或控制事故恶化；组织布设水枪阵地稀释泄漏点及周边空气中的氨气。

5. 疏散引导

疏散引导组到场后立即根据侦查组划定的安全范围疏散事故区域附近人员，无关人员全部撤出厂区之外。

6. 防护救护

防护救护组负责抢救受伤人员，并与医疗部门联系、配合。

7. 安全保卫

安全保卫组根据侦检结果，划分轻度、中度、重度危险区域，布设警戒带，无关人员不得进入；同时派员到厂区大门外路口位置接引消防车等救援力量。

8. 后勤保障

后勤保障组负责抢险物资、器材器具的供应及后勤保障，并机动各组所需人力、物力。

9. 与消防救援机构的配合

安全保卫组人员应在路口迎接消防车，并及时给消防人员提供：

（1）为消防车引导通向起火地点的最短路线、消防设施等。

（2）氨气泄漏情况，包括侦检结果及安全区范围、是否有易燃易爆危险品或其他重要物品、是否有不能用水扑救或用水扑救后产生有毒有害物质的危险化学品以及起火原因等。

（3）人员疏散情况，包括是否有人员被困、疏散引导情况以及受伤人员的状况等。

（4）初起火灾灭火救援行动，包括已采取的措施及效果、单位固定消防设备（消火栓、自动喷水灭火设备等）的状况等。

（5）单位平面图、建筑立面图等消防队需要的其他资料。

政府各部门和消防机构到场后，指挥部迅速汇报现场情况和采取的措施，并成立联合指挥部，听从政府相关部门领导。其余各行动组配合消防机构展开救援行动，直至救援结束。

（三）善后处理

组织泄漏液氨、氨气稀释处理，防止发生环保次生灾害；组织对泄漏设备的抢修；对现场消防器材及各类灭火器进行维修、补充与更换；组织进行泄漏事故原因分析，制定落实防范措施。

（四）演练记录

演练实施过程中，安排专门人员采用文字、照片和音像手段记录演练过程。

（五）演练评估

评估组跟踪参演单位和人员的响应情况，进行成绩评定并做好记录，编写演练评估报告，为特定条件下应急管理工作改进和专项预案的修订完善提供依据。

（六）演练结束

演练人员集合，对演练现场进行分析和讲评，以发现问题为主。

三、演练总结

演练完成后，应形成书面总结报告，并召开专题会议进行总结和通报，全体参演人员和各部室主要负责人参加。根据演练发现的问题修订完善预案。

培训模块七

组织扑救初起火灾和应急疏散

培训项目 1　组织扑救初起火灾

【知识导图】

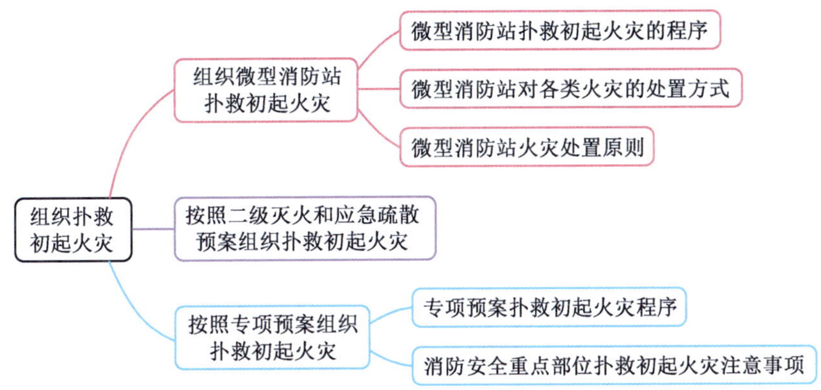

在火灾的初起阶段，可燃物质燃烧面积小，火焰不高，辐射热不强，火势发展比较缓慢，这个阶段是灭火的最好时机。采取正确扑救方法，在灾难形成之前迅速将火扑灭，能够最大限度地减少火灾损失，杜绝火灾伤亡。

培训单元 1　组织微型消防站扑救初起火灾

【培训重点】

（1）掌握微型消防站扑救初起火灾的程序。

（2）熟悉微型消防站处置各类火灾的注意事项。

【知识要求】

近年来，随着我国经济社会的快速发展，城镇化、工业化不断加速前进，高层建筑、地下建筑、大型商业综合体、居民区火灾风险持续增加。受道路、交通等因素制约，在城市一旦发生火灾险情，专业消防救援机构往往很难在 3 分钟内抵达火灾现场。在这种消防安全的环境下，微型消防站作为消防安全重点单位和社区建设的最小消防组织单元，担负着防火巡查和扑救初起火灾的重要任务。立足救早、灭小、“3 分钟到场” 的目标，建成“有人员、有器材、有战斗力” 的微型消防站，渐渐成为现阶段消防的基层力量。

一、微型消防站扑救初起火灾的程序

（1）接到火情信息后，消防控制室（微型消防站）值班员迅速通知现场人员核实，确认火灾发生后应当立即拨打“119”报警电话，并报告微型消防站站长、单位相关领导。报警时应说明着火单位地点、起火部位、着火物种类、火势大小、报警人姓名和联系电话。

（2）消防控制室值班人员确认火灾自动报警及联动控制器处于自动状态，注意观察现场消防设施的联动情况，如火灾现场消防设施未能自动启动，则在消防控制室通过相关按钮手动启动，如若手动不能启动，应当立即安排有关人员到现场启动。

（3）微型消防站值班员立即调度距报警部位最近的防火巡查员使用邻近灭火器材就近扑救初起火灾，调度在岗微型消防站人员赶赴现场处置。

（4）微型消防站站长及时研判火情，到达现场组织指挥微型消防站人员进行火灾处置：

①准确作出判断，根据火情，启动相应级别应急预案。

②通知各行动机构按照职责分工实施灭火和应急疏散行动。

③将发生火灾情况通知在场所有人员。

④派相关人员切断发生火灾部位的非消防电源，燃气阀门，关闭通风空调。

（5）微型消防站通信员开展火场侦查，及时将现场信息向消防站长反馈。

（6）微型消防站站长指派专人到路口接应消防救援车辆，向消防车引导通向起火地点的最短路线、楼内通径、消防电梯等。还需安排人员清理消防车道、消防救援场地，确保消防车道畅通，消防车顺利展开实施救援。

（7）消防救援队伍和车辆到达现场后，微型消防站站长及时移交指挥权，向消防救援队指挥员汇报现场态势和力量部署情况，并配合消防救援人员进行处置。

微型消防站站长向到场的消防救援队提供如下信息：

①人员疏散情况，包括是否有人员被困、疏散引导情况以及受伤人员的状况等。

②火灾蔓延情况，包括起火地点、燃烧物体及燃烧范围（火焰、烟的扩散情况等）、是否有易燃易爆危险品或其他重要物品、是否有不能用水扑救或用水扑救后产生有毒有害物质的危险化学品以及起火原因等。

③初起火灾灭火行动，包括初起火灾情况、防火分隔区域构成情况、单位固定灭火设备（室内消火栓、自动喷水灭火设备和紧急用灭火设备等）的状况等。

④空调设备使用及排烟设备运行情况，包括空调设备的使用、排烟设备运行、电梯运行情况以及紧急用电的保障情况等。

⑤单位平面图、建筑立面图等消防救援队需要的其他资料。

（8）已完成灭火任务的人员，检查确认后通过通信器材向微型消防站站长报告。

加入消防区域联防协作组织的单位微型消防站，在其他单位发生火灾后，应按照“一处着火，多点出动”的要求，根据火警信息或调派指令，5 分钟内启动联动响应，携带灭火救援装备赶赴起火地点协同作战。消防救援队到场之前，应服从起火单位微型消防站站长的指挥；消防救援队到场后，应服从消防救援队的统一指挥，协助开展处置。

二、微型消防站对各类火灾的处置方式

微型消防站，有消防重点单位微型消防站和社区微型消防站两类，是在消防安全重点单位和社区建设的最小灭火组织单元。在日常生活中，经常面临如下的初起火灾类型需要处置。

（一）交通工具类火灾处置

当汽车、摩托车、三轮车及电动车等常用交通工具发生火灾时，因车上的火灾荷载大（车内的装饰材料、木质车厢板、轮胎、座椅等），燃烧后产生高温，极易导致车上的油箱、气瓶（使用燃气为燃料的汽车）、电瓶燃烧或爆炸，使燃料流淌，气体扩散。与此同时产生的热辐射，能在极短的时间内引燃砖木结构的汽车库及毗连建筑，周围停放的车辆在极短的时间内会发生连锁反应，由于火势蔓延速度异常迅猛，使火势很快进入发展阶段。

因此，到达现场后要根据现场情况运用不同的处置方法：

（1）确定车内是否有人员被困，本着“救人第一”的原则，在保证自身安全的前提下，尽可能地对被困人员进行施救。

（2）若现场火势较小，周边空旷并无蔓延趋势，可直接对现场火势进行扑救，扑救过程中要留意油箱是否过火，有无燃料泄漏情况，第一时间做好人员防护，避免造成人员伤亡。车辆发动机、油箱着火，采用干粉、二氧化碳等灭火剂灭火；在油箱口着火，可用湿衣服等灭火，油箱、气瓶没有爆裂时，应不停地冷却油箱、气瓶。

（3）若现场火势较大，并伴有向周边停放未过火车辆或房屋的蔓延趋势，要第一时间控制火势，按轻重缓急确定主攻方向，同时出水保护被威胁的建筑或可燃物，避免造成火势蔓延导致更大的财产损失。

（4）若现场情况不可控时，要及时疏散周边群众，做好警戒，等待消防救援队到场处置，避免造成不必要的人员伤亡。

（二）杂物、堆垛、垃圾类火灾处置

堆垛、垃圾等杂物发生火灾时，若火势较小，可直接对火势进行出水扑救，出水过程中要保持安全距离，在上风向灭火，并同时对周边进行湿化，避免复燃。

若火势较大，随车灭火剂不足以对当前火势进行扑灭时，要第一时间堵截火势蔓延方向，或直接对周围建筑和可燃物进行出水保护，使有限的灭火剂发挥最大效能。

若火势燃烧猛烈，现场状况不可控时，一方面要出水保护周边建筑和可燃物，更重要的是要及时疏散周边群众，避免造成人员伤亡。掌握现场信息，与增援力量做好信息交接，为增援力量到场处置提供可靠情报。

（三）商铺、住宅、出租房屋类火灾处置

商铺、住宅、出租房屋发生火灾时，无论火势大小，第一时间必须做好人员疏散工作。

若现场火势较小，在可控范围内，车辆停靠距离较远且不便于出水处置时要优先使用现场灭火设施，并充分发挥微型消防站日常掌握的灭火常识，运用湿布、灭火器等设施进行灭火。

若现场火势较大，并伴有蔓延趋势时，要在保证自身安全的前提下及时做好人员疏散工作，且尽可能地出水保护周边未过火可燃物，堵截火势蔓延，收集可靠信息（人员被困位置、火灾蔓延方向、其他进攻路线等），等待增援力量到场做好信息交接。与此同时，要打通消防车通道，疏散周边车辆和人群，为增援力量到场处置提供便捷。

（四）工厂、仓库类火灾处置

工厂、仓库类建筑发生火灾时，第一时间做好外围人员疏散工作，不可贸然进入建筑物内，可利用喊话器等工具进行建筑物内人员疏散。

第一时间询问知情人，掌握工厂生产的物品和仓库内储存的物品，有无易燃易爆物品以及消防水源情况。观察周边情况，掌握厂房结构，尽可能多的寻找进攻入口和进攻路线，疏散周边人群和车辆，打通消防车通道，做好警戒，劝停从外进入建筑物内抢救物资人员。等待增援力量到场做好信息交接。

1. 可燃气体火灾的处置

（1）可燃气体发生火灾，应首先扑灭泄漏处附近被引燃的可燃物，控制灾害范围，为进一步扑救泄漏处燃烧物做好准备。

（2）气体泄漏着火后，不可轻易关闭阀门，更不能随便关停输送气体的设备，防止回火引起爆炸。应先关小阀门，控制阀门流量，降低气体泄漏压力后进行灭火，并事先做好堵漏准备，火焰熄灭后立即进行堵漏。

（3）气体泄漏起火后，不能盲目扑灭泄漏处燃烧，以防堵漏失败后大量可燃气体继续泄漏，与空气形成爆炸性混合气体，遇火源发生二次爆炸。

（4）如果确认泄漏口不大，能在短时间内快速予以封堵，则可用水、干粉、卤代烷、蒸汽、氮气、二氧化碳等灭火，然后组织人员迅速实施堵漏，同时用雾状水稀释驱散泄漏气体。

（5）如果泄漏口裂缝较大，确认难以堵漏或无法堵漏，则可用冷却着火容器及周围容器的办法，防止发生爆炸，任其稳定燃烧，直至自行燃尽熄灭。

（6）对于有爆炸危险的可燃气体容器、气瓶或设备的冷却或灭火工作，要利用地形、地物、建筑物等为掩体，将容器放置其中，以防爆炸伤人。如果有爆炸预兆，要果断将人员撤离。

2. 易燃液体火灾的处置

1）储罐火灾的处置

（1）及时冷却罐体。当易燃液体储罐发生火灾时，首先启动固定式水喷淋系统，对燃烧罐和临近罐进行冷却。在未灭火之前要持续不间断地冷却，防止罐体受破坏。

（2）集中力量灭火。针对不同的易燃液体，正确使用灭火剂，一般使用干粉、泡沫等，集中力量进行灭火。灭火前准备足够的灭火剂，扑灭后再持续喷射一段时间，防止复燃。

（3）优先扑灭液体溢流燃烧。因为溢流液体在防护池内燃烧，直接威胁罐体的安全和灭火行动。

2）易燃液体泄漏火灾的扑救

（1）及时堵漏。泄漏易燃液体燃烧，应及时采取关阀、倒罐、塞孔、捆扎等方法，目的在于减少或制止易燃液体泄漏。

（2）控制扩散。泄漏易燃液体燃烧，随着流淌面积的扩大，燃烧面积也随之扩大。

（3）迅速灭火。易燃液体在流动中燃烧，扑救比较困难。可集中大量干粉、泡沫等灭火剂灭火，迅速扑灭初起火灾是减少损失的关键。

（4）防止燃爆伤人。在及时扑灭了易燃液体燃烧后，液体迅速挥发的蒸气很快与空气形成爆炸性混合物，遇火源即可发生燃烧。因此，灭火后要采取泡沫覆盖、导流回收等方法，减少液体挥发，同时要严格控制各种火源。

3）可溶性易燃液体火灾的扑救

（1）灭火时采用抗溶性泡沫、干粉、卤代烷等灭火剂，若使用普通蛋白泡沫，则应加大泡沫供给强度，不间断喷射至燃烧停止。

（2）根据实际情况可用大量水稀释燃烧液体，但此方法灭火后，易燃液体不能再使用，损失较大。

（3）泄漏出的可燃液体燃烧，可使用大量水稀释，降低火灾危险性。

（4）可溶性易燃液体因本身含氧、含碳量较少，燃烧时火焰为蓝色，有时不易发现，因此在灭火时要避免流淌的燃烧液体伤人。

3. 易燃固体火灾的处置

（1）及时扑灭初起火灾。多数易燃固体可用水扑救，使用干粉等灭火剂后要防止复燃。

（2）采取疏散、隔离方法，控制火势。疏散是把可搬运的易燃物质运出火场，存放在安全的地方。隔离是对难以搬运而又受火势直接威胁的易燃易爆物，使用水幕、不燃物质等与燃烧隔离，降低危险的方法。

（3）防止爆炸，迅速灭火。易燃固体多数怕猛烈冲击、碰撞或摩擦。因此在灭火时，尽量避免强水流直冲易燃固体；在扑救金属粉末火灾时，更要避免冲击，造成粉尘飞扬，发生粉尘爆炸。

4. 自燃物品火灾处置

（1）锌、锑、铅等有机金属化合物燃烧时，不可用水扑救，应使用干粉、食盐、干砂等灭火剂进行扑救。

（2）黄磷等自燃起火，可用大量的水扑救，但要避免直冲，防止熔磷冲溅伤人。灭火时应及时采取措施将磷浸没于水中，否则火势将难以控制。

（3）硝化纤维类物品、含植物油物品（油纸）等自燃起火，可使用大量水扑救，并不断翻动，防止复燃。

（4）疏散物质，防止火势蔓延。扑救自燃物品火灾时，首先要控制火势，缩小燃烧范围，对受火势威胁和有可能导致火势蔓延的易燃易爆危险物品及时疏散隔离，把燃烧控制在一定范围内。

5. 遇湿易燃物品火灾的处置

（1）正确选用灭火剂，严禁用水或二氧化碳扑救。可用干粉、食盐、干砂等灭火剂进行扑救。

（2）金属粉末起火不可用有压力灭火剂，防止吹散而造成粉尘飞扬，发生粉尘爆炸。

（3）疏散隔离、控制燃烧。对燃烧的遇湿易燃易爆物品，要组织人员及时疏散、隔离，有效控制燃烧范围。对已经引燃的相邻易燃物品火灾，要首先扑救。

（4）通风排烟，防止中毒。

6. 氧化剂和有机过氧化物火灾

（1）采用浸没灭火。由于氧化剂和有机过氧化物着火或被卷入火中时会放出氧气，加剧火势，因此无论是采取封闭、蒸汽、二氧化碳、惰性气体等方式灭火都是无效的，只有使用大量的水或用水浸没，才是最为有效的方法。

（2）正确选用灭火剂，及时扑灭火灾。一般情况下，可用大量水来扑灭，少数活泼金属氧化物可采用干粉等进行扑救。

（3）参加火灾扑救人员要做好安全防护工作。

（五）学校火灾

学校发生火灾时，应防止在疏散过程中发生踩踏事故，根据学生的年龄阶段确定适当数量的疏散引导人员，小学和特殊教育学校应根据需要适当增加引导人员的数量。

不提倡将未成年人作为组织预案实施的人员，不应组织未成年人参与灭火救援行动。

（六）医院、养老院、幼儿园

医院、幼儿园、养老院及其他类似场所发生火灾时，对于危重病人、传染病人、产妇、婴幼儿、无自理能力人员、老人等人员，应派专人协助疏散，为其指示疏散的路线和方向，按指定路线有条不紊的安全疏散，安慰他们消除恐慌心理；防止大声喊叫吸入过多烟气；防止拥挤踩踏。

人员安全疏散至地面时，要及时清点人数，发现有未疏散的，要组织二次疏散，确保所有人员的安全。

对于不能自理或行动不便的人员，应将人员转移至避难层、避难间等安全区域，等待救援。

医院应明确涉及危险化学品的相关处置要求。

三、微型消防站火灾处置原则

（1）以“救人第一”为原则。

（2）微型消防站站长应组织做好灭火行动安全工作，坚持行动服从安全，安全贯穿始终。

（3）微型消防站队员在灭火时，做好个人防护，在确保自身安全的前提下，实施灭火。佩戴防毒面罩，有条件的佩戴背负式空气呼吸器。

（4）警戒时，应有预防快速行驶车辆伤人的措施，夜间应使用发光和反光的警戒标识。

（5）应确定建筑内无轰燃、爆炸、坍塌等险情存在后，人员方可进入，进入的人员数量应尽量少。

（6）进入人员佩戴正压式氧气呼吸器时若有严重不适感，应立即停止作战返回；使用移动供气源时，应确保供气导管不与尖锐物体接触摩擦，并有专人监测气瓶压力，及时更换气瓶。

（7）对火场内带电线路和设备应视情况采取切断电源或预防触电的措施。

（8）使用移动发电机供电照明时，应保证良好接地，并注意通风。

总之，各类火灾的处置都要本着“救人第一”的原则进行扑救，作为微型消防站，在装备器材和人员实力上都和专业的消防救援队伍有着很大的差距，在扑救火灾过程中要量力而行，不可贸然处置，保证人员安全，尽可能地发挥微型消防站“小、快、灵”的特点，协助专业消防救援队做好灭火战斗工作。

实例 7-1-1　社区微型消防站扑救初起火灾

一、火情设定

4 月 14 日凌晨 1 时，社区微型消防站值班员在夜间巡逻时，发现七栋十楼一窗户有大量浓烟冒出，立即赶赴现场查看，发现一住户家中发生火灾。

二、扑救初起火灾程序及措施

值班员立即拨打“119”火警电话进行报警，一边联系物业工程部值班员关闭该栋燃气及该户电源，一边将电梯迫降至一楼，同时组织多名微型消防站队员迅速赶赴现场，利用工具破门进入，发现该住户家用于取暖的火箱已处于燃烧状态，并有 4 名人员被困在卧室。微型消防站队员立即实施紧急预案疏散被困人员，并使用灭火器及室内消火栓等消防器材对火灾进行处置，最终成功将火灾扑灭。

实例 7-1-2　单位微型消防站扑救初起火灾

一、火情设定

9 月 3 日上午 8 时 30 分左右，某写字楼消防控制室（微型消防站）值班员在值班时发现，该写字楼 C 座 6 层某感烟探测器报火警。

二、扑救初起火灾程序及措施

（1）消防控制室（微型消防站）值班员立刻通知微型消防站巡查人员，赶赴现场确认火灾。

（2）微型消防站巡查人员赶赴现场发现 615 室有浓烟冒出，立刻拨打“119”报警电话，通知消防控制室（微型消防站）值班员，并使用就近的灭火器，进行扑救。

（3）消防控制室（微型消防站）值班员确认火灾报警及联动控制器处于自动状态；报告微型消防站站长；通知微型消防站队员迅速赶赴现场灭火。

（4）其他微型消防站人员到场后，按照预案分工，指挥着火层人员有序疏散至安全区域并使用灭火器及室内消火栓等消防器材对火灾进行处置，最终成功将火灾扑灭。

培训单元2　按照二级灭火和应急疏散预案组织扑救初起火灾

【培训重点】

掌握组织扑救二级预案初起火灾的程序。

【知识要求】

二级预案是针对可能发生3人以下伤亡或被困，燃烧面积大的普通建筑火灾，燃烧面积较小的高层建筑、地下建筑、人员密集场所、易燃易爆危险品场所、重要场所等特殊场所火灾的预案。这些场所发生火灾时，因可燃物多，烟雾浓、毒气重、能见度极低、蔓延速度快，电器设施复杂，原料具有易燃易爆性，导致发生爆炸和坍塌的可能性大，多容易形成立体火灾，并容易发生人员伤亡和人员被困的情况。二级预案扑救初起火灾，指挥机构、通信联络组、灭火行动组、疏散引导组、防护救护组等应各司其职、通力合作，以实现快速扑灭初起火灾，减少人员伤亡和财产损失为目的。

二级预案组织扑救初起火灾的程序：

（1）一旦发生火灾，现场工作人员应立即拨打“119”电话报警；通知消防控制室值班人员及单位消防安全管理人；同时利用就近的灭火器材进行扑救。

（2）消防控制室值班人员，确认火灾报警控制器处于自动状态；注意观察现场消防设施的联动情况，如未能自动启动，则通过消防控制室或现场的手动按钮手动启动。

（3）消防安全管理人接到报警后，迅速到场出任灭火行动总指挥；启动二级灭火应急预案；调集单位志愿消防队、微型消防站到场处置，扑救初起火灾、控制火势扩大蔓延，并指派专人到路口接应消防救援车辆。

（4）灭火行动组人员携带灭火器材，在接到通知或指令后3分钟内到达现场，利用灭火器、消火栓等消防器材开展灭火行动；并在燃烧区周围采取隔离、堵截、关闭防火分隔物等战术，有效控制火势蔓延，并将现场火灾扑救情况上报单位消防安全管理人。单位志愿消防队员、微型消防站队员进入火场必须做好个人防护，有条件的佩戴背负式空气呼吸器。

（5）安全保卫组立即在起火现场设置警戒，进行值守；严禁无关车辆和人员再进入现场。

（6）通信联络组详细了解火场发展形势，向各小组传达作战力量部署命令；维持车辆秩序，疏通消防车道，做好迎接消防车的准备工作。

（7）如火势继续蔓延扩大，消防安全管理人上报单位消防安全责任人，移交指挥权；单位消防安全责任人到消防控制室成立指挥部，启动三级灭火应急预案。

（8）火灾扑灭后，配合消防救援部门调查火灾原因；条件允许情况下恢复正常组织生产；吸取事故教训，查找火灾隐患，进行隐患整改。

实例 7-1-3　××服装商场按照二级灭火和应急疏散预案组织扑救初起火灾

一、火情设定

某服装商场，在节假日展销活动期间，一层大厅为增添节日气氛，临时安装各种彩灯。晚 8 时，由于临时敷设线路不当，发生超载、短路及灯泡温度过高，引燃其他物品。

二、扑救初起火灾程序及措施

（1）一层营业员立即拨打“119”报警，通知商场消防控制室值班人员及商场主管，并迅速拿起就近的灭火器材进行扑救。

（2）商场消防控制室值班人员确认火灾自动报警系统处于自动状态。

（3）商场主管立即到一层大厅担任总指挥，启动二级灭火预案，调集商场微型消防站人员到场处置。

（4）安全保卫组立即在卖场周围设置警戒，进行值守；严禁无关车辆和人员再进入卖场。

（5）商场微型消防站人员接到通知到场后，打开楼道内消火栓的箱门，展开消防水带，向商场主管确认楼层电源已经切断后，打开消火栓上的水阀开关进行灭火，成功将火势控制并扑灭。

培训单元 3　按照专项预案组织扑救初起火灾

【培训重点】

熟练掌握专项预案扑救初起火灾。

【知识要求】

《社会单位灭火和应急疏散预案编制及实施导则》(GB/T 38315）规定，单位应编制总预案，单位内各部门应结合岗位火灾危险性编写分预案，消防安全重点部位应编写专项预案。

单位中的消防安全重点部位，一旦发生火灾就可能严重危及人身和财产安全、影响全局。单位中的每个消防安全重点部位应结合自身实际情况，制定和不断完善专项应急处置操作流程。作为消防安全重点部位的工作人员，必须熟悉灭火器材、个人防护装备，熟练掌握火灾报警程序、火灾处置程序，发现火情及时进行处置，避免造成更大的损失。

一、专项预案扑救初起火灾程序

（1）消防安全重点部位的工作人员一旦发现火情时，应立即拨打“119”电话报警，并利用周围就近的消防器材进行扑救，向消防控制室值班人员、消防安全重点部位负责人、微型消防站通报情况。

（2）消防控制室值班人员接到报警后，确认火灾自动报警及联动控制器处于自动状态；注意观察现场消防设施的联动情况，如火灾现场消防设施未能自动启动，则通过消防控制室或现场的手动按钮手动启动。

（3）消防安全重点部位负责人接到报警后，迅速到场出任灭火行动指挥；通知微型消防站人员到场处置；同时上报单位消防安全管理人，并启动专项应急预案。

（4）微型消防站站长及时研判火情，到达现场组织指挥微型消防站人员进行火灾处置：

①准确作出判断，根据火情，启动相应级别应急预案。

②通知各行动机构按照职责分工实施灭火和应急疏散行动。

③将发生火灾情况通知在场所有人员。

④派相关人员切断发生火灾部位的非消防电源，燃气阀门，关闭通风空调。

（5）微型消防站通信员开展火场侦查，及时将现场信息向消防站长反馈。

（6）微型消防站站长指派专人到路口接应消防救援车辆，为消防车引导通向起火地点的最短路线、楼内通径、消防电梯等。还需安排人员清理消防车道、消防救援场地，确保消防车道畅通，消防车顺利展开实施救援。

（7）消防救援队伍和车辆到达现场后，微型消防站站长及时移交指挥权，向消防救援队指挥员汇报现场态势和力量部署情况，并配合消防救援人员进行处置。

微型消防站站长向到场的消防救援队提供如下信息：

①人员疏散情况，包括是否有人员被困、疏散引导情况以及受伤人员的状况等。

②火灾蔓延情况，包括起火地点、燃烧物体及燃烧范围（火焰、烟的扩散情况等）、是否有易燃易爆危险品或其他重要物品、是否有不能用水扑救或用水扑救后产生有毒有害物质的危险化学品以及起火原因等。

③初起火灾灭火行动，包括初起火灾情况、防火分隔区域构成情况、单位固定灭火设备（室内消火栓、自动喷水灭火设备和紧急用灭火设备等）的状况等。

④空调设备使用及排烟设备运行情况，包括空调设备的使用、排烟设备运行、电梯运行情况以及紧急用电的保障情况等。

⑤单位平面图、建筑立面图等消防救援队需要的其他资料。

（8）已完成灭火任务的人员，检查确认后通过通信器材向微型消防站站长报告。

二、消防安全重点部位扑救初起火灾注意事项

（1）扑救电气设备火灾：要防止触电事故，应该先断电再灭火。如变配电室、消防控制室、消防水泵房、发电站、通信设备机房、生产总控制室、电子计算机房。

（2）扑救天然气管道火灾：应该迅速关闭阀门，断绝气源。如锅炉房。

（3）扑救气瓶类火灾：首先应关闭可燃气阀门，防止可燃气发生爆炸。如氧气站、乙炔站、氢气站、液化石油气瓶或储罐。

（4）扑救油类火灾：首先应切断可燃液体的来源，并用水冷却燃烧区可燃液体的容器壁，减慢蒸发速度，同时将其撤至安全地区。如易燃、可燃液体储罐。

实例 7-1-4　餐厅初起火灾扑救

一、火情设定

中午 12 时，正是开餐时间，某公司餐厅工作人员及负责人都在积极负责员工的分餐。由于餐厅工作人员较为忙碌，厨师在炉灶开起的情况下，同时炉灶上的锅里面还有油，离开去上厕所，造成锅内油燃烧，引燃餐厅操作间内的可燃物，并蔓延到就餐区域。

二、扑救初起火灾程序及措施

（1）餐厅操作间内工作人员发现着火，立即关闭天然气阀门，利用操作间就近的消防器材进行扑救，并大声呼救。

（2）餐厅负责人听到呼救，出任现场总指挥；迅速拨打“119”电话报警；启动餐厅专项灭火预案；通知单位微型消防站。

（3）微型消防站人员到场后，切断餐厅内的电源，立即将灭火毯覆盖在油锅上，用干粉灭火器进行扑救。

（4）随着火势的蔓延扩大，餐厅负责人将现场情况上报给公司总经理，移交指挥权。总经理到场担任总指挥，启动单位灭火总预案，调集单位消防力量到场处置。

实例 7-1-5　配电室初起火灾扑救

一、火情设定

某大厦的配电室内线路发生短路，导致线路起火。

二、扑救初起火灾程序及措施

（1）配电室值班人员第一时间拨打“119”报警电话；在配电室门口按下气体灭火系统紧急启停按钮；同时用手动火灾报警按钮或消防专用电话通知消防控制室值班人员。

（2）消防控制室值班人员，确定火灾报警控制器及消防联动控制器处于自动状态；并通知微型消防站和消防重点部位责任人到现场处置。

（3）消防安全重点部位负责人接到报警后，迅速到场出任灭火行动指挥；通知微型消防站人员到场处置；同时上报单位消防安全管理人，并启动专项应急预案。

（4）气体灭火系统启动后，配电室火灾扑救成功。

培训项目2　组织应急疏散

【知识导图】

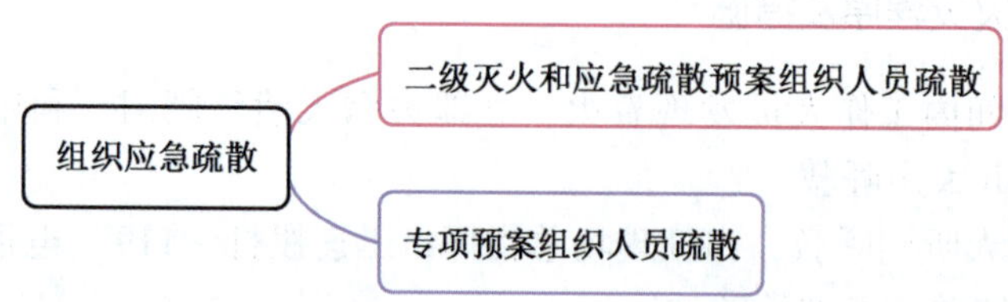

当大火发生时，在众多被火围困的人员中，有人跳楼丧生或造成终身残疾；也有人化险为夷，死里逃生。这不仅与起火时间、地点、火势大小、建筑物内消防设施等因素有关，同时，也与是否具备镇定有序的组织现场人员疏散逃生的能力有着密不可分的关系。

培训单元1　按照二级灭火和应急疏散预案组织人员疏散

【培训重点】

掌握二级预案组织人员疏散的程序。

【知识要求】

二级预案中的场所一旦发生火灾，由于人员密集，建筑形式多样化，被困人员有吸入烟气中毒或窒息以及被热辐射、热气流烧伤的危险。尤其在夜间，更是难以辨认疏散走道和方向，火灾威胁就会更大。疏散引导组或现场的工作人员在疏散人员时，要按照预案的分工安排，各负其责、各司其职，沉着冷静、迅速果断地利用器械、工具、装备等帮助被救人员。本着先疏散人员、再疏散物资的原则，对于关键设备、信息资源和贵重物品、文物档案等便于携带物品，在情况允许条件下，可在疏散中转移保护。

二级预案组织人员疏散的程序：

（1）一旦发生火灾，现场工作人员应立即利用就近的灭火器材进行扑救；同时通知消防控制室值班人员及单位消防安全管理人。

（2）消防控制室值班人员第一时间拨打“119”电话报警，确认火灾报警控制器处于自动状态，通知附近的工作人员组织疏散区域内的人员，利用消防广播等向受到火势威胁的人员发出疏散信息：“各位先生女士大家好，现本楼××处发生火灾，请大家不要惊慌，不要拥挤；听从现场工作人员指挥，有秩序地离开，请不要乘坐电梯。”

（3）消防安全管理人接到报警后，迅速到场出任疏散行动总指挥；启动二级疏散应急预案；调集单位志愿消防队、微型消防站到场处置，组织疏散人员、抢救伤员、保护财产。

（4）疏散引导组接到通知或指令后，按照疏散职责分工，立即携带空气呼吸器、手电筒、消防用荧光棒、担架等疏散逃生器材在3分钟内到达现场，抢救伤员，引导人员安全疏散。

根据火灾蔓延情况，选择最近的安全出口和最有效的疏散方法；在最短的时间内以最快的速度，按照统一的疏散引导行动指令，将所有人员疏散到安全地带。如果条件允许，在保证自身人身安全的情况下，及时抢救重要物资。人员、物资撤离后在指定地点集中核验清点，并将现场疏散撤离情况及时上报单位消防安全管理人。

现场若有人员被困，应本着“先人员，后财产”的原则抢救。当人员被困在浓烟和火焰的区域内一时无法向外疏散时，应立即用喇叭向被困人员喊话，稳定人员情绪，告知防止烟、火窜入和防护措施，并告诫被困人员不要贸然逃生防止发生意外伤害。如有消火栓和其他灭火器材时，消防器材的使用应无条件的服从于疏散需要。尽快利用水枪（雾状水最宜）和其他灭火器材，开辟出一条疏散通道，将被困人员疏散出去。如一时不能疏散时，将被困人员转移至避难间或无烟、火的较为安全地带，迅速发出求救信号等待救援。需要穿越燃烧区时，疏散引导组成员应携带空气呼吸器，利用水枪掩护迅速撤离火场。遇到浓烟、火焰和热辐射且又无水的环境时，疏散引导组成员和被救者采取低姿或匍匐方式穿越火场。

疏散过程中发现受伤人员，用担架将受伤人员转移到安全区域，并立刻通知防护救护组紧急救治。

（5）防护救护组负责现场急救，人员被火烧伤，其受伤处的衣物应剪开脱去，不可硬行撕拉，伤处用消毒纱布或干净棉布覆盖，并立即送往医院救治。对烧伤面积较大的伤员要注意呼吸、心跳的变化，必要时进行心脏复苏。对有骨折出血的伤员，应做相应的包扎、固定处理，搬运伤员时，以不压迫伤面和不引起呼吸困难为原则。防护救护组配备3台担架用来搬运行动不便的伤员。抢救受伤严重或在进行抢救伤员的同时，应及时拨打急救中心电话“120”，由医务人员进行现场抢救伤员的工作，并派人接应急救车辆。

（6）如火势继续蔓延扩大，消防安全管理人应上报单位消防安全责任人，移交指挥权；单位消防安全责任人到消防控制室成立指挥部，启动三级疏散应急预案。

（7）火灾扑灭后，保持火灾现场警戒（直至消防救援部门下令解除封闭），协助消防救援部门进行火灾事故的调查工作。

实例7-2-1　商场火灾应急疏散

一、火情设定

某服装商场，在节假日展销活动期间，一层大厅为增添节日气氛，临时安装各种彩灯。晚8时，由于女装卖场临时敷设线路不当，发生超载、短路及灯泡温度过高，引燃其他物品。

二、组织人员疏散的程序及措施

（1）一层营业员迅速拿起就近的灭火器材进行扑救，同时通知商场消防控制室值班人员及商场主管。

（2）商场主管立即到一层大厅担任总指挥，成立指挥部；拨打“119”报警；启动二级灭火预案，调集商场微型消防站人员到场处置。

（3）消防控制室值班人员开启应急照明，并利用广播等向女装卖场发出疏散信息：“各位先生/女士大家好，现女装卖场处发生火灾，请大家不要惊慌，不要拥挤；听从现场工作人员指挥，有秩序地离开。”

（4）商场微型消防站接到通知后，立即携带空气呼吸器、手电、消防用荧光棒等疏散逃生器材赶到女装卖场，选择西侧的安全出口引导人员安全疏散到室外停车场；并在保证自身人身安全的情况下，及时抢救重要物资。

（5）人员、物资疏散后到停车场核验清点，将现场人员疏散情况及时上报商场主管。

培训单元2　按照专项预案组织人员疏散

【培训重点】

掌握专项预案组织人员疏散的程序。

【知识要求】

消防安全重点部位，一旦发生火灾可能严重危及人身和财产安全。对于消防安全重点部位内的工作人员，必须熟悉疏散通道的位置，采取稳妥可靠的疏散方式，在初起火灾时以最短的时间、最快的速度、最近的安全出口疏散，积极组织人员安全疏散和自救，尽快撤离火灾现场。

专项预案组织人员疏散的程序：

（1）一旦发生火灾，现场的工作人员在保证个人人身安全的前提下对受火势威胁并有可能导致火势进一步扩大或爆炸的物品、重要的文件档案、受困人员进行紧急疏散。向消防控制室值班人员、本消防重点部位负责人通报情况。

（2）消防控制室值班人员拨打“119”电话报警并向全楼进行消防应急广播。

（3）消防安全重点部位负责人接到报警后，迅速到场指挥，启动专项应急预案，立即下达进行部分区域或全部区域疏散的命令，并尽快传达给专项预案疏散小组；同时上报单位消防安全管理人。针对不同的现场条件，可采取先救人后灭火或灭火救人同步进行的措施。

（4）接到疏散命令后，专项预案疏散引导小组，立即携带安全出口备用钥匙、手电筒或应急照明灯，打开安全出口；清理疏散通道上的障碍物；按照广播指示的疏散次序引导区域人员有序地从安全出口疏散；对受伤和情绪不稳定的人员提供帮助，到达安全地点时清点人数；并对疏散区域认真清理、检查，防止有人遗留在现场发生意外。

（5）专项预案安全防护救护组在现场急救、抢救伤员，遇有需紧急救护的人员及时联系“120”进行紧急救治。

（6）专项预案通信联络组保障各小组之间的联系，随时根据火势发展情况，通知专项疏散引导组调整疏散路线。

（7）如火势得不到有效控制，立即启动单位总预案。消防安全重点部位负责人将现场情况上报单位消防安全管理人，移交指挥权；单位消防安全管理人接到报警后，迅速到消防控制室出任总指挥；将单位所有人员疏散撤离到安全地带。

（8）消防救援队伍到场后，单位应急指挥部移交指挥权，协助消防救援队进行处置。

（9）火灾扑灭后，配合消防救援部门调查火灾原因；条件允许情况下，恢复正常组织生产；吸取事故教训，查找火灾隐患，进行隐患整改。

实例 7-2-2 餐厅火灾应急疏散

一、火情设定

中午 12 时，正是开餐时间，某公司餐厅工作人员及负责人都在积极负责员工的分餐。由于餐厅工作人员较为忙碌，厨师在炉灶开起的情况下，同时炉灶上的锅里面还有油，离开去上厕所，造成锅内油燃烧，引燃餐厅操作间内的可燃物，并蔓延到就餐区域。

二、组织疏散人员程序及措施

（1）餐厅操作间内工作人员发现着火，迅速拨打“119”电话报警；立即关闭天然气阀门，利用操作间就近的消防器材进行扑救，并大声呼救。

（2）餐厅负责人听到呼救，出任现场总指挥；启动餐厅专项疏散预案；通知单位微型消防站。

（3）微型消防站人员携带空气呼吸器到场后，立即用喇叭向被困人员喊话，利用雾状水枪开辟出一条疏散通道，将就餐人员和餐厅工作人员疏散出去。在安全地点进行人员清点。

（4）随着火势的蔓延扩大，餐厅负责人将现场情况上报给公司总经理，移交指挥权。总经理到场担任总指挥，启动单位疏散总预案，将单位所有人员疏散撤离到安全地带。

实例 7-2-3 配电室火灾应急疏散

一、火情设定

某大厦的配电室内线路发生短路，导致线路起火。

二、组织疏散人员程序及措施

（1）配电室值班人员发现火灾后，第一时间拨打“119”电话报警，带好防毒面具，迅速离开着火地点。

（2）配电室值班人员在配电室门口按下气体灭火系统紧急启停按钮，通过手动火灾报警按钮或消防专用电话通知消防控制室值班人员。

（3）消防控制室值班人员确认火灾自动报警控制器及消防联动控制器处于自动状态，并通过消防应急广播向全楼进行广播；同时向单位微型消防站和消防重点部位责任人通报火情。

（4）消防安全重点部位负责人接到报警后，迅速到场指挥，启动专项应急预案，将人员疏散至安全区域。

培训模块八

其他管理

培训项目1 消 防 档 案

【知识导图】

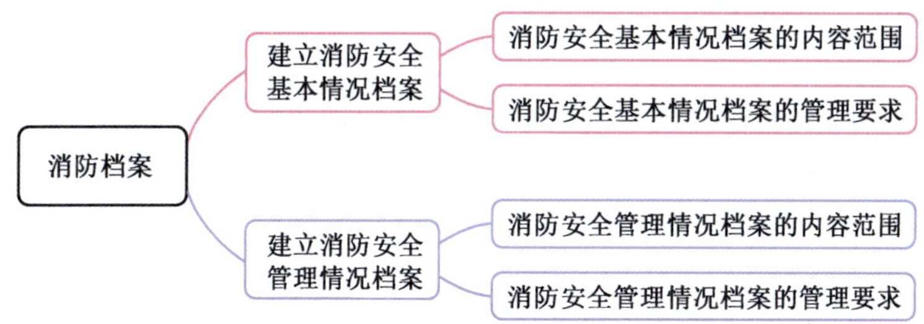

消防档案是在消防安全管理工作中形成的文字、图表和声像记录。建立健全消防档案是消防安全管理工作的一项重要内容，必须在调查、统计、核实的基础上认真填写并加以不断完善。根据《机关、团体、企业、事业单位消防安全管理规定》第四十一条规定，消防安全重点单位应当建立健全消防档案。消防档案应当包括消防安全基本情况和消防安全管理情况。四级/中级消防安全管理员应具有消防安全重点单位的消防档案收集、整理和保管等能力。

培训单元1 建立消防安全基本情况档案

【培训重点】

(1) 熟悉消防安全基本情况档案的内容。

(2) 掌握消防安全基本情况档案的管理要求。

【知识要求】

一、消防安全基本情况档案的内容

消防安全基本情况档案应当包括：单位基本概况和消防安全重点部位情况；建筑物或者场所施工、使用或者开业前的消防设计审核、消防验收以及消防安全检查的文件、资料；消防管理组织机构和各级消防安全责任人；消防安全制度；消防设施、灭火器材情况；专职消防队、志愿消防队人员及其消防装备配备情况；与消防安全有关的重点工种人员情况；新增消防产品、防火材料的合格证明材料；灭火和应急疏散预案等。

（一）单位基本情况和消防安全重点部位情况

单位基本情况包括单位占地面积、建筑面积、建筑高度、员工人数、消防队员人数、消防供水、供电等情况。消防安全重点部位情况包括消防控制室、配电室、柴油发电机房、厨房、消防水泵房、锅炉房、化学实验室、信息中心、档案室等部位的值守、巡查和事故应急处置等情况。

（二）建筑物或者场所施工、使用或者开业前的消防设计审核、消防验收以及消防安全检查的文件、资料

包括建设项目的地形图、总平面图、全套消防设计图纸、消防设施检测报告、公共场所有关的营业执照、资料等。

（三）消防管理组织机构和各级消防安全责任人

单位应建立消防安全管理体系，落实逐级和岗位消防安全责任制，设置或者确定消防工作归口管理部门，确定各级、各部门、各岗位消防安全职责，确定各级、各部门、各岗位消防安全责任人、消防安全管理人。

（四）消防安全制度

除了包括《消防安全管理员（初级）》规定的 13 项单位基本消防安全制度［消防安全教育、培训制度，防火巡查、检查制度，安全疏散设施管理制度，消防（控制室）值班制度，消防设施器材维护管理制度，火灾隐患整改制度，用火、用电安全管理制度，易燃易爆危险物品和场所防火防爆管理制度，志愿消防队管理制度，灭火和应急疏散预案演练制度，燃气和电气设备的检查和管理（包括防雷、防静电）制度，逐级和岗位消防安全责任制制度，消防安全工作考评和奖惩制度］，同时还包括消防安全重点单位增加的 5 项制度（消防档案管理制度，微型消防站管理及区域联防制度，消防工作组织机构和重点人员申报制度，消防安全重点部位确定和管理制度，消防远程监控、电气火灾监测、物联网技术等措施应用保障制度）。另外，火灾高危单位的消防安全制度档案还需增加消防安全工作例会制度，消防管理和特有工种人员持证上岗管理制度，特殊消防设计措施落实和管理制度，建筑维修、局部改造等建设工程施工现场消防管理制度，专职消防队管理制度等 5 项制度，具体内容详见《消防安全管理员（高级）》。

（五）消防设施、灭火器材情况

包括单位内设置的火灾自动报警系统、自动喷水灭火系统、气体灭火系统、消防给水和消火栓系统、水喷雾灭火系统、泡沫灭火系统、防排烟系统、消防应急照明和疏散指示系统、移动式灭火器材等情况。

（六）专职消防队、志愿消防队人员及其消防装备配备情况

包括单位建立的专职消防队或者志愿消防队的队员名单，所配备装备器材的名称、型号和数量等资料。

（七）与消防安全有关的重点工种人员情况

包括单位根据自身工作需要配备的电工、焊工、仓库保管员、消防控制室值班员等人员的数量、岗位培训和持证上岗等情况。

（八）新增消防产品、防火材料的合格证明材料

对单位在生产和使用过程中新增的消防产品、防火材料，应当有经国家指定检验检测

中心出具的产品相关证明材料。

（九）灭火和应急疏散预案

有关内容见《消防安全管理员（初级）》培训模块二培训项目3。

二、消防安全基本情况档案的管理要求

有关内容见《消防安全管理员（初级）》培训模块八培训项目1。

实例8-1-1 某消防重点单位消防安全基本情况档案

1. 消防安全基本情况档案目录

消防安全基本情况档案目录见表8-1-1。

表8-1-1 消防安全基本情况档案目录

序号	档 案 名 称	页码
1	重点单位基本概况和消防安全重点部位情况	
2	建筑物或场所施工、使用或者开业前的消防设计审核、验收及消防安全检查情况	
3	消防组织管理机构人员名单；消防归口管理部门人员名单	
4	主要建筑基本概况	
5	建筑消防设施情况	
6	灭火器材登记表	
7	专职、志愿消防队情况登记表及其消防器材配备情况	
8	重点工种人员登记表	
9	消防安全职责制度	
10	灭火和应急疏散预案	
11	单位平面布置图，疏散平面图、消防设施系统图	

2. 消防安全重点单位基本情况

消防安全重点单位基本情况见表8-1-2。

表8-1-2 消防安全重点单位基本情况

<table>
<tr><td rowspan="2">单位名称
（公章）</td><td rowspan="2" colspan="2"></td><td>地址</td><td colspan="2"></td></tr>
<tr><td>电话</td><td colspan="2"></td></tr>
<tr><td>法定代表人</td><td colspan="2"></td><td>单位性质</td><td colspan="2"></td></tr>
<tr><td rowspan="3">消防安全
责任人</td><td>姓名</td><td></td><td rowspan="3">消防安全
管理人</td><td>姓名</td><td></td></tr>
<tr><td>职务</td><td></td><td>职务</td><td></td></tr>
<tr><td>电话</td><td></td><td>电话</td><td></td></tr>
<tr><td colspan="2">日常联系人</td><td colspan="2"></td><td>电话</td><td></td></tr>
<tr><td colspan="2">固定资产/万元</td><td></td><td>年总产值/万元</td><td colspan="2"></td></tr>
<tr><td colspan="2">占地面积/m²</td><td></td><td>总建筑面积/m²</td><td colspan="2"></td></tr>
</table>

表 8-1-2（续）

职工人数		志愿消防队人数		自动消防设施情况	
所属地区派出所			上级主管单位		
营业时最大人数			燃气类型		
电力负荷等级			用电设备负荷/kW		
市政进水管数量（根）/管径（mm）			消火栓数量（个）/口径（mm）	室内	
消防水池容量/m^3				室外	
备注					

3. 建筑基本情况

建筑基本情况见表 8-1-3。

表 8-1-3 建筑基本情况

建筑物名称		建成时间	
总建筑面积/m^2		建筑物占地面积/m^2	
建筑高度/m		标准层面积/m^2	
地上层面积/m^2		地下层面积/m^2	
地上/层		地下/层	
各楼层使用情况			
消防施工单位			
建筑结构		耐火等级	
建筑物内同一时间可容纳最大人数		火灾危险性	
主要储存物		主要储存物数量	
防火卷帘数量/樘		防火分区/个	
消防电梯数量/部		消防电梯分别所在位置	
防火门类型	甲级防火门	乙级防火门	丙级防火门
防火门数量/扇			
是否有消防设施系统	有/无		

表 8-1-3（续）

	类型	是否设置	是否独立	从属于
消防设施具体情况	室内消火栓系统			
	室外消火栓系统			
	火灾自动报警系统			
	自动喷水灭火系统			
	防烟设施			
	排烟设施			
	气体自动灭火系统			
	泡沫灭火系统			
	其他系统			
毗邻建筑基本情况				

4. 消防安全重点部位情况

消防安全重点部位情况见表 8-1-4。

表 8-1-4　消防安全重点部位情况

部位名称		消防安全责任人	
基本情况			
火灾危险性			
预防措施			
扑救措施			

注：基本情况的填写应根据单位实际情况说明建筑概况，包括疏散通道、生产、使用、储存物品等情况；有多个消防安全重点部位的单位可分页填写。

5. 建筑物或者场所施工、使用或者开业前的消防设计审核、消防验收以及消防安全检查的文件、资料

建筑物或者场所施工、使用或者开业前的消防设计审核、消防验收以及消防安全检查的文件、资料见表 8-1-5。

表 8-1-5　建筑物或者场所施工、使用或者开业前的消防设计审核、消防验收以及消防安全检查的文件、资料

文件名称	发文机关	文件（文书）编号	发文日期

注：有关文件资料的原件附在该页之后。

6. 消防管理组织机构和各级消防安全责任人

消防管理组织机构和各级消防安全责任人见《消防安全管理员（初级）》培训模块八培训项目1培训单元1。

7. 消防安全制度

消防安全制度见表8-1-6。

表8-1-6 消防安全制度

消防安全制度	消防安全教育培训制度	
	防火巡查、检查制度	
	安全疏散设施管理制度	
	消防（控制室）值班制度	
	消防设施器材维护管理制度	
	火灾隐患整改制度	
	用火、用电安全管理制度	
	易燃易爆危险物品和场所防火防爆制度	
	志愿消防队管理制度	
	灭火和应急疏散预案演练制度	
	燃气和电气设备的检查和管理（含防雷、防静电）制度	
	逐级和岗位消防安全责任制制度	
	消防安全工作考评和奖惩制度	
	消防档案管理制度	
	微型消防站管理及区域联防制度	
	消防工作组织机构和重点人员申报制度	
	消防安全重点部位确定和管理制度	
	消防远程监控、电气火灾监测、物联网技术等措施应用保障制度	
操作规程		
	请记载本单位根据实际情况制定的其他保障消防安全的操作规程	

注：后附各种制度和规程公布文件。

8. 消防设施、灭火器材情况

（1）建筑消防设施情况见表8-1-7。

表8-1-7 建筑消防设施情况

设施名称	设计单位	施工单位	验收情况	运行情况

（2）火灾自动报警系统见表8-1-8。

表8-1-8 火灾自动报警系统

设置部位					
消防控制室设置位置			系统形式		
报警控制器型号		数量/台		生产厂	
联动控制器型号		数量/台		生产厂	
手动报警型号		数量/台		生产厂	
探测器类型		数量/台			
系统状态（单选）					
责任部门			责任人		
维修保养单位					
其他需要说明的情况					

（3）自动喷水灭火系统见表8-1-9。

表8-1-9 自动喷水灭火系统

设置部位						
喷淋泵设置部位			报警阀数/个			
水流指示器数/个			喷头数/个			
水泵接合器数/个			干管管径/mm			
减压阀数/个			竖向分区/个			
喷淋泵数/个		流量/$(L \cdot s^{-1})$		扬程/m		
稳压泵量/个		流量/$(L \cdot s^{-1})$		扬程/m		
屋顶水箱容量/m^3						
系统形式						
系统状态						
责任部门			责任人			
维修保养单位						
其他需要说明的情况						

（4）室内消火栓系统见表8-1-10。

表 8-1-10　室内消火栓系统

设置部位					
室内消火栓数量			消防泵设置部位		
消防泵数量		流量/($L\cdot s^{-1}$)		扬程/m	
接合器数量/个					
屋顶水箱容量/m^3					
竖管管径/m					
稳压泵数量/个		流量/($L\cdot s^{-1}$)		扬程/m	
气压罐容量/m^3					
消防水喉数量/个					
系统状态					
责任部门			责任人		
维修保养单位					

（5）防烟系统和排烟系统分别见表 8-1-11 和表 8-1-12。

表 8-1-11　防　烟　系　统

设置部位			
正压风机数量/只		风机安装位置	
风机类型		风口设置部位	
风机风量/($m^3\cdot h^{-1}$)		系统状态	
动作方式			
责任部门及责任人			
维修保养单位			
防烟设施类型			
其他需要说明的情况			

表 8-1-12　排　烟　系　统

设置部位			
排烟风机数量/只		风机安装位置	
风机类型		风口设置部位	
风机风量/($m^3\cdot h^{-1}$)		系统状态	
动作方式			
责任部门及责任人			
维修保养单位			
排烟设施类型			
其他需要说明的情况			

（6）移动式消防器材登记见表 8-1-13。

表 8-1-13 移动式消防器材登记表

名称	型号	生产厂家	配置时间	配置部位	数量	维修单位

9. 专职消防队、志愿消防队人员及消防装备配备情况

（1）专职消防队、志愿消防队人员情况见表 8-1-14。

表 8-1-14 专职消防队、志愿消防队人员情况

姓名	性别	年龄	文化程度	所属部门	入队时间

（2）消防装备配备情况见表 8-1-15。

表 8-1-15 消防装备配备情况

装备名称	型号	装备数量	购置时间

10. 消防安全有关的重点工种人员情况

消防安全有关的重点工种人员情况见表 8-1-16。

表 8-1-16 消防安全有关的重点工种人员情况

姓名	性别	年龄	身份证号	所在部门	所从事工种	是否受过消防培训	参加培训时间	领证时间	证号

11. 灭火和应急疏散预案

参考《消防安全管理员（初级）》培训模块二培训项目 3 培训单元 1 实例 2-3-1。

培训单元 2 建立消防安全管理情况档案

【培训重点】

（1）熟悉消防安全管理情况档案的内容。

（2）掌握消防安全管理情况档案的管理要求。

【知识要求】

一、消防安全管理情况档案的内容

（1）住房城乡建设部门、消防救援机构填发的各种法律文书。包括消防设计审核、消防验收及消防安全检查的文件，责令限期改正通知书，重大火灾隐患限期整改通知书，复查意见书，火灾事故原因认定书，火灾事故认定责任书，行政处罚决定书等有关的法律文书。

（2）消防设施定期检查记录、自动消防设施全面检查测试的报告以及维修保养的记录。明确各类消防设施器材的巡查部位、频次和内容，消防重点单位每日巡查一次消防设施器材，全面、真实填写建筑消防设施巡查记录表。

（3）火灾隐患及其整改情况记录。包括火灾隐患基本情况，评估、认定结论，火灾隐患整改方案，整改措施、期限以及整改的部门和人员，整改资金情况、整改结果等内容。在隐患未消除之前，应当落实防范措施。

（4）防火检查、巡查记录。包括定期开展防火检查的记录，每日防火巡查记录，火灾隐患处置程序以及火灾隐患的整改情况。

（5）有关燃气、电气（包括防雷、防静电）设备检测等记录资料。包括防雷装置检测记录，防静电设施检测记录或报告，接地阻值检测，可燃气体浓度探测装置检测记录或报告。

（6）消防安全培训记录。应当记明消防安全培训计划、培训时间、培训内容、参加人员、考核试卷和成绩等。

（7）灭火和应急疏散预案的演练记录。包括预案的组织机构、火情报告和处置程序，扑救初起火灾程序和措施，通信联络、安全防护救护程序及措施等内容，应当记明演练时间、地点、内容、参加部门、人员、见证资料、演练总结、预案修订完善等情况。

（8）火灾情况记录。包括单位历次火灾起火时间、起火部位、火灾原因、财产损失和对有关人员的处理情况等记录。

（9）消防奖惩情况记录。单位应将消防安全工作纳入内部检查、考核、评比内容，记录奖惩时间、原因和有关情况。

二、消防安全管理情况档案的管理要求

有关内容见《消防安全管理员（初级）》培训模块八培训项目1中“三、消防档案的保管使用”。

实例 8-1-2 某消防重点单位消防安全管理情况档案

1. 消防安全管理情况档案目录

消防安全管理情况档案目录见表 8-1-17。

表 8-1-17 消防安全管理情况档案目录

序号	档 案 名 称	页码
1	住房城乡建设部门、消防救援机构等机关填发的各种法律文书	
2	消防设施定期检查记录、自动消防设施全面检查测试的报告以及维修保养的记录	
3	火灾隐患及其整改情况记录	
4	防火检查、巡查记录	
5	燃气、电气设备和防雷、防静电设备检测记录	
6	消防安全教育培训记录	
7	消防演练记录	
8	火灾事故记录	
9	消防奖惩情况记录	
10	其他	

2. 消防救援机构填发的各种法律文书

各种法律文书样本见《消防安全管理员（初级）》培训模块八培训项目1培训单元2。

3. 消防设施定期检查记录、自动消防设施全面检查测试的报告以及维修保养的记录

（1）建筑消防设施巡查记录［参照《建筑消防设施的维护管理》(CB 25201)］见表 8-1-18。

表 8-1-18 建筑消防设施巡查记录表

巡查项目	巡查内容	巡查情况					
		部位	数量	正常	故障及处理		
					故障描述	当场处理情况	报修情况
消防供配电设施							
火灾自动报警系统							
电气火灾监控系统							
可燃气体探测报警系统							
消防供水设施							
消火栓灭火系统							

表 8-1-18（续）

巡查项目	巡查内容	巡查情况					
		部位	数量	正常	故障及处理		
					故障描述	当场处理情况	报修情况
自动喷水灭火系统							
泡沫灭火系统							
气体灭火系统							
防排烟系统							
应急照明和疏散指示标志							
应急广播系统							
消防专用电话							
防火分隔设施							
消防电梯							
灭火器							
其他巡查内容							
巡查人（签名）					年 月 日		
消防安全责任人或消防安全管理人（签名）					年 月 日		

注：1. 对发现的问题和故障应及时处理，当场不能处置的要填报建筑消防设施故障维修记录表。

2. 情况正常的，在“正常”栏中打√；存在问题或故障的，在“故障及处理”栏中填写相应内容。

3. 本表为样表，单位可根据建筑消防设施实际情况和巡查时间段分系统、分部位制表。

（2）建筑消防设施检测记录见表 8-1-19。

表 8-1-19 建筑消防设施检测记录表

检测项目	检测内容	实测记录	故障记录及处理		
			故障描述	当场处理情况	报修情况
消防供配电设施					
火灾自动报警系统					
电气火灾监控系统					
可燃气体探测报警系统					
消防供水设施					
消火栓灭火系统					
自动喷水灭火系统					
泡沫灭火系统					
气体灭火系统					
防排烟系统					

表 8-1-19（续）

检测项目	检测内容	实测记录	故障记录及处理		
			故障描述	当场处理情况	报修情况
应急照明和疏散指示标志					
应急广播系统					
消防专用电话					
防火分隔设施					
消防电梯					
灭火器					
其他设施					
检测人（签名）： 登记证书编号： 年 月 日			检测结论： 检测单位（盖章）： 年 月 日		
消防安全责任人或消防安全管理人（签名）： 年 月 日					

注：1. 检测项目应满足设计资料、国家工程建设消防技术规范等要求，对发现的问题应及时处理，当场不能处置的要填报建筑消防设施故障维修记录表。

2. 存在问题或故障的，在“故障及处理”栏中填写相应内容。

3. 本表为样表，单位可根据建筑消防设施实际情况分系统制表，参与系统检测的人员均应在“检测人”一栏如实填写个人基本情况。

（3）建筑消防设施故障维修记录见表 8-1-20。

表 8-1-20 建筑消防设施故障维修记录表

故障情况①				故障维修情况②						故障排除确认③
发现时间	发现人签名	故障部位	故障情况描述	是否停用系统	是否报消防部门备案	安全保护措施	维修时间	维修人员（单位）	维修方法	

注：本表为样表，单位可根据建筑消防设施实际情况制表。

①由值班、巡查、检测、灭火演练时的当事者如实填写。

②因维修故障需要停用系统的由单位消防安全责任人在“是否停用系统”栏签字，停用系统超过 24 h 的，单位消防安全责任人在“是否报消防救援机构备案”及“安全保护措施”栏如实填写，其他信息由维护人员（单位）如实填写。

③由单位消防安全管理人在确认故障排除后如实填写并签字。

（4）建筑消防设施维护保养记录见表 8-1-21。

表 8-1-21　建筑消防设施维护保养记录表

设备名称		设备参数	
保养项目	保养完成情况		
消防安全责任人或消防安全管理人（签字）：		保养人：	审核人：

注：1. 保养作业完成后，保养人员或单位应如实填写保养完成情况，并作相应功能试验，遇有故障应及时填写建筑消防设施故障维修记录表。

2. 维修保养（每月至少一次）报告和年度检测记录附后。

3. 本表为样表，单位可根据建筑消防设施保养项目、保养内容、周期分别制表。

4. 火灾隐患及其整改情况记录见表 8-1-22。

表 8-1-22　火灾隐患及其整改情况记录表

单位名称			
检查部位			
检查人员		检查日期	
火灾隐患			
整改意见及期限	责令当场整改□ 责令限期整改□　期限		
被检查部位负责人意见	签名： 年　月　日		
消防安全管理人意见	签名： 年　月　日		
消防安全责任人意见	签名： 年　月　日		
处理结果			

5. 防火检查、巡查记录

见《消防安全管理员（初级）》培训模块八培训项目 1 培训单元 3 实例 8-1-3。

6. 有关燃气、电气（包括防雷、防静电）设备检测等记录

有关燃气、电气（包括防雷、防静电）设备检测等记录见表 8-1-23。

表 8-1-23 有关燃气、电气（包括防雷、防静电）设备检测等记录

设备名称	检测部位	检测时间	检测人员	检测内容	发现的火灾隐患及处理措施

注：后附各种检测记录。

7. 消防安全培训记录

（1）消防安全培训计划见表 8-1-24。

表 8-1-24 消防安全培训计划

培训时间	培训地点	培训内容	授课人

（2）个人培训卡见表 8-1-25。

表 8-1-25 个人培训卡

姓名		出生年月		性别		文化程度	
岗位	时间	参加消防安全培训及持证情况					
消防安全管理人	××××. ××. ××	（例如）参加消防安全管理员中级培训，并获得证书					

8. 灭火和应急疏散预案的演练记录

（1）消防演练记录见表 8-1-26。

表 8-1-26 消防演练记录表

演练名称			
演练时间	年 月 日	演练地点	
演练发起人			
参加部门及人员			
演练内容记录			

（2）灭火和应急疏散预案演练效果评价见表 8-1-27。

表 8-1-27　灭火和应急疏散预案演练效果评价表

灭火和应急疏散预案演练名称				
演练时间				
灭火行动组	行动速度 □快 □一般 □慢	职责掌握 □好 □一般 □差	器材熟悉 □好 □一般 □差	灭火效果 □好 □一般 □差
通信联络组	行动速度 □快 □一般 □慢	职责掌握 □好 □一般 □差	常识熟悉 □好 □一般 □差	通信效果 □好 □一般 □差
疏散引导组	行动速度 □快 □一般 □慢	职责掌握 □好 □一般 □差	技能熟悉 □好 □一般 □差	疏散效果 □好 □一般 □差
安全防护救护组	行动速度 □快 □一般 □慢	职责掌握 □好 □一般 □差	器材熟悉 □好 □一般 □差	救护效果 □好 □一般 □差
演练计划总体评价				
纠正和改进措施				
评价人员				

注：后附演练照片和其他资料。

9. 火灾情况记录

火灾情况记录见表 8-1-28。

表 8-1-28　火灾情况记录表

序号	起火时间	起火部位	起火原因	直接财产损失/元	间接财产损失/元	死亡人数		处理情况
						死	伤	

10. 消防奖惩情况记录

消防奖惩情况记录见表 8-1-29。

表 8-1-29　消防奖惩情况记录表

时间	奖惩单位	奖惩原因	奖惩情况